BA KOMPAKT

Reihenherausgeber:

Martin Kornmeier, Berufsakademie Mannheim
Willy Schneider, Berufsakademie Mannheim

BA KOMPAKT

Bisher erschienen:

Martin Kornmeier
Wissenschaftstheorie und wissenschaftliches Arbeiten
2007. ISBN 978-3-7908-1918-2

Willy Schneider
Marketing
2007. ISBN 978-3-7908-1941-0

Thomas Holey · Armin Wiedemann
Mathematik für Wirtschaftswissenschaftler
2007. ISBN 978-3-7908-1973-1

Doris Lindner-Lohmann
Florian Lohmann
Uwe Schirmer

Personal-
management

Physica-Verlag
Ein Unternehmen
von Springer

Dr. Doris Lindner-Lohmann
Dorfmauerweg 10
89192 Rammingen
Doris.Lindner@gmx.de

Prof. Dr. Florian Lohmann
Berufsakademie Heidenheim
Wilhelmstraße 10
89518 Heidenheim
lohmann@ba-heidenheim.de

Prof. Dr. Uwe Schirmer
Berufsakademie Lörrach
Marie-Curie-Straße 4
79539 Lörrach
schirmer@ba-loerrach.de

ISBN 978-3-7908-2013-3   e-ISBN 978-3-7908-2014-0

DOI 10.1007/978-3-7908-2014-0

BA Kompakt ISSN 1864-0354

Bibliografische Information der Deutschen Nationalbibliothek
Die Deutsche Nationalbibliothek verzeichnet diese Publikation in der Deutschen Nationalbibliografie;
detaillierte bibliografische Daten sind im Internet über http://dnb.d-nb.de abrufbar.

Herstellung: LE-TEX Jelonek, Schmidt & Vöckler GbR, Leipzig
Einbandgestaltung: WMX Design GmbH, Heidelberg

Gedruckt auf säurefreiem Papier

9 8 7 6 5 4 3 2 1

springer.com

Vorwort

Im Bereich des Personalmanagements gibt es eine Vielzahl von sehr guten Lehrbüchern, die auf mehreren hundert Seiten einen umfangreichen Einblick in das Themenfeld ermöglichen. Warum nun ein weiteres Lehrbuch? Unser Anliegen ist es, mit der vorliegenden Publikation eine fundierte, aber komprimierte Einführung in das Personalmanagement zu bieten, um diese betriebswirtschaftliche Funktionallehre einem noch größeren Kreis von Interessierten, insbesondere Studenten von Bachelor-Studiengängen, zugänglich zu machen.

Der Titel des Buches „Personalmanagement" drückt dabei unser grundsätzliches Verständnis zum Thema aus, welches in dem vorliegenden Buch zum Tragen kommt. Personalarbeit wird nicht als verwaltende (Personalwesen) oder auf wirtschaftliche Bezugsgrößen reduzierte (Personalwirtschaft) „Pflichtübung" verstanden, sondern als aktiv zu gestaltende Führungsaufgabe gesehen, die einen erheblichen Beitrag zum unternehmerischen Erfolg leistet. Personal stellt „die" Erfolgsressource dar, deren Einsatz strategieintegriert und aktiv zu planen und zu gestalten ist (Human Resources Management). Entsprechend sind in das Buch unsere Erfahrungen als Personalleiter, Personalentwickler und Berater im Personalmanagement eingeflossen, um neben dem akademischen Anspruch auch den Praxisbezug im Auge zu behalten.

Trotz seines kompakten Umfanges gibt das Lehrbuch einen Überblick zu den Rahmenbedingungen und den grundsätzlichen Zielen eines modernen Personalmanagements, um darauf aufbauend die zentralen Teilgebiete aktiver Personalarbeit zu behandeln. So werden alle notwendigen Aufgabenfelder, von der Personalbedarfsplanung und -beschaffung, über den Einsatz und die Verwaltung sowie dem Entgeltmanagement und der Personalentwicklung bis hin zum Personalabbau und dem Personalcontrolling einführend dargestellt. Damit ist es dem Leser möglich, ein Gesamtverständnis für das Themenfeld zu entwickeln, Verbindungen zwischen den Teilbereichen zu erkennen und sich gezielt auf die Prüfungen im Bachelor-Studium vorzubereiten.

Darin liegen auch die Vorteile dieses Buches, welches als einführendes Lehrbuch konzipiert ist. Es eignet sich als Basiswerk für alle Bachelorstudiengänge an Universitäten, Fachhochschulen sowie Berufsakademien und ist dabei insbesondere auf die Inhalte und Lernanforderungen im Bachelor-Studium an den Berufsakademien in Baden-Württemberg ausgerichtet. Einschränkend ist zu ergänzen, dass auf verschiedene Teilaspekte, die aktuell im Personalmanagement diskutiert werden, nicht eingegangen werden kann. So sind z.B. Themen wie Diversity Management, Performance Improvement oder Center-Konzeptionen in der Personalorganisation usw. nicht Inhalt des Buches. Auch arbeitsrechtliche Bestimmungen können nicht abschließend diskutiert werden. Hier haben wir vor dem Hintergrund einer „BA-kompakten" Darstellung eine notwendige didaktische Reduktion vornehmen müssen, um die grundsätzliche Zielsetzung des Lehrbuches nicht zu verwässern und dem nicht einschlägig vorgebildeten Leser eine Hinführung zum Thema zu ermöglichen. Dieser Zweck wird auch durch die Vielzahl an veranschaulichenden Abbildungen, unternehmerischen Praxisbeispielen und vertiefenden Einschüben (Hintergrundwissen) unterstützt. Jedes Kapitel endet mit Kontrollfragen, um es dem Studierenden zu ermöglichen, seinen Kenntnisstand zu überprüfen und einen Hinweis zu möglicherweise nochmals zu vertiefenden Abschnitten zu erhalten.

Zur Zielgruppe von „Personalmanagement" gehören alle Studierenden und Dozenten der Berufsakademien, Fachhochschulen und Universitäten – sowohl betriebswirtschaftlicher als auch technischer, geisteswissenschaftlicher und sozialwissenschaftlicher Studiengänge. Jede Führungskraft benötigt ein solides Wissen zum Thema Personal und Führung.

Als Unterstützung für Dozenten und Interessierte stellen wir auf der Webseite www.springer.com/978-3-7908-2013-3 Auszüge aus dem Buch sowie verschiedene Abbildungen zum Download zur Verfügung.

Wir wünschen allen Lesern des Lehrbuches „Personalmanagement" eine interessante, fordernde, aber hoffentlich auch kurzweilige Einführung in ein aus unserer Sicht sehr spannendes Teilgebiet der Betriebswirtschaftslehre.

Heidenheim und Lörrach, im Oktober 2007

Dr. Doris Lindner-Lohmann
Prof. Dr. Florian Lohmann
Prof. Dr. Uwe Schirmer

Inhaltsverzeichnis

Abkürzungsverzeichnis

AC	=	Assessment Center
Anm.	=	Anmerkung
AN	=	Arbeitnehmer
AT	=	Außertariflich
BA	=	Business Administration
BAG	=	Bundesarbeitsgericht
BBG	=	Beitragsbemessungsgrenze
BBiG	=	Berufsbildungsgesetz
BetrAVG	=	Betriebsrentengesetz
BetrVG	=	Betriebsverfassungsgesetz
BGB	=	Bürgerliches Gesetzbuch
BiBB	=	Bundesinstitut für Berufsbildung
BMG	=	Bundesministerium für Gesundheit
BPB	=	Bruttopersonalbedarf
BR	=	Betriebsrat
BSC	=	Balanced Scorecard
BWL	=	Betriebswirtschaftslehre
CBT	=	Computer Based Training
DB	=	Der Betrieb
DGFP	=	Deutsche Gesellschaft für Personalführung e.V.
EDV	=	Elektronische Datenverarbeitung
E-HR	=	Electronic Human Resources Management
ERA	=	Entgeltrahmenabkommen
ESS	=	Employee Self Service
f.	=	folgende
ff.	=	fortfolgende
FK	=	Führungskraft
FKE	=	Führungskräfteentwicklung
GG	=	Grundgesetz
GmbH	=	Gesellschaft mit beschränkter Haftung
GRV	=	Gesetzliche Rentenversicherung
HGB	=	Handelsgesetzbuch
HR	=	Human Resources
HWK	=	Handwerkskammer
i.d.R.	=	in der Regel
IAB	=	Institut für Arbeits- und Berufsforschung

IHK	=	Industrie- und Handelskammer
IT	=	Informationstechnologie
iwd	=	Institut der deutschen Wirtschaft Köln
KG	=	Kommanditgesellschaft
KonTraG	=	Gesetz zur Kontrolle und Transparenz im Unternehmensbereich
LPI	=	Leitfaden zur qualitativen Personalplanung bei technischen Innovationen
MA	=	Mitarbeiter
MBA	=	Master of Business Administration
NPN	=	Netto-Programmnutzen
OC	=	Orientierungscenter
OHG	=	Offene Handelsgesellschaft
PE	=	Personalentwicklung
PIS	=	Personalinformationssystem
PM	=	Personalmanagement
REFA e.V.	=	Verband für Arbeitsgestaltung, Betriebsorganisation und Unternehmensentwicklung e.V.
RKW	=	Rationalisierungs- und Innovationszentrum der Deutschen Wirtschaft e.V.
ROI	=	Return on Investment
S.	=	Seite
SGB	=	Sozialgesetzbuch
TOEFL	=	Test of English as a Foreign Language
Verf.	=	Verfasser
VOBS	=	Verhaltensorientierte Beurteilungsskalen
WBT	=	Web Based Training

1 Ziele, Aufgaben und Funktionsbereiche des Personalmanagements

| Lernziele | Dieses Kapitel vermittelt, |

- welche personalwirtschaftlichen Ziele eine Unternehmung verfolgen kann,
- inwiefern sich Konflikte zwischen wirtschaftlichen, ökologischen, sozialen und individuellen Zielen ergeben können und
- welche Aufgaben sowie Funktionsbereiche das Personalmanagement besitzt.

1.1 Ziele des Personalmanagements

Unter Personalmanagement versteht man die Gesamtheit der **mitarbeiterbezogenen Gestaltungs- und Verwaltungsaufgaben** im Unternehmen. Die erfolgreiche Erfüllung dieser Aufgaben ist oftmals Voraussetzung für die Wertschaffung im Unternehmen, da Produktivität, Kundenorientierung und Innovationsfähigkeit als Werttreiber wichtiger denn je sind (vgl. Coenenberg/Salfeld 2007; Eberl/Puma 2007) und diese beiden Erfolgsparameter i.d.R. sehr stark vom Mitarbeiter bestimmt werden. Konsequenterweise wird der Mitarbeiter oftmals als das wichtigste Kapital eines Unternehmens bezeichnet. In der Dienstleistungsbranche etwa bestimmt er große Teile der Wertschaffung in der Kundenbeziehung alleine (vgl. beispielsweise Meffert/Bruhn 2006, S. 50f.).

Das Personalmanagement untersucht, unter welchen **Bedingungen Personal** in arbeitsteiligen Unternehmungen **eingesetzt** wird. Dabei gilt es, sowohl den Bedürfnissen des Unternehmens als auch den Interessen der Mitarbeiter nachzukommen. Daraus entwickelt sich ein Zielgeflecht, da **ökonomische**, **ökologische**, allgemein akzeptierte **soziale** Ziele der Unternehmung sowie **individuelle Ziele** der Mitarbeiter berücksichtigt werden müssen, um die Unternehmensleistungen erfolgreich herstellen und vertreiben zu können. Im Folgenden seien die vier Zielebenen näher erläutert.

1.1.1 Wirtschaftliche Ziele

Das ökonomische Ziel betont die **Sicht der Kapitalgeber**, die an Wirtschaftlichkeit, Rentabilität und Gewinn interessiert sind. Um dies zu erreichen, streben Unternehmen in der konkreten Umsetzung in erster Linie nach langfristiger Gewinnmaximierung oder einer Kostenminimierung. Die menschliche Arbeitskraft wird als Produktionsfaktor verstanden. In Kombination mit den übrigen Produktionsfaktoren soll eine möglichst hohe **Effizienz** beim Einsatz der **Humanressourcen** erreicht werden.

Ob der Einsatz effizient ist, hängt davon ab, ob das für die Leistungserbringung benötigte Personal in richtiger Zahl, mit richtiger Qualifikation, zur richtigen Zeit am richtigen Ort zur Verfügung steht. Hiermit ist die Planungs- und Umsetzungskompetenz des Unternehmens angesprochen, die benötigten Profile zu erkennen und entsprechend auf dem internen und externen Arbeitsmarkt zu agieren. Effizienz bezieht sich indes auch auf die Steigerung der Arbeitsleistung eines jeden Mitarbeiters für sich genommen. Dabei geht es vor allem um die Bereitschaft des Mitarbeiters, den eigenen Leistungsbeitrag zu optimieren. Jung (2006) fasst die erforderlichen Verhaltensweisen der Mitarbeiter zusammen (vgl. Abb. 1).

Abb. 1: Mitarbeiterverhalten zur Erreichung wirtschaftlicher Zielsetzungen

Optimierung des Leistungsbeitrags der Mitarbeiter durch die …	
… Bereitschaft zu:	… Vermeidung von:
• Sparsamem Verbrauch von Werkstoffen, Hilfsstoffen und Energie • Schonung und Pflege betrieblicher Einrichtungen, Anlagen und Geräte • Abgabe von Rationalisierungs- und Verbesserungsvorschlägen • Einhaltung vorgegebener Termine • Kooperation und Hilfsbereitschaft gegenüber Mitarbeitern und Arbeitsgruppen • Zuverlässigkeit und Gewissenhaftigkeit bezüglich übernommener Rechte und Pflichten • Weitergabe von Informationen und Know How • Loyalität gegenüber Betrieb und Vorgesetzten • Weiterbildung auf den neuesten Stand beruflichen Wissens • Selbstständiger Bewältigung unvorhersehbarer Schwierigkeiten	• Unberechtigten Fehlzeiten • Betrieblich unerwünschtem Arbeitsplatzwechsel • Gefährdung von Personen und Sachen • Leerlauf und Wartezeiten bei Personen und Betriebsmitteln • Vergeudung von Arbeitszeit • Diebstahl von Gütern und geistigem Eigentum anderer Mitarbeiter • Auseinandersetzungen, die den Arbeitsfrieden stören • Mangelnder Arbeitsdisziplin und Unpünktlichkeit

Quelle: Jung (2006, S. 13).

Die Ausschöpfung des eigenen Leistungsbeitrags hängt oft vom **guten Willen des Arbeitnehmers** ab, da ein Teil der Leistungsbeiträge keine geschuldeten Arbeitspflichten darstellen (z.B. Einreichung von Verbesserungsvorschlägen), sich andere Leistungsineffizienzen kaum nachweisen lassen (z.B. Vergeudung bezahlter Arbeitszeit) und der Einsatz für zu leistende Beiträge Bandbreiten (z.B. Materialverbrauch) aufweisen kann.

1.1.2   Ökologische Ziele

Ökologische Ziele der Unternehmung umfassen die Umweltverträglichkeit der Produkte, d.h. **Herstellung, Vertrieb und Entsorgung** erfolgen nach **ökologischen Maßstäben**. Im Mittelpunkt steht die effiziente und Ressourcen schonende Nutzung von Energie und Rohstoffen (Sustainable Development) (vgl. Baland 2007). Ökologische Ziele zu verfolgen erbringt für die Unternehmen nachweislich Vorteile, beispielsweise was ihren Unternehmenswert angeht (vgl. Balík/Frühwald 2006).

Ein **Zielkonflikt** zwischen ökonomischen und ökologischen Zielen kann im personalwirtschaftlichen Kontext etwa daraus erwachsen, dass ökologische Zielbeiträge für die Entstehung vergleichsweise hoher Produktionskosten verantwortlich zeichnen können. Dies kann wiederum bedeuten, dass die Reduzierung der Personalkosten die einzige signifikante Möglichkeit bietet, die Rentabilität des betrachteten Unternehmens aufrecht zu erhalten. Eine Maßnahme könnte darin bestehen, dass die Mitarbeiter zu Gehaltsverzicht bereit sein müssen.

1.1.3   Soziale Ziele

Soziale Ziele umfassen die Erreichung **bestmöglicher Arbeitsumstände** für die Mitarbeiter (vgl. Jung 2006, S. 14). Dabei lassen sich mittelbare und unmittelbare Faktoren unterscheiden. **Mittelbar** werden die Arbeitsumstände eines Mitarbeiters dadurch verbessert, dass sein Arbeitsplatz sicher ist, er leistungsgerecht bezahlt wird oder etwa Arbeitszeitverkürzungen bei vollem Lohnausgleich angeboten werden.

Unmittelbar lassen sich dagegen die Arbeitsumstände beeinflussen, indem Arbeitsplatz und Arbeitsumfeld mitarbeitergerecht (z.B. familienfreundlich) gestaltet, Arbeitsinhalte und -organisation optimiert, soziale Kontaktmöglichkeiten im Kollegenkreis erweitert werden oder sich auch nur die wahrgenommene Qualität der Kantine verbessert.

In welchem Ausmaß ein Mitarbeiter eher die mittelbare oder unmittelbare Zielebene fokussiert, ist von vornherein nicht eindeutig zu beantworten. Betrachtet man die Situation eines Berufsanfängers, so treten oftmals Arbeitsplatzsicherheit oder ein hohes Gehalt zu Gunsten Arbeitsinhalt und -umfeld in den Hintergrund. Hingegen wird es bei einem Mitarbeiter, auf dessen Verdienst es für das familiäre Wohlergehen ankommt, weit mehr um leistungsgerechte Bezahlung und die Sicherheit des Arbeitsplatzes gehen.

Auch sind Bedeutung und Ausprägung sozialer Ziele des Mitarbeiters ein Reflex auf die **gewandelten Einstellungen in der Gesellschaft**. Die Balance zwischen „Arbeiten" und „Leben" hat sich dahin verschoben, dass verstärkt den Aktivitäten außerhalb der beruflichen Tätigkeit Bedeutung geschenkt wird. Dies heißt indes nicht, dass die Arbeitsumstände unwichtig werden, ganz im Gegenteil: Sowohl Freizeit als auch Arbeitszeit sollen inhaltlich und sozial erfüllt sein (vgl. hierzu näher Kapitel 2.2).

Wirtschaftliche **Ziele** und auch ökologische Ziele stehen sozialen Zielen teilweise **konträr** gegenüber. Eine ökologisch sinnvolle Einschränkung des Braunkohleabbaus etwa kann zu ökonomischen Schwierigkeiten bei den betroffenen Unternehmen und zu abnehmender Arbeitsplatzsicherheit bzw. Arbeitsplatzabbau führen.

1.1.4   Individuelle Ziele

Individuelle Ziele gewichten auf der Basis eines jeden **einzelnen Mitarbeiters** die sozialen Ziele neu bzw. greifen Aspekte auf, die nicht zum sozialen Zielgeflecht gehören. Manche Mitarbeiter streben etwa in Verstärkung der sozialen Ziele in ihrem sozialen Arbeitsumfeld nach großer Harmonie. Ihr individuelles Ziel besteht darin, mit möglichst vielen Mitarbeitern gut auszukommen, da Konflikte die Arbeitszufriedenheit in extremer Weise einschränken (vgl. Wegge/Dick 2006, S. 27ff.).

Ein Beispiel für ein individuelles Ziel, welches nicht zum sozialen Zielgeflecht gehört, besteht darin, im eigenen Arbeitsumfeld immer Meinungsführer sein zu wollen. Dieses individuelle Ziel kann in einer **konfliktären Beziehung** zu den sozialen Zielen (Verschlechterung des Arbeitsumfeldes für die Kollegen) und auch zu den ökonomischen Zielen (Verringerung der Motivation und damit der Produktivität der Kollegen) stehen. Deshalb müssen Unternehmen Maßnahmen entwickeln, solches opportunistisches bzw. von Eigeninteresse geleitetes Verhalten zu erkennen und diesem Verhalten wirksam zu begegnen.

Je nachdem, welche Protagonisten bzw. Träger des Personalmanagements man betrachtet, sind die eigenen Bedürfnisse unterschiedlich ausgeprägt und werden teils divergente Ziele verfolgt (vgl. Holtbrügge 2005, S. 33ff.):

- **Geschäftsleitung**: Die Geschäftsleitung trifft grundlegende Entscheidungen über personalpolitische Ziele und integriert sie in das Zielsystem des gesamten Unternehmens. Ihre Ziele sind primär wirtschaftlicher Natur. Es würde aber zu kurz greifen, der Geschäftsleitung zu unterstellen, rein ökonomische Ziele zu verfolgen, zumal die Erfüllung eines Mindestmaßes an ökologischen und sozialen Zielen oft Grundvoraussetzung dafür ist, ambitionierte ökonomische Ziele erreichen zu können.

- **Vorgesetzte**: Vorgesetzte haben sowohl die Aufgabe, die wirtschaftlichen und ökologischen Ziele zu berücksichtigen, verfolgen aber auch gleichzeitig soziale Ziele für ihre Mitarbeiter und individuelle Ziele für sich selbst. Sie haben das Problem, in ihren unterschiedlichen Rollen u.U. mit unterschiedlichen Zielsystemen operieren zu müssen.

- **Betriebsrat**: Über die Instrumentarien der Mitbestimmung setzt sich der Betriebsrat für die sozialen Ziele der Mitarbeiter ein. Dennoch ist auch der Betriebsrat an einer stabilen, ökonomischen Situation interessiert, die Grundvoraussetzung dafür ist, dass das Unternehmen soziale Ziele verfolgen und fördern kann.

- **Personalabteilung**: Die Personalabteilung ist für die Planung und Verwaltung personalwirtschaftlicher Fragen zuständig und folglich beteiligt an der Umsetzung wirtschaftlicher, ökologischer, sozialer und teils auch individueller Ziele.

1.2 Aufgaben und Funktionsbereiche des Personalmanagements

Die Aufgaben des Personalmanagements sind vielfältig. Der Aufbau dieses Lehrbuches orientiert sich in seiner Gliederung an dessen Aufgaben und Funktionsbereichen, die im Folgenden kurz charakterisiert werden sollen. In Kapitel 2 werden vorausschickend Entwicklungstendenzen in der Personalpolitik besprochen, die für die Funktionsbereiche und deren Aktivitäten von Bedeutung sind.

- **Personalbedarfsplanung (Kapitel 3)**
Die Personalbedarfsplanung beschäftigt sich damit, wie viele Mitarbeiter dem Unternehmen mit welcher Qualifikation bereitstehen sollen. Zur Ermittlung des Personalbedarfs stehen dem Unternehmen unterschiedliche Methoden zur Verfügung.

- **Personalbeschaffung (Kapitel 4)**
Falls die Personalplanung einen Arbeitskräftebedarf signalisiert, muss Personal rekrutiert werden. Ein gutes Personalmarketing, welches das Unternehmen bzw. die zur Verfügung stehenden Stellen für potenzielle Bewerber in einem positiven Licht erscheinen lassen, begünstigt die erfolgreiche Beschaffung von neuen Mitarbeitern.

Wesentlich für die effiziente Beschaffung von Mitarbeitern ist die Gestaltung des Personalauswahlprozesses. Grundvoraussetzung ist eine möglichst genaue Fassung des Anforderungsprofils/der Stellenbeschreibung. Hernach stehen prinzipiell verschiedene Wege der Beschaffung, unterschiedliche Auswertungsprinzipien der Bewerbungsunterlagen und schließlich mehrere Auswahlverfahren zur Disposition, aus denen das Unternehmen den für seine Zwecke besten Rekrutierungsprozess gestalten kann.

- **Personaleinsatz und -verwaltung (Kapitel 5)**
Personaleinsatz ist die inhaltliche Ableistung einer Tätigkeit an einem bestimmten Ort und unter bestimmten Bedingungen. Die Arbeitsinhalte sollten für den Mitarbeiter möglichst erfüllend sein, gleich ob dies im Inland oder im Ausland geschieht. Die Arbeitsbedingungen sollten ergonomisch günstig sein (z.B. schädigungsfreier Arbeitsplatz), aber auch organisatorische Freiräume bieten (z.B. flexible Arbeitszeiten).

- **Entlohnung und betriebliche Sozialpolitik (Kapitel 6)**
Auf Basis des Arbeitsvertrages sind die Arbeitnehmer zur Arbeitsleistung und die Arbeitgeber zur Zahlung des Entgeltes verpflichtet. Wie diese Zahlungen bei gleichzeitiger Beherrschung der daraus resultierenden Personalkosten ausgestaltet werden können, um die Arbeitsleistung der Mitarbeiter zu optimieren, ist Gegenstand der Personalentlohnung.
Die betriebliche Sozialpolitik, die teilweise gesetzlich bzw. tariflich vorgegeben ist, umfasst dabei die Zahlungen, denen keine direkte Arbeitsleistung gegenübersteht. Durch diese Sozialentlohnung sollen Lebensrisiken der Arbeitnehmer abgesichert und deren Motivation gesteigert werden.

- **Personalentwicklung (Kapitel 7)**
Eine zentrale Herausforderung für Unternehmen in Zeiten zunehmenden Arbeitskräftemangels und permanent steigender Arbeitsanforderungen ist die systematische Kompetenzentwicklung der Mitarbeiter. Dies beginnt bereits mit dem Engagement der Unternehmen im Rahmen der beruflichen Erstausbildung und reicht über das Anbieten von Bildungsmaßnahmen bis hin zur ganzheitlichen Nachwuchsplanung und Führungskräfteentwicklung.

- **Personalabbau (Kapitel 8)**
Im Fokus der Diskussion beim Thema Personalabbau steht zunächst, wie direkte Personalfreisetzung vermieden werden kann. Über Arbeits(zeit)-gestaltung, personelle Maßnahmen, aber auch Personalentwicklung lässt sich die Zahl an Entlassungen bisweilen zumindest reduzieren. Kommt es zu Entlassungen ist auf eine korrekte, arbeitsrechtlich unanfechtbare Auswahl an Mit-

arbeitern zu achten, die zudem in ihrem Neuorientierungsprozess vom bisherigen Unternehmen unterstützt werden können.

- **Personalcontrolling (Kapitel 9)**
Personalcontrolling umfasst die Planung und Kontrolle personalwirtschaftlicher Aktivitäten und Prozesse. Dies kann mit Hilfe von Kennzahlensystemen, aber auch durch Integration des Personalcontrollings in Managementfelder der Unternehmensführung erfolgen. In letzterem Sinne kann Personalcontrolling als Teil eines Qualitäts-, Risiko- oder auch Wertmanagements angesehen werden.

1.3 Kontrollfragen

Aufgabe 1.1 (Ziele des Personalmanagements): Welche Ziele verfolgt das Personalmanagement?

Aufgabe 1.2 (Ziele des Personalmanagements): Erläutern Sie mögliche Zielharmonien, -indifferenzen und -konflikte zwischen den Zielen des Personalmanagements.

Aufgabe 1.3 (Aufgaben und Funktionsbereiche des Personalmanagements): Charakterisieren Sie drei von Ihnen gewählte Aufgaben und Funktionsbereiche des Personalmanagements.

2 Entwicklungstendenzen in der Personalpolitik

Lernziele	Dieses Kapitel vermittelt,

- auf welche veränderten gesellschaftlichen und politischen Rahmenbedingungen (Wertewandel, Demografie, Rolle der Politik) Personalarbeit reagieren muss,
- welchen Stellenwert Internationalisierung und Globalisierung im personalwirtschaftlichen Kontext einnehmen und
- inwiefern der technologische Wandel Personalarbeit beeinflusst.

2.1 Überblick

Die **Rahmenbedingungen**, unter denen personalwirtschaftliche Aktivitäten gestaltet werden, sind ständigen Änderungen ausgesetzt. Dabei können diese Änderungen mehr oder weniger kontinuierlich ausfallen. Die für das Personalmanagement relevanten Bedingungen haben insbesondere **gesellschaftlichen, politischen, internationalen und technologischen** Hintergrund. Dabei sind die Hintergründe oft interdependent und schlagen sich sowohl in veränderten Einstellungen der Mitarbeiter als auch in modifizierten Personalstrategien der Unternehmen nieder.

2.2 Wertewandel

Ein wichtiger Beobachtungs- und Aktionsparameter für das Personalmanagement besteht immer noch im Wertewandel innerhalb der Gesellschaft. Unter Wertewandel versteht man die Veränderung der in einer Gesellschaft geteilten Auffassungen von Wünschenswertem (vgl. Klages 1984). Für das Personalmanagement war in den letzten beiden Jahrzehnten des zwanzigsten Jahrhunderts insbesondere die **Postmaterialismus-Hypothese** von Bedeutung. Zu postmateriellen Werten zählen insbesondere Selbstverwirklichung, interessante Tätigkeit sowie Verantwortungsübernahme. Parallel ist die Bedeutung von Pflicht- und Akzeptanzwerten rückläufig. Dies äußert sich beispielsweise darin, dass Mitarbeiter eine geringere Bereitschaft haben, Autoritäten ungefragt anzuerkennen.

Die genannten Tendenzen lassen den **Megatrend zur Individualisierung** (vgl. Simonson 2004) erkennen. Äußerlich lässt sich dieser etwa an einer wachsenden Zahl an Single-Haushalten, höheren Scheidungsraten oder rückläufigen Geburtenzahlen festmachen. Für die Personalarbeit ergeben sich Konsequenzen in der Mitarbeiterführung, aber auch in der personalwirtschaftlichen Gestaltung (z.B. bei der Entgeltgestaltung oder bei Arbeitszeitregelungen). Selbstentfaltung und Individualisierung beziehen sich aber nicht nur auf die Arbeitsumgebung, sondern auf die gesamte Lebenswelt des Individuums. Dieses möchte sich nicht nur in seiner Arbeitsaufgabe entfalten, sondern sucht Erfüllung auch in allen anderen Lebensbereichen. Zentral sind in diesem Kontext Familie und Freizeit.

Insbesondere bei Führungskräften wird immer häufiger ein ausgewogenes Verhältnis von Arbeit und privaten Lebensbereichen (**„Work-Life-Balance"**) als wichtiges Attraktivitätsmerkmal einer Stelle ins Feld geführt (vgl. beispielsweise Resch/Bamberg 2005, S. 172; Hennige 2007, S. 41). Als Reaktion auf diese Entwicklung muss die Personalpolitik anstreben, Arbeits- und Privatleben vereinbar zu machen. Dazu sind insbesondere Instrumente zur Flexibilisierung des Arbeitseinsatzes geeignet.

Praxis	**„Work-Life-Balance"-Möglichkeiten für Führungskräfte der Kaufhof Warenhaus AG**

Die Kaufhof Warenhaus AG bietet Führungskräften Modelle zur Verbesserung der Work-Life-Balance an. Diese gehen in Richtung Flexibilisierung der Arbeitszeit. Interne Befragungen und Analysen haben gezeigt, dass ein hohes Maß an Selbstbestimmung über Dauer und Lage der eigenen Arbeitszeit zu hoher Zufriedenheit und Motivation der Mitarbeiter und somit auch zur Effizienzverbesserung im Unternehmen beiträgt. Zwei Pilotprojekte werden von der Kaufhof Warenhaus AG referiert: Sowohl eine Personalleiterfunktion in einer kleinen Filiale als auch einige Führungskräftepositionen in der Hauptverwaltung werden in Teilzeit von mehreren Führungskräften besetzt.

Quelle: Fetz/Köster (2007).

Abb. 2 gibt einen zusammenfassenden Überblick über mögliche Implikationen des Wertewandels auf die konkrete Personalarbeit, getrennt nach Funktionsbereichen.

Abb. 2: Personalarbeit und Wertewandel

Funktionsbereiche des Personalmanagements	Implikationen bei folgenden Fragestellungen (Auswahl)
Personalbedarfspla-nung	• Bedarf an Trendsettern zur Antizipation bzw. Umsetzung geänderter Wünsche externer Kunden
Personalbeschaffung	• Berücksichtigung postmaterieller Werte beim Aufbau des Arbeitgeberimages • Veränderung Stellenzuschnitte/Verantwortungsbereiche
Personaleinsatz und -verwaltung	• Arbeitszeitflexibilisierung zur Gewährleistung der „Work-Life-Balance"
Entlohnung und be-triebliche Sozialpolitik	• Fortwährende Wichtigkeit von Entlohnung trotz Strebens nach postmateriellen Werten • Pluralität an auch nicht-monetären Zusatzleistungen
Personalentwicklung	• Einforderung von Weiterbildungsmöglichkeiten durch die Beschäftigten
Personalabbau	• Rückgang des Musters der „Lebensstellungen"
Personalcontrolling	• Herausforderung an das Controlling von weichen Faktoren, z.B. Arbeitszufriedenheit

Quelle: eigene Darstellung.

2.3   Demografie

Deutschland steht in den kommenden Jahrzehnten vor einem **grundlegenden demografischen Wandel**. Eine niedrige Fertilität und eine weiter steigende Lebenserwartung führen zu einer starken Alterung und schließlich zu einem Rückgang der Bevölkerung. Diese wird laut der 11. koordinierten Bevölkerungsvorausberechnung des Statistischen Bundesamtes von 82 Millionen über 80 Millionen im Jahr 2020 auf knapp 69 Millionen in 2050 sinken. Dabei wird eine durchschnittliche Zuwanderung von 100.000 Ausländern unterstellt (vgl. Statistisches Bundesamt 2006, S. 33f.). Bei erhöhter Zuwanderung fällt der Bevölkerungsrückgang bis 2050 schwächer aus (prognostizierte Obergrenze: 74 Millionen Menschen).

Die Verschiebung der Altersstrukturen wird in der Demografie mit dem Altenquotienten gemessen. Dieser entspricht dem Verhältnis der mindestens 60-Jährigen zur Bevölkerung zwischen 20 und 59 Jahren. In Deutschland steigt dieses Verhältnis laut einer Prognose des Gesamtverbandes der deutschen Versicherungswirtschaft von 38,5 Prozent (1997) schrittweise auf 60,1 Prozent (2020), 82,3 Prozent (2030) und schließlich auf 93,0 Prozent in 2050 (vgl. Gesamtverband der deutschen Versicherungswirtschaft 2004, S. 7). Es stellt sich die Frage, wie sich die Verschiebung der Altersstruktur der Bevölkerung auf die Erwerbstätigkeit auswirkt. Im Jahre 2050 wäre die Erwerbsgruppe der 50 bis 65-Jährigen fast so stark besetzt wie die mittlere Altersgruppe der 30 bis 49-Jährigen (jeweils ca. 40 Prozent der Erwerbsbevölkerung). Im Jahr 2006 war der Anteil der ältesten Erwerbsgruppe noch bei ca. 30 Prozent, die mittlere

Erwerbsgruppe vereinigte ungefähr die Hälfte der Erwerbstätigen auf sich (vgl. Statistisches Bundesamt 2006, S. 41f.).

In vielen Bereichen des Wirtschaftslebens sind die geschilderten demografischen Veränderungen relevant und werden deren Auswirkungen intensiv diskutiert. Im Bereich des Personalmanagements ist der Zusammenhang unmittelbar. Der skizzierte Wandel führt dazu, dass das **Arbeitskräftepotenzial geringer** ausfällt. Da dieser Mangel durch Zuwanderung nicht ausgeglichen werden kann, stellt sich u.a. das Problem der Rekrutierung **junger Fachkräfte** (vgl. König u.a. 2006, S. 6). Neben dieser quantitativen Dimension können sich Probleme beispielsweise auch qualitativ ergeben. Ein hohes Durchschnittsalter in der Belegschaft kann dafür sorgen, dass die **Innovationskraft** des Unternehmens **leidet** und so Geschäftschancen nicht genutzt werden. Ferner sind die **Arbeitsbedingungen** (derzeitige Tätigkeit im Alter u.U. so nicht mehr ausübbar) an verlängerte Erwerbsbiografien **anzupassen** (vgl. Kistler 2007, S. 179ff.). Gleich ob quantitativ oder qualitativ geprägt stellt sich für die Unternehmen bei zukünftigen Mitarbeitern wie für jeden Arbeitnehmer selbst die Herausforderung, die Beschäftigungsfähigkeit (Employability) zu erhalten und wenn möglich auszubauen (vgl. für die Sichtweise der Erwerbstätigen Prager/Schleiter 2006 sowie für personalwirtschaftliche Maßnahmen Böhne/Wagner 2005; Rump/Schmidt 2005).

Abb. 3 fasst die wesentlichen Fragestellungen zusammen, die sich für die einzelnen Funktionsbereiche des Personalmanagements aus dem demografischen Wandel heraus ergeben.

Abb. 3: Personalarbeit und demografischer Wandel

Funktionsbereiche des Personalmanagements	Implikationen bei folgenden Fragestellungen (Auswahl)
Personalbedarfsplanung	• Notwendigkeit der Gewährleistung einer - aus Unternehmenssicht - anforderungsgerechten Altersstruktur (z.B. viele Tätigkeiten auf „Junior-Level", aber die meisten Mitarbeiter „Seniors")
Personalbeschaffung	• Entwicklung der Arbeitgebermarke • Rekrutierung junger Fachkräfte
Personaleinsatz und -verwaltung	• Flexibilisierung der Lebensarbeitszeit • Erhaltung der körperlichen und geistigen Leistungsfähigkeit • Arbeitsorganisation für altersgemischte Teams • Einbindung von Mitarbeitern mit Migrationshintergrund

(wird fortgesetzt)

(Fortsetzung)

Entlohnung und betriebliche Sozialpolitik	• Entlohnungsmodelle im Alter • Finanzierung von Pensionsverpflichtungen/betriebliche Altersvorsorgemodelle
Personalentwicklung	• Erhaltung der Beschäftigungsfähigkeit bis ins hohe Lebensalter (Lebenslanges Lernen) • Nachfolgeregelungen • Systematischer Wissenstransfer
Personalabbau	• U.U. problematische Ersatzbeschaffung • Indirekte Abbaustrategien (z.B. Reduktion der Arbeitszeit im Alter)
Personalcontrolling	• Altersspezifische Kennzahlen (direkt: beispielsweise Altersstruktur; indirekt: beispielsweise Patente pro Altersgruppe zur Prüfung der Innovationskraft)

Quelle: eigene Darstellung.

2.4 Politik/Staat

Oechsler (2006, S. 40ff.) diskutiert sehr detailliert, welche Auswirkungen die politische Ebene auf die Personalarbeit entfalten kann. Dabei hat der Staat über das Mittel der **Gesetzgebung** die Möglichkeit, wichtige Rahmenbedingungen für die Personalarbeit zu setzen. Es geht vor allem um Arbeitsschutz (z.B. Arbeitszeitregelungen, Unfallverhütungsvorschriften), persönlichen Sonderschutz (z.B. Kündigungsschutz bestimmter Arbeitnehmergruppen, vgl. auch Kapitel 8), Entgeltschutz (z.B. Lohnfortzahlung im Krankheitsfall) oder der Schutz der sozialen Sicherung (z.B. Rentenversicherung).

Neben diesen direkten politischen Lenkungsmöglichkeiten determiniert sich die Gestaltung der Arbeitnehmer-Arbeitgeber-Beziehungen insbesondere auf der **Tarifebene**. Es handelt sich hier um kollektive Regelungen (Tarifvertragsgesetz), die in Tarifverhandlungen zwischen Arbeitgeber und Gewerkschaft beschlossen werden (vgl. z.B. Oechsler 2006, S. 58ff.). Neben der kollektiven Mitbestimmung existiert auf **Unternehmensebene** die betriebliche Partizipation der Arbeitnehmervertreter (Betriebsrat) u.a. bezüglich personalpolitischer Entscheidungen (Betriebsverfassungsgesetz). Die Bedeutung der politisch-regulatorischen Ebene für die Personalarbeit wird dadurch untermauert, dass in nahezu jedem Kapitel dieses Buches rechtlichen Regelungen ein eigenes Unterkapitel gewidmet ist.

Bei den geschilderten gesetzlichen und tariflichen Regelungen handelt es sich eher um stabile Rahmenbedingungen der Personalarbeit als um einen politisch begleiteten oder gar induzierten **Trend**. Dieser lässt sich indes bei den **gewandelten Beschäftigungsformen** erkennen. Deutsche Unternehmen haben zunehmend eine kleinere feste Kernbelegschaft und greifen verstärkt auf befristete Kontrakte, Mini-Jobs, Teilzeit oder Leiharbeit zurück (vgl. Walwei 2007). Das deutsche Kündigungsrecht schreibt beispielsweise für die unbefristete Vollzeitstelle weiterhin starke Reglementierungen fest. Gleichzeitig wurden die Beschränkungen für Zeitarbeit weiter abgebaut; seit 2004 ist der unbeschränkte Einsatz von Leiharbeitnehmern möglich (vgl. Boden 2005, S. 122). Unbestritten ist, dass eine solche Öffnung zu Lasten von Festanstellungen geht, gleichzeitig aber Arbeitslosigkeit entgegenwirken kann. Zudem wissen viele Arbeitnehmer die Vorteile der so entstandenen Flexibilisierung (z.B. Kennen lernen einer Vielzahl von Unternehmen) zu schätzen.

Abb. 4 fasst für die Funktionsbereiche des Personalmanagements ausgewählte politische/staatliche Einflüsse zusammen.

Abb. 4: Personalarbeit und die Rolle der Politik

Funktionsbereiche des Personalmanagements	Implikationen bei folgenden Fragestellungen (Auswahl)
Personalbedarfspla-nung	• Politischer Einfluss auf Standortentscheidungen und damit Personalbedarf • Abhängigkeit der Geschäftstätigkeit und damit des Personalbedarfs von Unterstützungen/Subventionen • Abhängigkeit der Personalkapazität von Arbeitszeitregelungen
Personalbeschaffung	• Förderung von Ausbildung • Erleichterung des oft kostenintensiven Rekrutierungsprozesses durch die Inanspruchnahme flexibler Erwerbsformen • Betreiben eines aktiven „Employer Branding" zur Bindung von wertvollen Leiharbeitern
Personaleinsatz und -verwaltung	• Politischer Einfluss auf Standortentscheidungen und damit Personaleinsatz • Motivation der „Randbelegschaft" zur Identifizierung mit dem Unternehmen
Entlohnung und be- triebliche Sozialpolitik	• Mindestlohndebatte • Investivlohndebatte • Förderung von Altersvorsorgemodellen
Personalentwicklung	• Staatliche Förderung von Weiterbildung • Wissensmanagement zur Konservierung des durch die hohe Fluktuation der „Randbelegschaft" drohenden Wissensverlustes
Personalabbau	• Kündigungsverbote /-restriktionen • Kündigungsschutzdebatte
Personalcontrolling	• Produktivität von mit staatlichen Mitteln unterstützter Mitarbeiter (z.B. 1-Euro-Jobs)

Quelle: eigene Darstellung.

2.5   Internationalisierung und Globalisierung

Deutsche Firmen weiten ihr Auslandsengagement immer mehr aus. Dabei setzen sie nicht nur auf den Export, sondern auch auf **Direktinvestitionen**.

Während sich dieses Volumen im Jahre 1990 noch auf 116 Milliarden Euro belief, waren es 2004 bereits 677 Milliarden Euro (vgl. iwd 2007a, S. 4). Im Zusammenhang mit dem bestehenden Fachkräftemangel besteht die Notwendigkeit, Personen mit Migrationshintergrund in das Unternehmen zu integrieren (Teil des **Diversity Managements**, vgl. Voigt 2007; Becker/Seidel 2006). Dies belegt eine europaweite Befragung von über 900 Unternehmen im Sommer 2005, die von der Europäischen Kommission in Auftrag gegeben wurde (vgl. iwd 2006, S. 8). 43 Prozent der Unternehmen erhoffen sich durch den (interkulturellen) Personal-Mix Zugang zu einem neuen Arbeitskräftereservoir bzw. einen Vorteil bei der Gewinnung hoch qualifizierter Mitarbeiter. Immerhin 35 Prozent sehen ein Engagement für Gleichstellung und Vielfalt als Unternehmenswerte an.

Die **Folgen** für das Personalmanagement beziehen sich im internationalen Kontext demnach vor allem auf die Gewährleistung **interkultureller Kompetenz,** d.h. die „Fähigkeit, interkulturelle Unterschiede wahrnehmen, sie beschreiben, erklären und sich in interkulturellen Situationen adäquat verhalten zu können" (vgl. hierzu und im Folgenden Festing 2004, S. 115 und S. 119ff.). Die zunehmende internationale Verflechtung bringt nicht nur die Integrationsnotwendigkeit von Mitarbeitern mit Migrationshintergrund mit sich, sondern kann auch die Tätigkeits- und Entscheidungsbereiche der anderen Mitarbeiter tangieren, sodass interkulturell kompetentes Handeln auch für letztere unabdingbar wird. Oftmals kann diese Kompetenz über Erfolg oder Misserfolg von Projekten entscheiden oder gar Wettbewerbsvorteile/-nachteile generieren.

Auf der **Handlungsebene** kann die interkulturelle Kompetenz bei Mitarbeitern mit Migrationshintergrund dadurch entfaltet bzw. gefördert werden, dass ihnen speziell entwickelte Eingliederungs-, Einarbeitungs- und Mentorenprogramme zur Seite gestellt werden. An die anderen Mitarbeiter werden beispielsweise strengere Kriterien einer internationalen Orientierung angelegt (Sprachkenntnisse, Auslandsaufenthalte). Über interkulturelle Trainings lassen sich Rahmenbedingungen für interkulturelle Begegnungen schaffen, etwa für die Mitarbeit in interkulturellen Projektteams, Auslandsreisen oder gar Auslandsaufenthalte (vgl. hierzu die Ausführungen in Kapitel 5.4.2).

Abb. 5 fasst für die Funktionsbereiche des Personalmanagements ausgewählte Einflüsse aufgrund von zunehmender Internationalisierung zusammen.

Abb. 5: Personalarbeit und Internationalisierung

Funktionsbereiche des Personalmanagements	Implikationen bei folgenden Fragestellungen (Auswahl)
Personalbedarfsplanung	• Bedarf an geografisch mobilen Mitarbeitern
Personalbeschaffung	• Hoher Stellenwert interkultureller Kompetenz bei der Personalauswahl • Besondere Bedeutung des familiären Hintergrunds (vor dem Hintergrund internationaler Verwendung)
Personaleinsatz und -verwaltung	• Durchführung von Auslandseinsätzen • Steigerung der Verwaltungskomplexität
Entlohnung und betriebliche Sozialpolitik	• Gerechte Entlohnung
Personalentwicklung	• Angebot (inter)kultureller Trainings • Veranstaltungen für interkulturelle Teams
Personalabbau	• Unverzichtbarkeit von Mitarbeitern auf Grund von spezifischem Know How
Personalcontrolling	• Integration von kulturellen Aspekten in Steuerungsparameter

Quelle: eigene Darstellung.

2.6   Technologischer Wandel

Der Zusammenhang zwischen dem dynamischen technologischen Wandel mit verkürzten Lebenszyklen für Produkte und Märkte (vgl. beispielsweise Kuder 2005, S. 27ff.) und der Personalarbeit ist offensichtlich: Es bedarf eines **höheren Qualifikationsniveaus** der Arbeitskräfte, um mit diesem **technologischen Wandel Schritt halten** zu können. In diese Richtung müssen deshalb viele Personalentwicklungsmaßnahmen zielen, um das Unternehmen konkurrenzfähig zu halten. Selbstverständlich sind manche Aktivitäten in extremer Weise (PC-Entwickler) und manche kaum (Verkäufer in einer Bäckerei) von technologischen Entwicklungen inhaltlich betroffen. In Form von (drohendem) **Arbeitsplatzabbau** sind indes sehr viele Arbeitnehmer in den Prozess involviert.

Dabei sind insbesondere zwei Funktionsbereiche betroffen: **Produktion** und **Service**. Während die Technisierung im Produktionsbereich eine lange Tradition und Entwicklung aufweist, ist die Rationalisierung im Servicebereich verstärkt ein Phänomen der neunziger Jahre. In der Produktion gibt es beispielsweise Fertigungsstraßen, die rein mit Robotern bestückt sind. In der Logistik werden ganze Lagerhallen nur noch mit maschineller Hilfe verwaltet. Bezüglich des Services konnten beispielsweise in Banken die Personalkapazitäten am Schalter für den Privatkunden reduziert werden, weil die Kunden die meisten Auszahlungen am Geldausgabeautomaten tätigen. Im Luftverkehr checken immer mehr Fluggäste selbstständig ein, was zu einer Reduzierung des Bodenpersonals führt(e).

| ,Food for thought' | **Call Center-Mitarbeiter als aus technischen Möglichkeiten hervorgegangenes Berufsbild** |

Ein interessantes Phänomen im Zusammenhang mit der Prägung von Arbeitsaufgaben durch Technologie ist das **Call Center**. Service- und Kostenreduktionsüberlegungen trafen hier mit technischer Machbarkeit aufeinander. Ein Call Center bietet einen Serviceweg für den Kunden und kann zudem, wie beispielsweise in Versicherungen praktiziert, Vertriebsmitarbeiter von Administration entlasten. Dabei können in einer Potenzierung der Effizienz auch die Kapazitäten der Call Center-Mitarbeiter geschont werden, indem standardisierte Anfragen mittels eines vorgeschalteten Sprachcomputers bedient werden. Die Technisierung hat hier ein Berufsbild mit kreiert und ermöglicht durch Modifizierung von Abläufen und Routinen eine kontinuierliche Effizienzsteigerung der Call Center-Telefonie.

Die fortschreitende Technisierung hat indes nicht nur Auswirkungen auf die inhaltliche Dimension (Qualität und Quantität der Mitarbeiter) des Personalmanagements, sondern auch auf die formale Dimension, d.h. die Organisation des Personalmanagements an sich. Ein zeitgemäßes und zukunftsorientiertes Personalmanagement bietet individuelle Lösungen für Personalprobleme und trägt zur Wertschaffung im Unternehmen bei. Kunden- und Wertschöpfungsorientierung setzen flexible und komplexe Personalsysteme voraus, die ohne die Unterstützung durch neue Technologien nur noch suboptimal zu organisieren sind. Abb. 6 zeigt, wie sich die technologische Entwicklung auf das Personalmanagement ausgewirkt hat.

Beginnend mit **Softwareprogrammen** zur Unterstützung einzelner Personalprozessschritte (z.B. Entgeltabrechnung) vollzog sich die Entwicklung über die Einrichtung vernetzter Datenbanken bis hin zu höher integrierten und technisch ausgefeilteren Lösungen. Ein Beispiel für letztere sind umfassende, alle Unternehmensprozesse abbildende Softwareanwendungen mit starker Prozessvernetzung. **Personalinformationssysteme** bekommen zunehmend einen kreativ-dispositiven Anspruch, wie es als **DataWarehouse** ausgestaltete Lösungen verdeutlichen.

Zugleich ermöglichen diese hochkomplexen Systeme eine intensivere Nutzung durch die Kunden. Employee Self Service-Lösungen (ESS) stehen für diese neue Technikgeneration, die den Mitarbeiter zum Administrator seiner eigenen Daten macht. Derartig **integrative Systeme** verhindern redundante Datenführung und Medienbrüche. Aber auch bei Planungsprozessen, der Ansprache von Bewerbern, der Entwicklung von Mitarbeitern, variablen Vergütungsmodellen, flexibler Arbeitszeitgestaltung uvm. bieten neue Technologien

Unterstützung oder ermöglichen gar erst operativ handhabbare Lösungen (z.B. Telearbeit, Online-Bewerbung, Führung flexibler Arbeitszeitkonten).

Abb. 6: Einfluss neuer Technologien auf das Personalmanagement

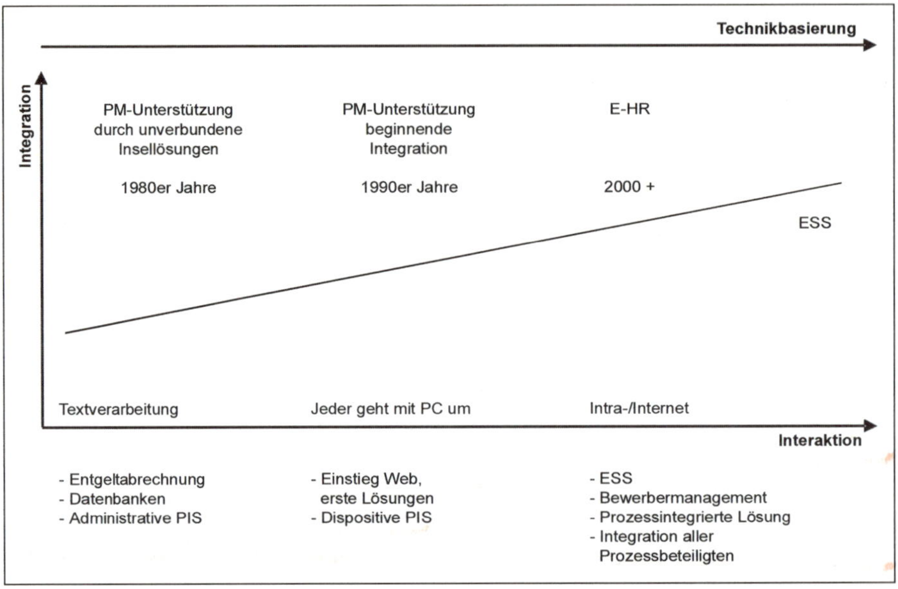

Quelle: DGFP (2004, S. 7).

Ausgewählte Einflüsse zunehmender Technisierung auf die Funktionsbereiche des Personalmanagements veranschaulicht Abb. 7.

Abb. 7: Personalarbeit und Technisierung

Funktionsbereiche des Personalmanagements	Implikationen bei folgenden Fragestellungen (Auswahl)
Personalbedarfspla-nung	• Computergestützte Simulationen (Abbildung unter-schiedlicher Bedarfsszenarien)
Personalbeschaffung	• Online-Recruiting
Personaleinsatz und -verwaltung	• Computergestützte Einsatzplanung • Mitarbeiter als Administrator der eigenen Bestandsdaten
Entlohnung und be-triebliche Sozialpolitik	• Gehaltsabrechnung inklusive elektronischer Übermitt-lung entsprechender Daten an Finanzinstitute und Be-hörden
Personalentwicklung	• Computergestützte Laufbahnplanung • Computergestützte Nachfolgeplanung
Personalabbau	• PC-gestützte Sozialauswahl
Personalcontrolling	• DataWarehouses • Personalinformationssysteme

Quelle: eigene Darstellung.

2.7   Zusammenfassung

Veränderte Rahmenbedingungen für die Personalarbeit ergeben sich weiterhin durch den **Wertewandel**. Wesentliche Treiber bestehen in der zunehmenden Individualisierung und der verstärkten Forderung einer ausgewogenen Balance zwischen Arbeit und Freizeit. Die **demografische** Entwicklung impliziert einen prognostizierbaren Mangel an qualifizierten Arbeitskräften und zugleich die Herausforderung für die alternde Arbeitnehmerschaft, zeitgemäß qualifiziert zu sein. **Staat und Politik** ihrerseits intervenieren in den Arbeitsmarkt insbesondere durch den Erlass von Schutzrechten für bestimmte Gruppen und für spezifische Umstände von Arbeitnehmern, die Förderung arbeitspolitischer Belange und die Festlegung der Rahmenbedingungen für die Tarifebene. Ein politisch mit geprägter Trend liegt in der Variabilisierung von Beschäftigungsformen (z.B. Leiharbeit).

Die **zunehmende Globalisierung** und **Internationalisierung** stellt eine weitere Entwicklung dar, der sich die Personalarbeit stellen muss. Dabei bleibt interkulturelle Kompetenz nicht nur den Mitarbeitern mit Migrationshintergrund vorbehalten. Die internationale Verflechtung erfordert diese Kompetenz bei einer Vielzahl an Mitarbeitern, was insbesondere für Personalbeschaffung, -einsatz, und -entwicklung neue Herausforderungen mit sich bringt.

Die **technische Entwicklung** beeinflusst die Personalarbeit insofern, als kürzere Lebenszyklen von Produkten und Märkten ein erhöhtes Qualifikationsprofil der Mitarbeiter erfordern. Zudem sind manche Arbeitnehmer nachhaltig über die Bedrohung bzw. starke Modifikation des eigenen Arbeitsplatzes betroffen. Die technische Entwicklung verändert auch die Personalarbeit als solche, indem manche inhaltliche Entwicklungen (z.B. Angebot komplexer Arbeitszeitmodelle) ohne die entsprechende technische Unterstützung gar nicht abbildbar wären.

2.8   Kontrollfragen

Aufgabe 2.1 (Wesentliche Entwicklungen für die Personalpolitik): Charakterisieren Sie kurz wesentliche Entwicklungstendenzen, welche die Personalpolitik von Unternehmen beeinflussen können.

Aufgabe 2.2 (Wertewandel): Was versteht man unter der „Work-Life-Balance"? Warum erlangt diese Ihrer Meinung nach für den Arbeitnehmer zunehmend Bedeutung?

Aufgabe 2.3 (Demografie): Inwiefern stellt der demografische Wandel eine große Herausforderung für die Personalarbeit dar?

Aufgabe 2.4 (Politik/Staat): Warum beobachten wir einen zunehmenden Wandel der Beschäftigungsformen, weg von unbefristeten Arbeitsverhältnissen?

Aufgabe 2.5 (Internationalisierung und Globalisierung): Was versteht man unter interkultureller Kompetenz und warum ist ihre Bedeutung im Personalmanagement steigend?

Aufgabe 2.6 (Technologischer Wandel): Wie wirkt sich der technologische Wandel auf die Personalarbeit aus?

3 Personalbedarfsplanung

Lernziele	**Dieses Kapitel vermittelt,**

- wie die Personalbedarfsplanung in den Kontext des Personalmanagements einzuordnen ist,
- mit welchen unterschiedlichen Ansätzen sich der qualitative und quantitative Bruttopersonalbedarf bestimmen lässt,
- wie daraus der Nettopersonalbedarf resultiert und
- welche rechtlichen Aspekte bei der Bedarfsplanung maßgeblich sind.

3.1 Einordnung der Personalbedarfsplanung

Die Personalbedarfsplanung ist **integraler Bestandteil** des **Personalplanungssystems** und beschäftigt sich mit der Fragestellung, welche und wie viele Arbeitskräfte zu einem zukünftigen Zeitpunkt wo benötigt werden und welche und wie viele aktuell beschäftigt sind (vgl. Horsch 2003, S. 136). Dabei bestimmt insbesondere die **personalpolitische Ausrichtung** des Unternehmens den Charakter der Personalplanung. Hierbei geht es insbesondere um die Frage, welche Grundsätze für Beschaffung, Einsatz, Entgelt (Personalkosten), Entwicklung und Abbau des Personals gelten (vgl. beispielsweise Beck 2002).

Die **Personalbedarfsplanung** stellt somit die **Verbindung** zwischen den **personalpolitischen Teilfunktionen** bzw. den Instrumenten des Personalmanagements dar (vgl. Abb. 8): Die Planung der Personalbeschaffung – als Folgeplanung aus der durchgeführten Bedarfsplanung – etwa richtet sich nach der Personalentwicklung (liegt die erforderliche Qualifikation vor?), dem Personalabbau (inwieweit müssen Ersatzbeschaffungen vorgenommen werden?), den Personalkosten (sind die gewünschten Mitarbeiterprofile zu teuer?) sowie dem Personaleinsatz (gibt es im Unternehmen für die geplante Verwendung, z.B. Auslandseinsatz, geeignete Mitarbeiter?). Andersherum bestimmen z.B. unumgängliche Personalbeschaffungen – als Ergebnis der Personalbedarfsplanung – wiederum die Personalkostenplanung. Die Wirk- bzw. Abhängigkeitsrichtung ist oftmals von vornherein nicht klar zu beurteilen. Sie richtet sich langfristig vor allem nach der Unternehmensstrategie, kurzfristig kann sie indes auch von externen Faktoren, wie etwa der konjunkturellen Entwicklung beeinflusst werden.

Abb. 8: Personalplanungssystem im Überblick

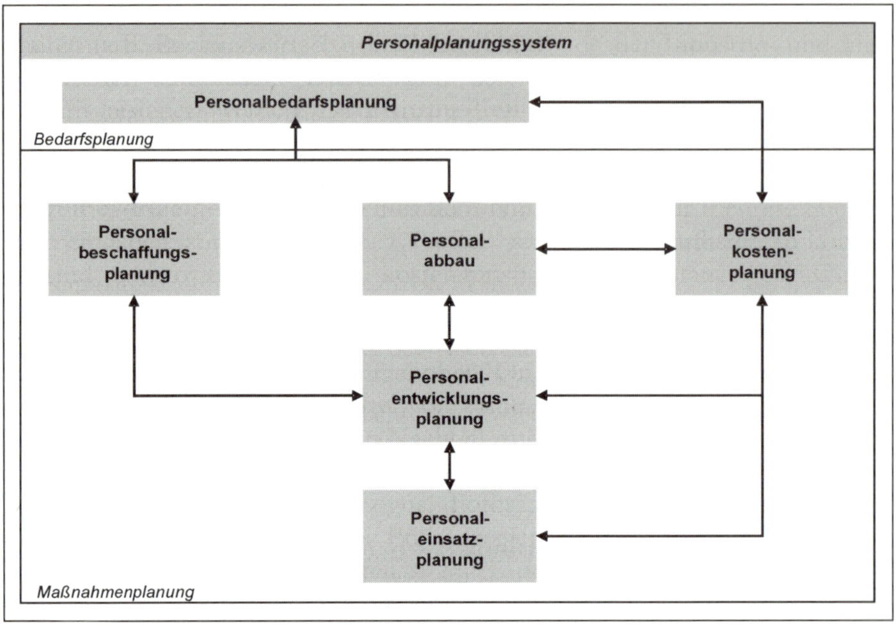

Quelle: in Anlehnung an Horsch (2003, S. 136).

Oftmals ist die Bestimmung des erforderlichen Personalbedarfs eine Aufgabe, der man sich in der Praxis intuitiv bzw. sukzessiv nach der Versuchs-Irrtums-Methode nähert (vgl. Scholz 2000, S. 252). Eine möglichst **exakte Personal(bedarfs)planung** vorzunehmen zeitigt indes sowohl aus Sicht des Unternehmens als auch aus Sicht der Mitarbeiter etliche **Vorteile**:

Aus Sicht des Unternehmens:

- Personalengpässe werden frühzeitig erkannt und berücksichtigt.
- Personal wird anforderungs- und eignungsgerecht eingesetzt.
- Personalentwicklungsbedarf wird rechtzeitig erkannt. Somit kann man auch die Abhängigkeit vom externen Arbeitsmarkt steuern.
- Wenn rechtzeitig Klarheit über künftige Arbeitsgebiete besteht, werden vorhandene Qualifikations- und Arbeitsreserven besser genutzt.
- Je frühzeitiger ein zu hoher Personalbestand identifiziert wird, umso wahrscheinlicher gelingt eine soziale und kostengünstige Personalanpassung.
- Kosten durch ungeplante und damit teure personelle Maßnahmen entfallen weitgehend.
- Die Entwicklung der Personalkosten wird kalkulierbarer.

- Organisatorische und technische Innovationsprozesse lassen sich besser steuern.
- Die Zusammenarbeit mit internen Gremien (v.a. Betriebsrat) versachlicht sich.
- Das Unternehmen kommt der durch die Mitarbeiter artikulierten Forderung nach Information und Transparenz über die Unternehmensstrategie in einem für die Mitarbeiter essentiellen Bereich nach und fördert so u.a. deren Leistungsbereitschaft.

Aus Sicht der Mitarbeiter:
- Durch die Planung des Personalbedarfs werden Härten bei Um- und Freisetzungen reduziert.
- Die frühzeitige Anpassung der Mitarbeiter an veränderte bzw. wachsende Herausforderungen erhöht die Sicherheit der Arbeitsplätze.
- Auf Arbeitsplatzänderungen sind die Mitarbeiter vorbereitet.
- Durch eine bessere Transparenz der Personalplanung verbessern sich die Aufstiegschancen (z.B. im Rahmen einer Laufbahn- und Nachfolgeplanung).

3.2   Vorgehensweise

Auf den ersten Blick scheint die Planung des Personalbedarfs trivial zu sein: Ein Unternehmen muss sich fragen, wie hoch der Bruttopersonalbedarf vor dem Hintergrund externer und interner Einflussgrößen ist. Dabei ist zu ermitteln wie viele Mitarbeiter (quantitative Dimension) mit welcher Qualifikation (qualitative Dimension) benötigt werden. Das Ergebnis ist mit dem vorhandenen Personalbestand (qualitativ und quantitativ) abzugleichen, woraus der Nettopersonalbedarf resultiert. Die gestalterische Umsetzung der Bedarfsrechnung erfolgt dann über geeignete Maßnahmen des Personalmanagements (vgl. Abb. 9).

Auf den **zweiten Blick** indes zeigt sich die **Komplexität der planerischen Aufgabe**. Die Volatilität in den Einflussgrößen kann zu sehr unsicheren Planungsszenarien für die Bestimmung des Bruttopersonalbedarfs führen, zumal wenn sich die Planung über mehrere Perioden erstreckt. Zudem ist nicht immer einfach zu beantworten, ob ein Qualifikationsprofil tatsächlich (auch vor dem Hintergrund der Dynamik der Einflussgrößen) festgeschrieben werden kann oder nicht.

Im Folgenden werden nun die **internen** und **externen Einflussgrößen** auf die Bedarfsplanung näher beleuchtet, danach verschiedene Methoden zur Ermittlung des Bruttopersonalbedarfs vorgestellt und schließlich die Bestimmung des Nettopersonalbedarfs diskutiert und problematisiert.

Abb. 9: Vorgehensweise bei der Personalbedarfsplanung

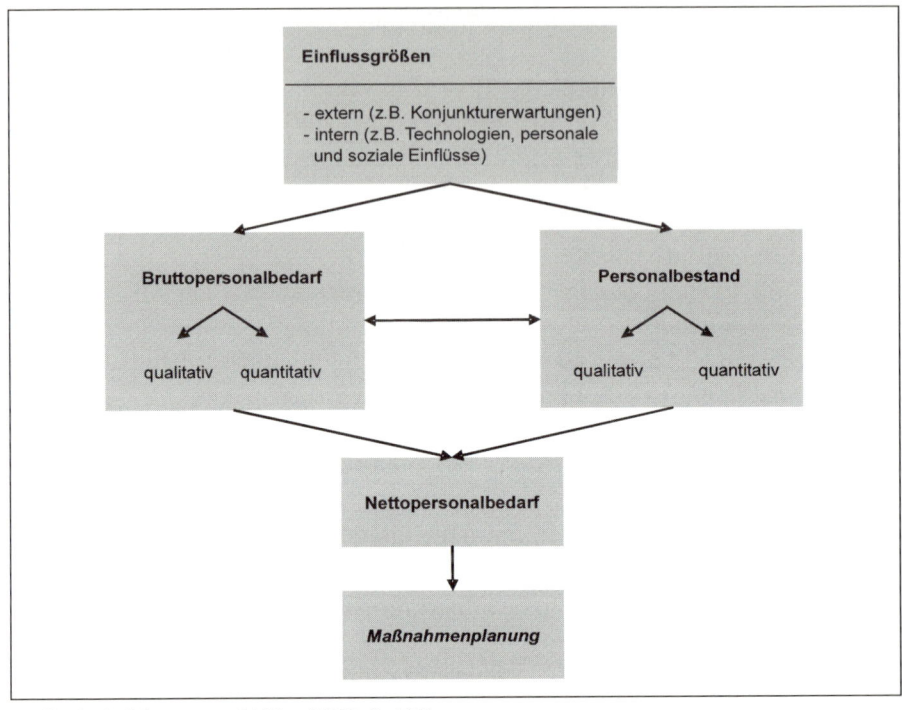

Quelle: in Anlehnung an Ridder (1999, S. 130).

3.2.1   Einflussgrößen

Der Personalbedarf wird von vielen internen und externen Faktoren beeinflusst, was dazu führt, dass mit jeder Zustandsänderung eine (theoretische)
qualitative und quantitative Planungsmodifikation einhergeht. In Anlehnung an
Jung (2006, S. 114f.) lassen sich diese wie folgt fassen:

Unternehmensexterne Faktoren:

*   Gesamtwirtschaftliche Entwicklung
*   Branchenentwicklung und Marktstrukturveränderungen
*   Veränderungen in Gesetzen und Tarifpolitik
*   Technologische Entwicklungen

Unternehmensinterne Faktoren:

*   Unternehmensplanung (z.B. Absatzvolumina, Produktionsmittel und Pro-
    duktionsmethoden)

- Arbeits- und Unternehmensorganisation (z.B. Arbeitsformen, Betriebszeiten)
- Belegschafts- und entgeltbezogene Daten (z.B. Fehlzeiten, Fluktuation, Anzahl Monatsgehälter)
- Einflusskraft des Betriebsrats

Hintergrund	**Illustration der unternehmensexternen und unternehmensinternen Faktoren (z.B. Bankenmarkt)**

Unternehmensextern

- Banken sind über die Nachfrage nach Anlage- und Kreditprodukten von der **gesamtwirtschaftlichen Entwicklung** abhängig, indes ist ihr Geschäft nicht rein konjunkturabhängig. Besonders das Zahlungsverkehrsgeschäft mit den Kunden ist sehr stabil.
- Beispiel für eine **Branchenentwicklung** ist die zunehmende Bedeutung der Altersvorsorge. Zudem hat sich die Marktstruktur geändert, als Direktbanken (Online-Banking) auf den Markt drängten.
- Banken haben z.T. Bankshops gegründet, deren Mitarbeiter nicht unter den **Banken-Tarifvertrag** fallen. Dies hat ihnen erlaubt, den geringer qualifizierten Mitarbeitern niedrigere Gehälter zu zahlen.
- Internetbanking ist die häufigste geschäftliche Anwendung des Internet (**Technologie**).

Unternehmensintern

- Im Banking ist eine starke Zunahme fokussierter Geschäftsmodelle zu verzeichnen, z.B. reine Konsumentenkreditspezialisten (**Unternehmensplanung**).
- Beispiel für **Arbeitsformen** sind so genannte „Springer", die Kapazitätsspitzen und Fehlzeiten der angestammten Vertriebsmitarbeiter ausgleichen.
- Im Zuge zunehmender Fusionen in der Finanzbranche lag ein starkes Augenmerk auf der Überwachung fusionsinduzierter **Fluktuation**.
- Der Einfluss des Betriebsrates ist von Unternehmen zu Unternehmen unterschiedlich. Dies ist **oft historisch** bedingt und von den handelnden Personen **abhängig**.

3.2.2   Ermittlung des Bruttopersonalbedarfs

Unter dem Bruttopersonalbedarf versteht man die Menge aller Personen einer bestimmten Personalkategorie, die zur Leistungserstellung insgesamt benötigt wird (vgl. Drumm 2005, S. 239). Dabei sollen zunächst Methoden zur Ermittlung des qualitativen und danach Verfahren zur Bestimmung des quantitativen Bruttopersonalbedarfs vorgestellt werden.

3.2.2.1   Methoden der qualitativen Personalbedarfsplanung

Bei den qualitativen Methoden sollen zwei Verfahren im Fokus stehen. Diese unterscheiden sich in Umfang und Einsatzgebiet und bieten folglich eine gute Kontrastierung. Beiden gemeinsam ist, dass sie anhand eines Ablaufschemas die Planung des Bedarfs für neue Arbeitsplätze systematisieren.

3.2.2.1.1   *Planungsschema nach Drumm*

Drumm (2005, S. 241ff.) beschreibt die **qualitative Komponente** der **Personalbedarfsplanung** als die Ermittlung und Ableitung von Fähigkeiten, Kenntnissen und Verhaltensweisen, über die ein Mitarbeiter verfügen sollte, um den gegenwärtigen und zukünftigen Leistungsanforderungen nachkommen zu können. Er visualisiert den Ablauf in folgendem Schema (vgl. Abb. 10).

Abb. 10: Ablaufschema der qualitativen Personalbedarfsplanung

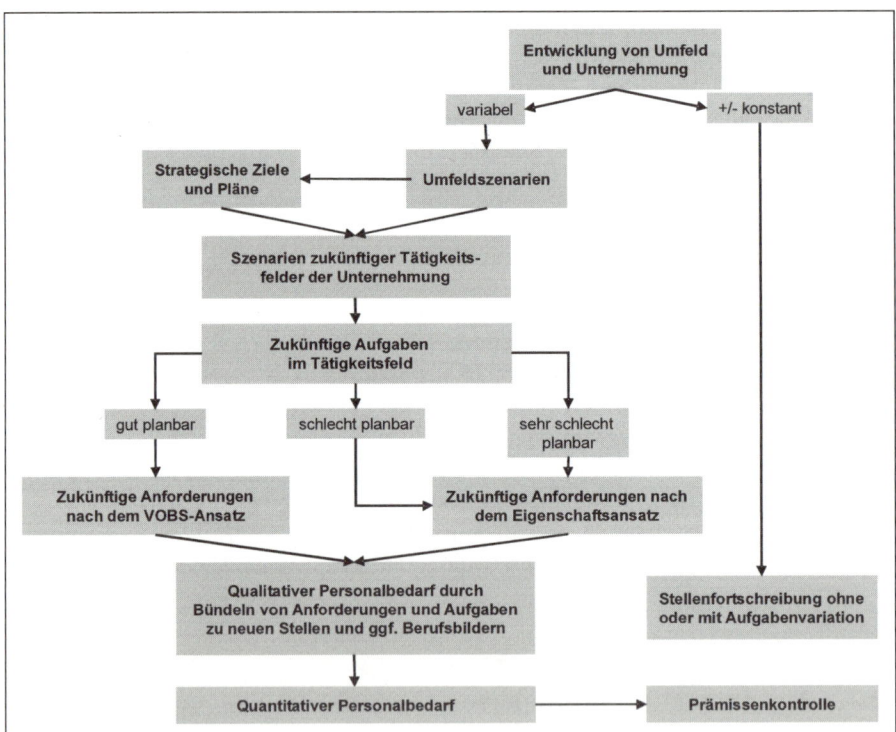

Quelle: Drumm (2005, S. 244).

Dieser Ablauf muss indes lediglich dann differenziert analysiert werden, wenn die **Entwicklung von Umfeld und Unternehmung variabel,** d.h. von Strukturbrüchen gekennzeichnet ist. Diese äußern sich beispielsweise in veränderter Technik oder der grundlegenden Veränderung der Märkte. In diesem Fall besteht Personalbedarfsplanung aus **szenariogestützter Prognose** und Planung von (neuen bzw. modifizierten) **Aufgaben** und **Stellen**. Für den Fall konstanter Entwicklung von Umfeld und Unternehmung (geringfügige Änderung von Leistungsprogramm und Technik bzw. stetige Entwicklung der Rahmenbedingungen) können Stellen direkt ohne oder mit marginaler Aufgabenvariation fortgeschrieben werden.

Im Szenario variabler Umfeld- und Unternehmenseinflüsse können sich Märkte, Produkte, Technik, Konkurrenz und Nachfrageentwicklung so ändern, dass strategische Ziele und Unternehmenspläne davon substanziell betroffen sind. Nun setzen die konkreten personalwirtschaftlichen Implikationen des Ablaufschemas an. Dabei sind vier „Meilensteine" zu durchlaufen:

(1) Definition zukünftiger Leistungen

Ein variables Umfeldszenario, kombiniert mit entsprechenden Szenarien strategischer Ziele und Pläne, führt zu **Szenarien zukünftiger Tätigkeitsfelder**. Diese zeichnen sich laut Drumm durch zahlreichere Aufgaben bzw. differenziertere Stellenprofile aus.

(2) Festlegung der zur Leistungserstellung notwendigen Aufgaben

Im entsprechenden Tätigkeitsfeld unterscheiden sich **gut planbare** Aufgaben (es liegen eigene oder fremde Erfahrungswerte vor) von **schlecht planbaren** Aufgaben (Szenarien sind zumindest nicht hinreichend strukturiert) und **sehr schlecht planbaren Aufgaben** (Szenarien sind vage). Bei gut planbaren Aufgaben können zukünftige Anforderungen anhand verhaltensorientierter Beurteilungsskalen (**VOBS**) formuliert werden. Es liegen Muster und Erfahrungswerte zur Festschreibung von (Mindest-)Erwartungswerten bezüglich Arbeits-, Entscheidungs-, Kooperations-, Führungs-, Zeit- und Kontrollverhalten vor.

Sofern die Erstellung konkreter **Anforderungsprofile** (noch) **nicht möglich** ist, bietet es sich an, die zukünftigen Anforderungen nach dem **Eigenschaftsansatz** zu formulieren. Hier wird ein Kenntnis- und Fähigkeitsprofil gezeichnet auf physischer, kognitiver, sozialer und ggf. psychischer Ebene.

(3) Sinnvolle Bündelung der Aufgaben

Die Aufgabenprognose kann nun hervorbringen, dass sich die neuen Anforderungen nur unwesentlich von den alten unterscheiden und eine **Stellenfortschreibung** ohne weiteres möglich ist. Ist der Novitätsgrad indes zu hoch, so sollten die **Aufgaben** z.B. nach dem Ähnlichkeitsprinzip sinnvoll **gebündelt** werden.

(4) Ordnung zu besetzungsfähigen Stellen

Um Stellen besetzungsfähig zu gestalten und eine Stellenanordnung bzw. -hierarchie vornehmen zu können, muss neben den Anforderungen auch noch die **Arbeitsmenge** und somit die quantitative Komponente **geschätzt** werden.

Praxis	**Illustration des Schemas zur qualitativen Personal-bedarfsplanung nach Drumm - Beispiel Postbank**

Die Postbank als Bank vor allem für den privaten Kunden hat sich aus Umfeld- und eigenen Unternehmensanalysen (variables Umfeldszenario) heraus dazu entschieden, ihre Tätigkeit weniger über den Privatkundenbereich in andere Kundensegmente mit hoher Konkurrenzintensität auszudehnen als vielmehr die Abwicklung von Kundentransaktionen im Zahlungsverkehr zu forcieren. Um die Effizienz dieses Mengengeschäftes zu steigern, plante man das Insourcing bzw. das Hereinholen des Zahlungsverkehrsgeschäftes anderer Banken (strategische Ziele und Pläne). Mittlerweile wickelt die Postbank Transaktionen etwa für Deutsche Bank, Dresdner Bank oder HypoVereinsbank ab.

Für den Personalbereich bedeutet dies die Neuschaffung von Arbeitsplätzen im Abwicklungsbereich (Zukünftige Tätigkeitsfelder der Unternehmung). Da sich ein Zahlungsverkehrsbeleg etwa eines Kunden der Deutschen Bank nicht von dem eines Postbankkunden unterscheidet, sind die Arbeiten gut planbar (Anforderungen zukünftiger Aufgaben nach dem VOBS-Ansatz). Dennoch war es vor diesem Hintergrund unumgänglich, dass sich die Postbank im Zuge eines (Integrations-) Projektes überlegt hat, wie sie sich im neuen Geschäftsfeld „Transaction Banking" neu aufstellt. Um dies zu leisten, etablierte die Bank Projektteams, deren Mitarbeiter eher nach projektspezifischen Fähigkeiten und Fertigkeiten ausgewählt wurden (zukünftige Anforderungen nach dem Eigenschaftsansatz). Neben vielen Arbeitsplätzen, bei denen die Stellenanforderungen identisch zu bereits existierenden Stellen sind, wurden auch inhaltlich neue Stellen geschaffen. Es entstand eine Funktionsebene, die für einen reibungslosen Kontakt zu den Banken, die der Postbank die Abwicklung ihres Zahlungsverkehrs anvertrauen, verantwortlich ist (Bündeln von Anforderungen und Aufgaben zu neuen Stellen).

3.2.2.1.2   LPI-Schema

Ein **zweites Schema,** welches sich im Gegensatz zum Ansatz nach Drumm auf ein spezifisches Einsatzfeld bezieht, ist der **Leitfaden zur qualitativen Personalplanung bei technischen Innovationen** (LPI). Mit diesem Leitfaden soll der Qualifikationsbedarf für bestehende und zukünftige Arbeitssysteme ermittelt werden (vgl. Sonntag u.a. 1989, S. 95ff.). Die Datenerhebung erfolgt dabei vor dem Hintergrund von sechs Themenbereichen (vgl. Abb. 11). Interviews mit Stelleninhabern erbringen Erkenntnisse über den Ist-Zustand der Aufgaben und Anforderungen, Vorgesetzte vermitteln Einschätzungen über technische und personelle Rahmenbedingungen der Tätigkeit, Planer schließlich liefern wertvolle Informationen über Veränderungen bzw. Prognosen bezüglich der zukünftigen Aufgaben und Anforderungen. Auf dieser Grundlage werden **detaillierte Aufgaben- bzw. Anforderungsprofile** erstellt.

Abb. 11: Abzufragende Themenbereiche des LPI-Schemas

Erhebungsdaten	Beispiele
1. Betriebliche und technische Strukturdaten	Zu fertigende Produkte, technische Ausstattung
2. Arbeitsorganisatorische Strukturdaten	Kommunikations- und Kooperationserfordernisse, Flexibilitätsstruktur
3. Personalwirtschaftliche Strukturdaten	Demografie, Schulungsmaßnahmen, Lern- und Motivationspotenzial
4. Intellektuelle Leistungen	Informationsaufnahmekapazität, Gedächtnisleistungen, Planungs- und Kontrollleistungen, Entscheidungsleistungen
5. Kenntnisse	Maschinen- und Anlagekenntnisse, Verfahrenskenntnisse, Produktkenntnisse, arbeitsorganisatorische Kenntnisse
6. Sensumotorische Leistungen/ Fertigkeiten	Erforderliche Sinnesleistungen, wie z.B. Gehör

Quelle: in Anlehnung an Sonntag u.a. (1989, S. 95ff.).

Hintergrund	**Illustration des Schemas zur qualitativen Personalbedarfsplanung nach LPI (Bsp.: Automobilbranche)**

Marktforschungs- und Konkurrenzanalysen haben einen Automobilhersteller dazu bewogen, ein Kleinfahrzeug als Zweitwagen für kurze Strecken zu bauen. Es wird erhoben, in welchem Werk – abhängig von den bestehenden Produktlinien und der vorhandenen Technik – es sich anbietet, das Kraftfahrzeug zu produzieren (Fragestellung 1). Hernach folgt die Frage, welche Arbeitsorganisation in diesem Werk vorherrscht, wo Schnittstellen bestehen, d.h. z.B. welche Zulieferteile sich von alten Modellen nicht unterscheiden. Hier könnte der Einbau vom angestammten Personal bei evtl. noch zunehmender Spezialisierung übernommen werden (Fragestellung 2). Bei der Frage, welche Mitarbeiter zur Fertigung des neuen Automobils eingesetzt werden könnten, wird zuerst eruiert, wie sich die personelle Situation gesamt darstellt und welche Rolle Einarbeitungszeiten, Schulungen und motivationale Aspekte spielen (Fragestellung 3). In der konkreten Planung des Designs des neuen Automobils werden intellektuelle Leistungen in Form von Berechnungs- und evtl. auch Entscheidungsleistungen benötigt (Fragestellung 4). Zum Aufbau z.B. der Fertigungsstraße werden nach Abschluss der Planungen Maschinen- und Anlagekenntnisse, aber insbesondere auch steuerungs- und arbeitsorganisatorische Kenntnisse benötigt (Fragestellung 5). Sensumotorische Fähigkeiten sind hier eher untergeordnet (Fragestellung 6).

3.2.2.2   Methoden der quantitativen Personalbedarfsplanung

Bei der **quantitativen Personalbedarfsplanung** geht es darum, die **Zahl der Mitarbeiter** zu ermitteln, die notwendig sind, um die Unternehmensplanung realisieren zu können. Dabei wird entweder simultan oder getrennt von der eigentlichen Planung (Einsatzbedarf) ein Reservebedarf bestimmt. Dieser dient zur Abdeckung von Verarbeitungsspitzen bzw. der Kompensation von Ausfällen durch Urlaub, Krankheit oder Fortbildung. Die betriebliche Praxis wendet vor allem zwei Verfahren an, um die quantitative Komponente des Bruttopersonalbedarfs zu ermitteln: Schätzverfahren und Kennzahlenmethoden (vgl. hierzu und im Folgenden Kolb 2002, S. 80ff.).

3.2.2.2.1   *Einfache Schätzverfahren*

Die Anwendung einfacher Schätzverfahren bedeutet, **Vorgesetze in Fachabteilungen** zu **befragen**, wie viele Mitarbeiter sie in Zukunft benötigen. Diese Einschätzungen sind **subjektiv** und können dazu führen, dass nicht objektive Bedarfe, sondern (konkurrierende) Abteilungsinteressen und **eigene Machtbestrebungen** dafür maßgeblich sein können, wie sich der Personalbestand gestaltet. Deshalb sind in der betrieblichen Praxis solche Bedarfsänderungen zu begründen. Über die Personalabteilung, die in diesem Fall oft lediglich Mittlerfunktion einnimmt, werden die Bedarfe verdichtet und der Geschäftsleitung zur Entscheidung vorgelegt.

Diese Schätzmethodik ist in der **Praxis weit verbreitet**. Dies liegt vor allem an der universellen Einsetzbarkeit, der **leichten Anwendbarkeit**, aber auch am Umstand, dass dort der Impuls für Personalveränderungen vom Abteilungsverantwortlichen ausgeht und dieser damit unmittelbar in den Prozess involviert ist. Dies ist bei der Hinzunahme von Experten zur Bestimmung des zukünftigen Personalbedarfs schon weit weniger der Fall. Mittels systematischer **Expertenbefragungen**, die dann an den Vorstellungen der Personal- und Abteilungsverantwortlichen gespiegelt werden, lässt sich nach Diskussion und Iteration der Schätzungen ein quantitativer Bedarf ermitteln. In der betrieblichen Praxis kommt dieses Verfahren nur für **größere Unternehmen** in Frage. Oftmals bindet allein die methodische Diskussion (z.B. zweifelt der betroffene Abteilungsleiter an, dass die von den Experten vorgelegten Vergleichsdaten auf seine Abteilung zutreffen) sehr viel Zeit und Energie. Für kleinere Unternehmen ist dieses Prozedere zu aufwändig.

3.2.2.2.2   *Kennzahlenmethoden*

Im Gegensatz zu den Schätzverfahren liegen dem überwiegenden Teil der Kennzahlenmethoden **objektive Daten** zu Grunde. Dabei ist die Menge und Detaillierung der verwendeten Daten unterschiedlich. Im Folgenden seien drei Genauigkeitsstufen unterschieden (aufsteigende Exaktheit): Globale Kennzahlen, Kennzahlengeflechte und detaillierte Kennzahlenmethoden.

(1) Globale Kennzahlen

Bei dieser Kategorie wird ein **Zusammenhang zwischen Leistung und quantitativem Personalbedarf** hergestellt. Aus der Vergangenheit ist diese Relation bekannt und wird quasi als **Heuristik für die Planung** herangezogen. Beispielsweise wurde beobachtet, dass der Durchschnittsumsatz eines Verkäufers sehr konstant ausfällt. Nach erfolgter Umsatzplanung ergibt sich der zukünftige Personalbedarf automatisch. Voraussetzung für eine annähernde Genauigkeit der Planung ist, dass die Einflussgrößen des Personalbedarfs (z.B. Leistungsprogramm, technische Ausstattung, Arbeitsverfahren) konstant bleiben. Werden die o.g. Verkäufer, welche annahmegemäß im Außendienst tätig sein sollen, etwa mit Laptops als Verkaufshilfe ausgestattet oder übernimmt ein Call Center Teile der Terminvereinbarungen mit dem Kunden, so wird die Umsatzerwartung pro Mitarbeiter steigen. Aus der Planung wachsender Umsätze resultiert dann nicht automatisch ein Mehrbedarf an Mitarbeitern.

Handelte es sich im eben genannten Beispiel um eine konstante (lineare) Faustformel, so ist auch denkbar, dass **Trendfortschreibungen** als Basis für Personalbedarfsplanungen fungieren können. Die Umsatzplanung kann beispielsweise auf Grundlage der Marktgegebenheiten in den vergangenen Perioden immer ein Wachstum von fünf Prozent p.a. aufweisen und dies wird für die Personalplanung fortgeschrieben. Genauso sind progressive, aber auch degressive Trendverläufe denkbar.

(2) Kennzahlengeflechte

Detaillierte Analysen auf Kennzahlenebene gehen über die globale Bedarfsprognose beispielsweise an Hand von Trendaussagen hinaus und sehen in der Regel **multivariate Analysen** des vorhandenen Datenmaterials vor. So wird z.B. mittels einer **Stufenregression** versucht zu erklären, inwiefern der Personalbedarf vom Umsatz, dieser von den getätigten Investitionen, die Investitionen vom Branchenwachstum und dieses wiederum von der allgemeinen volkswirtschaftlichen Entwicklung abhängt. Vorbereitend lassen sich über Korrelationsanalysen Grundzusammenhänge bereits feststellen (vgl. RKW 1996, S. 94f.). So kann in innovativen Branchen (z.B. Biotechnologie) oder bei Investitionen in nachhaltige Entwicklung (z.B. Umweltschutz) eine Loslösung von der Konjunktur beobachtet werden, was eine schwache Korrelation zwischen Konjunktur und dem letztendlichen Personalbedarf erbringen könnte. In den multivariaten Modellen könnte man folglich die Gesamtwirtschaft ausblenden.

Korrelationsanalysen bieten sich auch in Bezug auf die Verhältnisse von verschiedenen Unternehmensgruppen und -hierarchien an. So können z.B. die Verhältniszahlen von Facharbeitern und ungelernten Arbeitnehmern oder von Führungskräften und Mitarbeitern (Führungsspanne) gute Hinweise auf die

Personalstruktur und aus Unternehmenssicht gruppenspezifische Schieflagen und -bedarfe liefern.

Praxis	Funktion von Personalbedarfskennzahlen (Bsp.: Handel)

Die EDEKA-Gruppe ermittelt Personalbedarfskennzahlen in Abhängigkeit der warenbereichstypischen Faktoren. So bemisst sich der Personalbedarf im Fleisch- und Wurstwarenbereich pro Meter Thekenlänge. Da sich zeigte, dass die Kennzahlen mit der Gesamtverkaufsfläche korrelieren, konnten die Einzelhandelsbetriebe in acht Gruppen mit unterschiedlichem Flächenumfang und Personalbedarf eingeteilt werden.

Quelle: Scholz (1994, S. 221).

(3) Detaillierte Kennzahlenmethoden

Diese Verfahren beziehen Arbeitsmengen und Arbeitszeit mit unterschiedlichem Konkretisierungsgrad in die entsprechenden Berechnungen ein. Der Bruttopersonalbedarf berechnet sich wie folgt (s. Gl. 3.1):

$$\text{Bruttopersonalbedarf} = \frac{\text{Arbeitsmenge * Zeitbedarf je Arbeitsgang}}{\text{Übliche Arbeitszeit pro Arbeitskraft}} \qquad (3.1)$$

Dabei wird allerdings unterstellt, dass der Arbeitnehmer Arbeitsvorgänge ohne Unterbrechung erledigt. Dieses ist nicht realistisch, da Störzeiten, Erholzeiten oder auch Nebenarbeiten (= **Verteilzeiten**) zu berücksichtigen sind. Berücksichtigt man diesen Umstand, so ergibt sich ein **adjustierter Bruttopersonalbedarf** (BPB; s. Gl. 3.2). Dabei ist zu beachten, dass dieser immer höher ist als der ursprüngliche Bruttopersonalbedarf, da die Verteilzeiten effektiv zu einem höheren (produktiven) Mitarbeiterbedarf führen.

$$\text{Adjustierter BPB} = \frac{\text{Arbeitsmenge * Zeitbedarf je Arbeitsgang * Verteilzeiten}}{\text{Übliche Arbeitszeit pro Arbeitskraft}} \qquad (3.2)$$

Während die Arbeitsmenge durch Auftragsvorgaben relativ leicht ermittelbar und die Arbeitszeit v.a. durch tarifvertragliche Regelungen vorgegeben ist, besteht beim Zeitbedarf je Arbeitsgang und hinsichtlich der **Verteilzeiten** ein **spezifischer, stellenbezogener Informationsbedarf**, der nach verschiedenen Methoden ermittelt werden kann:

• Strukturierte Selbstaufschreibung

Hierbei werden die **Zeiten je Arbeitsgang und die Verteilzeiten** meist in Form einer **schriftlichen Befragung** erhoben (vgl. auch im Folgenden Mag

1998, S. 76ff.). Der Fragebogen wird in der Regel auf Basis von Tätigkeitsbeschreibungen und Vorgangskatalogen erstellt; aus den entsprechenden Selbstaufschreibungen lässt sich die durchschnittliche Bearbeitungszeit pro Arbeitsvorgang ermitteln. Berücksichtigt man zudem die Verteilzeiten, so ergibt sich der notwendige Bruttopersonalbedarf.

Die strukturierte Selbstaufschreibung ist **leicht durchführbar** und deshalb in der **Praxis weit verbreitet**. **Nachteilig** ist allerdings deren **Subjektivität**. Denn das Ziel der Selbstaufschreibung, die Personalkapazität zu dimensionieren, ist offensichtlich. Zudem informiert die Selbstaufschreibung über Arbeitsabläufe sowie -intensitäten und kann implizit eine Leistungskontrolle suggerieren. Es besteht folglich die Gefahr, dass die Daten geschönt oder gar konstruiert werden: Arbeitsvorgänge dauern länger, Störungen treten häufiger auf. Ungenauigkeiten werden indes nicht allein durch „manipulative" Maßnahmen ausgelöst, auch kommt es vor, dass der Fragebogen unvollständig ist und so (Routine-)Tätigkeiten nicht aufgeführt werden, die den Mitarbeiter aber effektiv Zeit kosten.

- Arbeitswissenschaftliche Methoden

Diese Methoden haben zum Ziel, über die **Ermittlung von Soll-Zeiten** zum **quantitativen Personalbedarf** zu gelangen. In der Praxis weit verbreitet ist in ursprünglicher oder modifizierter Form die **REFA-Systematik**.

Abb. 12 zeigt, wie sich die Vorgabezeit, d.h. die für den Menschen relevante Soll-Zeit aus den Arbeitsabläufen für Mensch und Maschine ergibt (vgl. im Folgenden REFA 1992, S. 42ff.). Die Auftragszeit bemisst sich nach der Zeit für Arbeitsvorbereitung (Rüstzeit) und der Ausführungszeit. Die Vorgabezeit wiederum, welche der Zeit je Einheit entspricht, wird von der Grundzeit, der Erholzeit und der Verteilzeit bestimmt:

- o Die Grundzeit umfasst die planmäßige Ausführung eines Arbeitsablaufs durch den Menschen. Sie umfasst die Tätigkeitszeit und Wartezeiten durch ablaufbedingte Unterbrechungen.
- o Die Erholungszeit ist die Summe der für den Menschen erforderlichen Erholungsperioden.
- o Verteilzeiten umfassen sachliche Verteilzeiten (z.B. störungsbedingte Unterbrechungen durch Telefonate, Abstimmungen vor Ort mit Kollegen) und persönlich bedingte Verteilzeiten (z.B. Toilettengänge, Regelung privater Angelegenheiten).

Abb. 12: Aufteilung der Auftragszeit

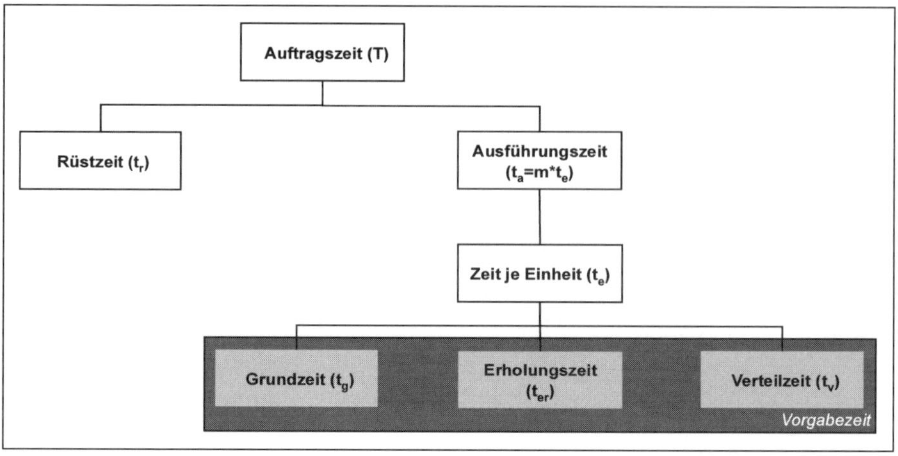

```
                          ┌──────────────────────┐
                          │    Auftragszeit (T)    │
                          └───────────┬────────────┘
             ┌────────────────────────┴──────────────┐
    ┌─────────────────┐                    ┌──────────────────────┐
    │  Rüstzeit (t_r)  │                    │   Ausführungszeit     │
    └─────────────────┘                    │   (t_a=m*t_e)         │
                                           └───────────┬───────────┘
                                           ┌───────────────────────┐
                                           │   Zeit je Einheit (t_e) │
                                           └───────────┬───────────┘
         ┌──────────────────────┬─────────────────────┴──────────────────────┐
   ┌──────────────┐      ┌──────────────────┐                    ┌──────────────────┐
   │ Grundzeit (t_g)│      │  Erholungszeit    │                    │  Verteilzeit (t_v) │
   └──────────────┘      │    (t_er)          │                    └──────────────────┘
                         └──────────────────┘                            Vorgabezeit
```

Quelle: REFA (1992, S. 42).

Gut strukturierte, vor allem mechanische Arbeitsabläufe lassen sich derart zerlegen, dass im Sinne eines Systems vorbestimmter Zeiten für die Dauer von Bewegungselementen (z.B. Hinlangen zu einem allein stehenden Gegenstand, Greifen und Versetzen an einen von der Entfernung feststehenden anderen Arbeitsort) **Normalzeitwerte** (Time Measurement Units) ermittelt werden können. Hiermit deutet sich an, dass die **REFA-Methode** sich nur **bei starker Standardisierung** anbietet und deshalb fast ausschließlich in der Produktion eingesetzt wird. Aufwandsökonomisch und methodisch zu bedenken ist die große Zeitintensität der Erhebung und der Umstand, dass sich der Beobachtete in einer Stresssituation befindet, und entsprechende Korrektive bei der Festlegung der Normalzeiten bzw. -leistungen vorgenommen werden müssen.

Die detaillierten Kennzahlenmethoden sind vom methodischen Ansatz und von der Aussagekraft am höchsten einzuschätzen. Dennoch scheuen viele Unternehmen den großen erhebungstechnischen Aufwand, dabei v.a. die Integration in die laufende Arbeitsorganisation.

3.2.2.2.3   *Ermittlung des Reservebedarfs*
Während etwa Schätzverfahren gleichzeitig den Reservebedarf prognostizieren, der sich aus Abwesenheitszeiten der Arbeitnehmer ergibt, gehen die Kennzahlenmethoden vom Einsatzbedarf aus und berücksichtigen den Reservebedarf durch einen Zuschlag (vgl. REFA 1993, S. 133ff.). Dieser **Reservebedarf** entsteht zum einen **systematisch** (z.B. Urlaubszeiten und kalkulierbare Spitzenzeiten), zum anderen **unsystematisch** (z.B. Krankheit, Sonderanlässe wie Großaufträge oder Verkaufsaktionen).

Die Zuschlagsquoten unterscheiden sich nach Branchen und Betriebsbereichen in erheblichem Maße. Kundenfrequenzen im Dienstleistungsbereich und damit einhergehende Kapazitätsanpassungen sind in der Regel weit schwieriger ermittelbar bzw. prognostizierbar als etwa Kapazitätsvoraussagen bei Fließbandfertigungen. Ein beispielhaftes Schema zur Berechnung des Reservebedarfs zeigt Abb. 13.

Abb. 13: Berechnung des Reservebedarfs

	Tage	Prozent
1. Jährliche Betriebszeiten		
365 Jahrestage		
./. 52 Samstage		
./. 52 Sonntage		
./. 11 Feiertage		
= 250 Arbeitstage (bei 100% → 1 Tag = 0,4%)		
2. Reservebedarf		
Grund		
Tariflicher Urlaub	30	12,0
Unbezahlter Urlaub	1	0,4
Weiterbildung/Bildungsurlaub	5	2,0
Fehlzeiten (z.B. Krankheit, Kuren)	10	4,0
Freistellung (z.B. für Betriebsrat)	1	0,4
Sonstiger Urlaub (z.B. Mutterschutz, Übungen der Bundeswehrreserve)	2	0,8
Aufrechterhaltung der Wochenarbeitszeit von 40 Std. bei einer amtlichen Arbeitszeit von 37 Std. = 15 Freischichten	15	6,0
Tage durchschnittlicher Abwesenheit, d.h. Reservebedarf entspricht	**64**	**25,6**
3. Verminderter Reservebedarf durch		
Einführung eines vierwöchigen Betriebsurlaubs im Sommer (20 Arbeitstage) und nach Weihnachten (5 Arbeitstage)	25	10,0
Tage durchschnittlicher Abwesenheit	**39**	**15,6**

Quelle: Horsch (2003, S. 142); leicht modifiziert.

3.2.3   Bestimmung des Nettopersonalbedarfs

Der **Nettopersonalbedarf** ergibt sich nun als **Ergebnis des Abgleichs von Bruttopersonalbedarf und Personalbestand**. In quantitativer Hinsicht erfolgt dies meist in Form einer Rückwärtsrechnung, bei der vom Soll-Bestand ausgegangen wird (vgl. Abb. 14). Bei Überdeckung sind Entlassungen notwendig, während eine Unterdeckung einen Zusatzbedarf impliziert, der aus Neueinstellungen und/oder Qualifizierungen befriedigt werden kann.

Abb. 14: Berechnung des Nettopersonalbedarfs

1.		**Soll-Personalbedarf am Planungshorizont t_x = Brutto-Personalbedarf**
2.	**./.**	**Ist-Personalbestand im Planungshorizont t_0**
3.	**+**	**Personal-Abgänge im Planungshorizont von t_0 bis t_x**

(1) Vom Arbeitnehmer veranlasste Abgänge

    a) sichere Abgänge, u.a.

        - Pensionierungen

        - Einberufungen zur Bundeswehr

    b) statistisch zu ermittelnde Abgänge, u.a.

        - durch Tod

        - durch Kündigung von seiten des Arbeitnehmers

(2) Von der Unternehmung veranlasste Abgänge, u.a.

        - Beförderungen und Versetzungen in andere Teile der Unternehmung

        - Kündigungen

        - Beurlaubungen

4.	**./.**	**Zugänge im Planungshorizont von t_0 bis t_x**

(1) bereits feststehende Zugänge im Planungshorizont von t_0 bis t_x, u.a.

        - Rückkehr von der Bundeswehr

        - Beförderungen und Versetzungen aus anderen Teilen der Unternehmung

        - Rückkehr nach Beurlaubungen

(2) vorgesehene Zugänge

5.	**=**	**Saldo zwischen Soll-Personalbedarf und Ist-Personalbedarf am Planungshorizont t_x**
	=	bis zum Planungshorizont t_x noch zu deckender Personalbedarf
		(alternativ: noch abzubauender Freistellungsbedarf)
	=	**+/- Netto-Personalbedarf**

Quelle: Mag (1998, S. 52).

Dabei wird allerdings noch keine Aussage in qualitativer Hinsicht getroffen, denn nicht immer stehen Mitarbeiter in den benötigten Profilen zur Verfügung. Um diesem potenziellen Problem zu begegnen, bedarf es einer aussagefähigen **qualitativen Personalbestandsplanung** (vgl. Rumpf 1981, S. 60ff.). **Operativ** verbirgt sich dahinter nicht mehr und nicht weniger als ein **Informationssystem**, welches Kenntnisse, Fähigkeiten, sprich die qualifikatorischen Profile der Mitarbeiter möglichst differenziert nach Anforderungsprofilen vorhält. Damit einher geht indes ein sehr hoher Erhebungs- und Pflegeaufwand der Daten. Zudem gerät man schnell in Grauzonen des Datenschutzes und der Mitbestimmung. Dennoch erhöht ein solches System nicht nur die Effizienz der Personalplanung, sondern kann auch für Entscheidungen hinsichtlich Personalentwicklung, Personalbeschaffung und Personalfreisetzung als wertvolle Grundlage dienen.

3.3 Rechtliche Aspekte

Die rechtlichen Implikationen der Personalbedarfsplanung beziehen sich auf die Mitbestimmung und die entsprechenden Paragrafen im **Betriebsverfassungsgesetz** (BetrVG). Der Betriebsrat hat ein Mitwirkungsrecht, welches in §90 BetrVG hinterlegt ist. §92 bezieht sich auf die konkrete Zusammenarbeit zwischen Arbeitgeber und Betriebsrat. Dabei

- hat der Arbeitgeber den Betriebsrat über gegenwärtigen und künftigen Personalbedarf rechtzeitig und umfassend zu unterrichten,
- hat der Betriebsrat ein Beratungsrecht über Art und Umfang der erforderlichen Maßnahmen sowie über die Vermeidung von Härten und
- hat der Betriebsrat ein Vorschlagsrecht für die Einführung und Durchführung einer Personalplanung.

Zwar steht dem **Betriebsrat** in der Personalbedarfsplanung ein eher **schwaches Mitwirkungsrecht** zu, indes verfügt er etwa bei der Personalbeschaffung und beim Personalabbau über wesentlich stärkere Einflussmöglichkeiten. Planungsebene und Maßnahmenebene gehören selbstverständlich eng zusammen und bedürfen einer simultanen Betrachtung. So ist es wenig sinnvoll, dass der Betriebsrat bei den Planungen nicht mit einbezogen wird, um dann auf Maßnahmenebene zu intervenieren. In der Praxis werden deshalb oft **Betriebsvereinbarungen** bezüglich des innerbetrieblichen Vorgehens bei der Personalplanung geschlossen, die über den §92 BetrVG hinausgehen.

3.4 Zusammenfassung

Die Personalbedarfsplanung ist ein Teil der Unternehmensplanung und strahlt im rein personalwirtschaftlichen Kontext auf alle Instrumente des Personalmanagements aus bzw. ist mit diesen eng verknüpft. Sie hat die Funktion vorauszusehen, wie viele Mitarbeiter (**quantitative Komponente**) mit welcher Qualifikation (**qualitative Komponente**) vom Unternehmen künftig benötigt werden. Beide Planungen lassen sich dabei mehr oder weniger detailliert und mehr oder weniger methodisch ausgereift gestalten.

Auf **qualitativer Seite** stehen das **Verfahren von Drumm** und das **LPI-Verfahren** im Fokus der Betrachtung. Ersteres ermöglicht es, Detaillierung in Form der Berücksichtigung verschiedener Planungsszenarien zu gewährleisten. Die Szenarien werden dann über das Design von Tätigkeitsfeldern in Sollprofile von Mitarbeitern umgesetzt. Dabei wird primär keine Aussage darüber getroffen, ob die Datenerhebung methodisch anspruchsvoll erfolgt oder nicht. Ähnliches gilt für das LPI-Verfahren, wo sehr stark auf die unterschiedlichen Qualifikationsebenen des Mitarbeiters fokussiert wird, um so ein umfassendes

Bild der Qualifikationsbedarfe, hier im Kontext von technischen Innovationen zu erhalten.

Auf **quantitativer Seite** unterscheiden sich die Verfahren nach der methodischen Ausgereiftheit, der Detaillierungsgrad ist eher variabel. Dabei lassen sich einfache **Schätzverfahren** von **Kennzahlenmethoden** abgrenzen. Erstere stützen sich auf Heuristiken und als exakteste Ausprägung auf Expertenschätzungen. Die Kennzahlenmethoden reichen von einfacher Korrelationsrechnung zwischen dem Personalbedarf und einer Bezugsgröße im Unternehmen (z.B. Umsatz) bis zu arbeitswissenschaftlichen Methoden, bei denen die für die Arbeitsvorgänge benötigten Zeiten beobachtet und somit objektiviert werden. Daneben sind auch Zeiten berücksichtigt, in denen der Mitarbeiter aus verschiedenen Gründen nicht arbeitsproduktiv ist (Verteilzeiten).

Vor dem Hintergrund eines einzubeziehenden **Reservebedarfs** für insbesondere Urlaubs- und Fehlzeiten ergibt sich durch den Abgleich von Mitarbeiterbedarf und Mitarbeiterbestand der **Nettopersonalbedarf**. Diese rein quantitative Formel kann durch qualifikatorische Restriktionen vielschichtig und komplex werden (in einem Bereich sind z.B. benötigte Profile nicht im ausreichenden Maße vorhanden, im anderen liegen Überhänge vor). Von rechtlicher Seite sind vom Unternehmen bei allen Personalplanungen die Mitbestimmungsrechte des Betriebsrates nach Betriebsverfassungsgesetz zu bedenken.

3.5   Kontrollfragen

Aufgabe 3.1 (Vorgehensweise): Wie gestaltet sich die Vorgehensweise bei der Personalbedarfsplanung?

Aufgabe 3.2 (Vorgehensweise): Worin liegt der Unterschied zwischen qualitativer und quantitativer Personalplanung?

Aufgabe 3.3 (Einflussgrößen): Welche internen und externen Faktoren kennen Sie, die bei der Personalbedarfsplanung berücksichtigt werden sollten?

Aufgabe 3.4 (Ermittlung des Bruttopersonalbedarfs): Nennen Sie Methoden qualitativer und quantitativer Personalbedarfsplanung.

Aufgabe 3.5 (Bestimmung des Nettopersonalbedarfs): In welcher Beziehung stehen Bruttopersonalbedarf, Reservebedarf und Nettopersonalbedarf zueinander?

Aufgabe 3.6 (Personalbedarfsplanung): Diskutieren Sie folgende These: „Die quantitative Personalbedarfsplanung ist wichtiger als die qualitative Personalbedarfsplanung."

4 Personalbeschaffung

| Lernziele | **Dieses Kapitel vermittelt,** |

- welches Denkkonzept hinter dem Personalmarketing steht,
- wie sich der Prozess der Personalauswahl gestaltet,
- welche Auswahlverfahren zu unterscheiden sind und
- welche rechtlichen Aspekte im Rahmen der Personalauswahl zu beachten sind.

4.1 Rahmenbedingungen der Personalbeschaffung

Wird in der Personalbedarfsanalyse ein qualitativer und/oder quantitativer Personalbedarf ermittelt, so gilt es, die entsprechenden personellen Lücken zu füllen. Dies effizient zu leisten ist die Aufgabe der Personalbeschaffung. Reicht es nicht aus, die bestehenden Mitarbeiter zu entwickeln (z.B. Unterdeckung ist zu groß) oder ist dies aus qualifikatorischen (z.B. benötigte Qualifikation ist zu spezifisch) oder strategischen Gründen (z.B. Kompetenz von außen soll neue Ideen bringen) wenig sinnvoll, so muss das Unternehmen neues Personal beschaffen.

Neben **aktiven Beschaffungsformen**, bei denen die Initiative vom Unternehmen ausgeht (z.B. Stellenanzeigen), gewinnen in letzter Zeit auch eher **passive Formen** zunehmend an Bedeutung, bei denen die Initiative vom Bewerber oder zumindest nicht mehr rein vom Unternehmen selbst ausgeht. Beispiele hierfür sind die Inanspruchnahme von Institutionen der Arbeitsverwaltung und Zeitarbeit (vgl. Hamann 2003). Dies versetzt die Unternehmen in die Lage, die Reaktionszeiten zwischen Personalbedarfsplanung und Beschaffung zu verkürzen und gleichzeitig flexibel auf die Bedarfssituation reagieren zu können.

Wenn Unternehmen Personal rekrutieren, stützen sie sich auf **explizite oder implizite Schemata** und Muster: Manche Unternehmen suchen etwa den Kandidaten, der von seinem Profil (z.B. soziale Herkunft, anerkannte Hochschule) zum Unternehmen passt. Andere wiederum stützen sich sehr stark auf eignungsdiagnostische Analysen im Hinblick auf die Erfordernisse des Arbeitsplatzes (vgl. Ridder 2007, S. 112f.). Um effizient Personal beschaffen zu können, müssen diese Schemata und Muster in ein strategisches Konzept gefasst werden, welches auch die Bedürfnisse der potenziellen Kandidaten einbezieht: das Personalmarketing.

4.2   Personalmarketing

Kennzeichen des Marketings ist es, sich an den **Bedürfnissen** der aktuellen und potenziellen **Nachfrager** zu orientieren. Konsequenz hieraus ist die aktive Anpassung der unternehmenspolitischen Maßnahmen an diese Bedürfnisse, wobei es neben objektiven Attraktivitätsvorteilen vor allem um die subjektive Produktwahrnehmung geht (vgl. Kotler/Armstrong 1997). Übertragen auf das Personalmarketing bedeutet dies, die Bedürfnisse der Kandidaten eingehend zu analysieren und das zu vermarktende Produkt (Unternehmen bzw. konkreter Arbeitsplatz) positiv zu besetzen. Konsequenterweise umfasst Personalmarketing alle unternehmerischen Maßnahmen, die zum Ziel haben, eine bestimmte Personengruppe als zukünftige Mitarbeiter zu gewinnen, zu erhalten und zu vergrößern (vgl. Batz 1996, S. 18f.).

4.2.1   Instrumenten-Mix des Personalmarketings

In Analogie zum Marketing-Mix (vgl. beispielsweise Nieschlag u.a. 2002) im Produktmarketing lassen sich auch die Instrumente des Personalmarketings nach vier Politiken abgrenzen:

(1) Produktpolitik

Das **Produkt**, welches der Bewerber als potenzieller „Käufer" erwirbt, ist primär eine Stelle oder sein **Arbeitsplatz**. Dabei spielen das Unternehmen und die von diesem gebotenen Perspektiven eine große Rolle. Aus Sicht des Bewerbers handelt es sich um eine **Vertrauensleistung** des Arbeitgebers. Oftmals muss der Bewerber darauf hoffen, dass sich die vom Unternehmen geschilderten und als attraktiv empfundenen Sachverhalte (z.B. Interesse am Umfeld des Arbeitnehmers) in der Realität so darstellen. Zudem ist es nicht immer üblich, sich in der Bewerbungsphase ein umfassendes Bild von den Arbeitsaufgaben, Kollegen und sämtlichen Vorgesetzen machen zu können.

Das Unternehmen hat die Möglichkeit, auf diese Bedürfnisse zu reagieren, und das Produkt „Arbeitsplatz" als **lohnendes Paket** mit herausragenden Produkteigenschaften glaubhaft darzustellen. Darunter sind etwa gute Aufstiegsmöglichkeiten oder die Autonomie am Arbeitsplatz zu verstehen. Im Bewerbungsprozedere kann die Ermöglichung etwa von Gesprächen mit potenziellen Kollegen für den Bewerber hilfreich sein, sich ein Bild vom konkreten Arbeitsumfeld zu verschaffen (vgl. beispielsweise Schamberger 2006, S. 145ff.). Dabei ist indes von Seiten des Unternehmens zu hinterfragen, ob die

Kollegen nicht ein Eigeninteresse daran haben, Sachverhalte und Strukturen falsch zu pointieren (bis hin zur Abwehrstrategie). Zudem handelt es sich nicht nur auf Seiten des Bewerbers um eine Vertrauensleistung. Auch das Unternehmen muss auf die Umsetzung der Leistungsfähigkeit und -bereitschaft des Bewerbers hoffen. Die fokussierte Produktstrategie hilft dabei, den Bewerberkreis zu kanalisieren.

(2) Preispolitik

In herkömmlichen Kaufsituationen ist bis auf wenige Ausnahmen der Preis nicht verhandelbar. Dies kann sich für das Gehalt und Zusatzleistungen im Bewerbungsverfahren anders darstellen, wenn nicht beispielsweise tarifliche Eingruppierungen den **Gehaltsspielraum** für beide Seiten gering halten. Sowohl Unternehmen als auch Bewerber haben Vorstellungen über die Höhe des Gehaltes sowie Art und Höhe der **Zusatzleistungen** und gehen damit in die Bewerbungsgespräche. Eine überdurchschnittliche Vergütung ist z.B. ein Attraktivitätsfaktor für Hochschulabsolventen. Hierüber kann ein Unternehmen Transparenz z.B. in Broschüren oder auf Messen schaffen. Neben dem Gehalt gewinnen auch Zusatzleistungen zunehmend an Bedeutung (vgl. Fischer/Schröder 2002, S. 50ff.), deshalb bedeutet Personalmarketing auf der Preisseite, **Transparenz** auch über Zusatzleistungen wie Altersvorsorgemaßnahmen, Kinderbetreuung u.ä. zu schaffen.

Ganz generell kann es von Seiten des Unternehmens her gefährlich sein, sich im oberen Preissegment (hohes Gehalt) festzulegen. Damit verliert man einen Teil der Produzentenrente, d.h. die Differenz zwischen dem gezahlten und vom Bewerber akzeptierten, niedrigeren Gehalt.

(3) Kommunikationspolitik

Schon die Ausführungen zur Produkt- und Preispolitik haben angedeutet, dass die **kommunikationspolitische Ebene** einen **zentralen Stellenwert** im Personalmarketing-Mix einnimmt und dass eine starke Verflechtung zwischen den Politiken besteht. Bei der vorliegenden Vertrauensleistung müssen das Vertrauen in den potenziellen Arbeitgeber und das positive Unternehmensimage aber erst aufgebaut werden. Natürlich kann dies auch über Produkt und evtl. Preis bereits erfolgen, oftmals bedarf es aber einer grundsätzlichen **Wahrnehmungsschaffung** oder der Verstärkung der positiven Grundhaltung des Bewerbers durch Kommunikation (vgl. Moser/Zempel 2006, S. 70).

Drumm (2005, S. 351) systematisiert neun Fragenkomplexe aus Sicht des Bewerbers, nach denen dieser die Attraktivität des Unternehmens bewertet. Für die Firmen wiederum leiten sich hieraus Möglichkeiten zur kommunikativen **Vermittlung** der eigenen **Attraktivität** ab.

1. Welche gegenwärtigen und zukünftigen Aufgabenfelder werden in der Unternehmung zu bearbeiten sein? Wie sieht insbesondere das gegenwärtige und zukünftige Leistungsprogramm der Unternehmung aus? Wie wird die Ertragslage in der Zukunft sein?

2. Wie sind die Organisationsstrukturen und Arbeitsplätze der Unternehmung gegenwärtig gestaltet, und welche Organisationsstrukturen sowie Arbeitstypen sind in Zukunft zu erwarten?

3. Welche Angebote zur Perioden- und Lebensarbeitszeit kann die Unternehmung gegenwärtig und zukünftig für Männer und Frauen machen?

4. Welche Möglichkeiten der Ausbildung, des Aufstiegs und der Personalentwicklung, der regionalen, nationalen oder internationalen Mobilität kann die Unternehmung gegenwärtig und zukünftig bieten?

5. Welche Bedingungen der Vergütung, Erfolgs- und Vermögensbeteiligung sowie sonstiger Sozialpolitik kann die Unternehmung gegenwärtig oder zukünftig bieten?

6. Welche Konzepte der Personalführung und Einbindung von Mitarbeitern sieht die Unternehmung gegenwärtig und zukünftig als verbindlich an? Wie viel Autonomie räumt die Unternehmung ihren Mitarbeitern in einzelnen Stellentypen ein?

7. Welche Werthaltungen gelten in der Unternehmung und prägen die Unternehmenskultur?

8. Welche Bedingungen bieten die Unternehmung und ihr Standort zu Unterbringung, Einkaufsmöglichkeiten, Betreuung von Kleinkindern, Schul- und Freizeitangeboten einschließlich kultureller Angebote?

9. Welche Haltung nimmt die Unternehmung gegenüber ökologischen Problemen ein?

Gerade mit dem letzten Argument greift Drumm ein Phänomen auf, welches in nächster Zeit noch bedeutsamer für die Attraktivität eines Unternehmens werden dürfte: Das Engagement in **Nachhaltigkeit** und die Erhaltung einer lebenswerten Umwelt (vgl. auch die Ausführungen zu den ökologischen Zielen in Kapitel 1.1.2) für nachfolgende Generationen. Den Grundsatz der Nachhaltigkeit kann man auch als allgemeine Werthaltung der Unternehmung begreifen (siebter Fragenkomplex), insbesondere bei Unternehmen im produzierenden und verarbeitenden Gewerbe. Ergänzend sei noch ein zehnter Aspekt aufgeführt, der für Bewerber auch sehr wichtig sein kann. Es geht darum, dass die Unternehmung ausreichend Signale für eine **Beschaffungskontinuität** aussendet:

10. Ist die Unternehmung kontinuierlich am Arbeitsmarkt aktiv oder muss der Bewerber aus seiner Wahrnehmung heraus Glück haben, dass die Unternehmung zur Zeit seiner Arbeitsuche Mitarbeiter einstellt? Werden oft Einstellungsstopps verlautbart?

Bezüglich der **Art und Weise**, die **Botschaft** der **Kommunikation** zu transportieren, gelten die Instrumente insbesondere des werblichen Produktmarketings. So ist zu entscheiden,

- wer wirbt (Unternehmen selbst oder Branche),
- wo geworben werden soll (regional oder deutschlandweit),
- welche Personen umworben werden sollen (Auszubildende, Hochschulabsolventen),
- wie geworben werden soll (Zeitungsanzeige, Werbespot im TV, Unimobil, Messestand),
- wann (ganzjährig oder bei akutem Bedarf) und
- mit welchen Mitteln (Etat) geworben wird.

Praxis	Hochschulmarketing bei der Siemens AG

Viele Unternehmen, die im Wettbewerb um qualifizierte Arbeitskräfte stehen, verbinden mit dem Personalmarketing insbesondere das Hochschulmarketing. Die Rekrutierung der besten Hochschulabsolventen bildet für diese Unternehmen eine wertvolle Basis für die Weiterentwicklung des gesamten Unternehmens. Marketingaktivitäten sind zudem sehr bedeutsam, da junge Menschen sich zumeist noch kein (festes) Urteil über die Attraktivität eines Unternehmens gebildet haben.

Instrumente des Hochschulmarketings sind deshalb vor allem im kommunikationspolitischen Bereich angesiedelt, als Produkt wird das gesamte Unternehmen fokussiert. Das Unternehmen Siemens hat die Erfahrung gemacht, dass über Hochschulprojekte, Hochschul-/Fachmessen und einen professionellen Internetauftritt der beste Zugang zu den Studierenden möglich ist. Dies wurde auch mittels einer Befragung unter den Zielstudenten bestätigt. Als weit weniger wichtig werden Fachvorträge oder Privatanzeigen eingeschätzt. Entscheidend für den Erfolg des Hochschulmarketings ist ein frühzeitiges „Candidate Relationship Management". Es gilt mithilfe des Hochschulmarketings, die Studierenden nicht nur an das Unternehmen heranzuführen (z.B. Ansprache und Förderung von Werkstudenten), sondern diese mit gezielten Maßnahmen (z.B. Abschlussarbeit im Unternehmen und Vertragsangebot nach Beendigung des Studiums) auch langfristig zu binden.

Quelle: Hampe/Peters (2003, S. 46f.).

(4) Distributionspolitik

Am **distributionspolitischen Erfolg** bemisst sich letztendlich, wie gut die produkt-, preis- und kommunikationspolitischen Anstrengungen sind und waren. Ein erstes Signal erhält das Unternehmen über den **Grad der verfolgenswerten Bewerbungen.** Hier wird die Frage beantwortet, ob es dem Unternehmen gelungen ist, die intendierte Zielgruppe anzusprechen. Distributionspolitische Entscheidungen, die schon vorher zu treffen waren, sind etwa die Kanäle der Bewerbungen (Online, Offline). Analog zum Produktmarketing ist hier der **Kanalmix** eine Kombination aus Bewerberwünschen (z.B. Information im Internet, aber Möglichkeit der Offline-Bewerbung) und Lenkungsbemühungen des Unternehmens (z.B. werden ausschließlich Online-Bewerbungen zugelassen). Neben dieser direkten Ansprache der Zielgruppe wären auch indirekte Wege über beispielsweise Headhunter (vgl. auch Kapitel 4.3.3.2) möglich. Weitere distributionspolitische Überlegungen gehen sehr stark einher mit dem konkreten Design der Personalauswahl (vgl. Kapitel 4.3).

Praxis	**Kombination der Marketing Mix-Bestandteile:** **Ausbildungsmarketing bei Johann Hay**

Die Johann Hay GmbH, Automobilzulieferer, entwickelte ein Marketingkonzept im Ausbildungsbereich, um eine Profilschärfung bei Schülern, Eltern und Lehrern zu erreichen. Im Folgenden sei das Konzept in seinen Kernbausteinen vorgestellt.

	Wesentliche Bausteine des Ausbildungs-marketing-Mixes
Produktpolitik	• Wachsendes Unternehmen • Angebot verschiedener Ausbildungsberufe
Preispolitik	• Überdurchschnittliche Vergütung • Zweijährige Beschäftigungsgarantie im Anschluss an die Ausbildung
Kommunikations-politik	• Regionale Werbemaßnahmen (z.B. auf Bussen, Bandenwerbung in Fußballstadien) • Internetpräsenz
Distributionspolitik	• 40 Prozent mehr Bewerbungen in 2007 gegen-über 2005

Quelle: Kornely/Cloos (2007).

4.2.2 Informationsplattformen des Personalmarketings

Zur effizienten Gestaltung des Instrumentenmixes bedarf es einer guten informatorischen Grundlage. Dabei ist es wichtig, das eigene Unternehmen auf bereits **bestehende Attraktivitätsparameter** hin zu untersuchen und dies mit den **Wünschen der Interessenten** und dem **Angebot der Konkurrenz abzuwägen** (vgl. Drumm 2005, S. 352ff.; Oechsler 2006, S. 216f.):

(1) Unternehmensanalyse

Das eigene Unternehmen einer kritischen arbeitsmarktgerichteten Analyse zu unterziehen bedeutet, im Sinne der unternehmensinternen Faktoren der Personalbedarfsplanung (vgl. Kapitel 3.2.1) Sicherheit über die strategische Ausrichtung der Leistungsprogrammplanung zu erlangen. Davon ausgehend kann durch **Personalforschung** (z.B. Mitarbeiterbefragung, Qualitätszirkel, Personalstatistik) die Ausrichtung und Attraktivität des Unternehmens überprüft werden. Erkenntnisse der **Arbeitsforschung** (z.B. Beteiligung an Entscheidungen, Abwechslungsreichtum von Aufgaben) können darüber hinaus bedeutsam sein, um für das Personalmarketing wertvolle Informationen zu liefern.

(2) Arbeitsmarktanalyse

Die Analyse des Arbeitsmarktes wird insbesondere vom **Institut für Arbeitsmarkt- und Berufsforschung** der Bundesagentur für Arbeit betrieben. Auf Grundlage dieser Analysen werden **Arbeitsmarktprognosen** erstellt (Beispielthemen: Demografie, Wanderungsbewegungen, Erwerbsquote). Zusätzlich zu diesen Erkenntnissen liefern auch Berufs- und Mobilitätsforschung hilfreiche strukturelle Daten.

Über diese Makrodaten hinaus besteht die unternehmerische Arbeitsmarktforschung darin, entweder primär (eigene Erhebungen) oder sekundär anhand vorhandenen Datenmaterials festzustellen, welche Bedürfnisse und **Werthaltungen potenzielle Interessenten** auf dem Arbeitsmarkt, die für eine Beschäftigung gewonnen werden sollen, haben. Neben diesen qualitativen Aussagen soll die Arbeitsmarktforschung auch zumindest eine Grobaussage über das Mengengerüst der interessierenden Zielgruppen liefern.

(3) Konkurrentenanalyse

Die Analyse der Präsenz und des Auftritts der Konkurrenz auf dem Arbeitsmarkt kann bereits Teil der Arbeitsmarktforschung sein. **Hauptproblem** der **Konkurrenzanalyse** ist die Erschließung von **Informationsquellen** zum Vorgehen der Konkurrenz auf dem Arbeitsmarkt. Ergiebig ist dabei, sofern verfügbar, die Analyse von Stellenanzeigen, aber auch die Auswertung von Firmenportraits oder Personal- und Sozialberichten im Jahresabschluss (indes meist Selbstauskunft). Flankierend können Informationen aus Zeitschriften, Fachtagungen u.ä. verwendet werden.

| Hintergrund | **HR-Profile 2003** |

Die access AG und die Frankfurter Allgemeine Zeitung testeten im Jahre 2003 bei Fach- und Führungsnachwuchskräften die Wertschätzung von Deutschlands Arbeitgebern. Folgende Faktoren wurden als herausragende Handlungsfelder des Personalmarketings abgeprüft:

- **Great Company**: Welche Unternehmen begeistern Young Professionals? Verschiedene Attraktivitätsfaktoren wie Produktidentifikation, Innovationskraft oder Arbeitsplatzsicherheit decken diese Dimension ab.
- **Great Job**: Welche Unternehmen bieten herausfordernde Aufgaben? Wichtige Attraktivitätsfaktoren für diese Dimension sind beispielsweise Aufgabenvielfalt oder wahrgenommene Entwicklungsmöglichkeiten.
- **Great Balance**: Bei welchen Unternehmen gelingt der Ausgleich zwischen Berufs- und Privatleben? Work-Life-Balance, Unternehmenskultur und Führungsstil des Managements sind hierfür entscheidend.

Quelle: access (2003).

4.3   Personalauswahl

Das Personalmarketing legt den Fokus sehr stark darauf, welche Bedürfnisse und Wünsche der potenzielle neue Mitarbeiter hat. Dabei wird vom Ansatz her versucht, für eine möglichst breite Zahl an Interessenten attraktiv zu sein. Aber nicht jeder interessierte Bewerber ist zugleich interessant für das Unternehmen. Zudem besteht auch von Seiten des **Unternehmens Entscheidungsunsicherheit**, ob der entsprechende Kandidat der Richtige für die Stelle ist. Dem Kandidaten wird bei Einstellung ein Stück weit Vertrauen entgegengebracht, die Leistungserwartung zu rechtfertigen.

Dieses Vertrauen wird beidseitig erschwert durch **unterschiedliche Interessenlagen**, in denen sich Unternehmen und Bewerber befinden. Beispielsweise sieht das Unternehmen die Arbeitsleistung im Unternehmenszusammenhang, der Bewerber im Lebenszusammenhang. Das Unternehmen möchte den Eindruck auf die Fähigkeit steuern, wie die Arbeitsaufgabe bewältigt wird, der Bewerber eher auf die eigenen Stärken.

Im Prozess der Personalauswahl, der im Folgenden überblicksartig und hernach in den wesentlichen Bausteinen detailliert diskutiert wird, kommt es darauf an, schrittweise die Sicherheit bzw. die Wahrscheinlichkeit einer positiven Arbeitsleistung des Interessenten zu erhöhen. Ist das Personalmarketing effizient, erreicht das Unternehmen eine gute Vorauswahl an Bewerbungen. Aus diesen Bewerbungen werden nach und nach diejenigen Interessenten herausgefiltert, welche für die Stelle in Frage kommen.

4.3.1   Prozessüberblick

Der Ablauf der Personalauswahl unterteilt sich in verschiedene Phasen. Den idealtypischen Verlauf der Rekrutierung von neuen Mitarbeitern zeigt Abb. 15. Der **Fokus** der folgenden Ausführungen liegt auf den **ersten vier Phasen** und endet mit den Auswahlverfahren. Dies liegt darin begründet, dass das Fähigkeitsprofil aus den Dimensionen des Anforderungsprofils abgeleitet wird, inhaltlich und methodisch also kaum neue Erkenntnisse bringt. Danach folgt die Eignungsfeststellung (Abgleich von Anforderungs- und Fähigkeitsprofil) und die von Unternehmen zu Unternehmen sehr individuell geprägte Entscheidung über die Einstellung. Nichtsdestotrotz werden im Zuge der Diskussion des Auswahlverfahrens Assessment Center Praxis-Beispiele gegeben, wie – nach Durchführung des Auswahlverfahrens – das Erstellen des Fähigkeitsprofils, die Eignungsprüfung und das Prozedere der Einstellungsentscheidung verlaufen können.

Abb. 15: Phasen des Rekrutierungsverfahrens

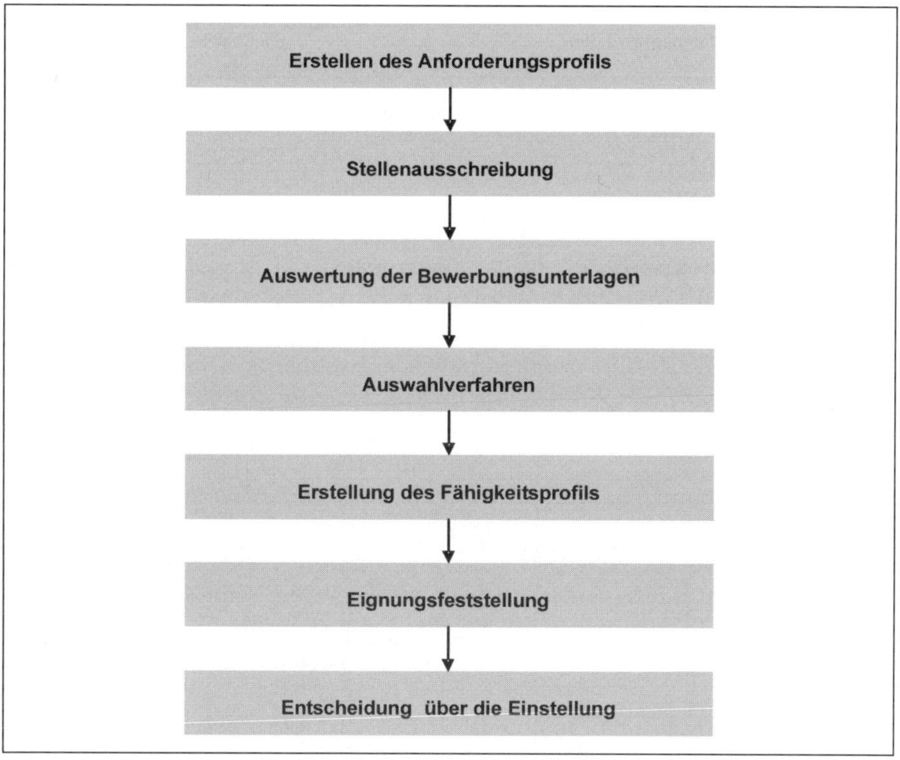

Quelle: eigene Darstellung.

4.3.2 Anforderungsprofil

Das übliche Prozedere für die Einstellung neuer Mitarbeiter durch eine Abteilung besteht darin, eine **begründete Personalanforderung** zu stellen. Dies erfolgt meist mithilfe eines Formblatts, welches die Stelle und das dazugehörige Anforderungsprofil in Kurzform enthält. Wird die in Frage kommende Stelle genehmigt (z.B. von der Geschäftsleitung), so kann danach die Personalabteilung aktiv werden.

Um aber die Vakanz einer Stelle über z.B. eine aussagefähige Stellenausschreibung bekannt machen zu können, benötigt die Personalabteilung **Informationen zum Anforderungsprofil** der zu besetzenden Stelle. Das Anforderungsprofil stellt den aktuellen bzw. zukünftigen Stelleninhaber in den Vordergrund der Betrachtung. Abb. 16 zeigt schematisch die Ausgestaltung eines Anforderungsprofils.

Abb. 16: Aufbau eines Anforderungsprofils

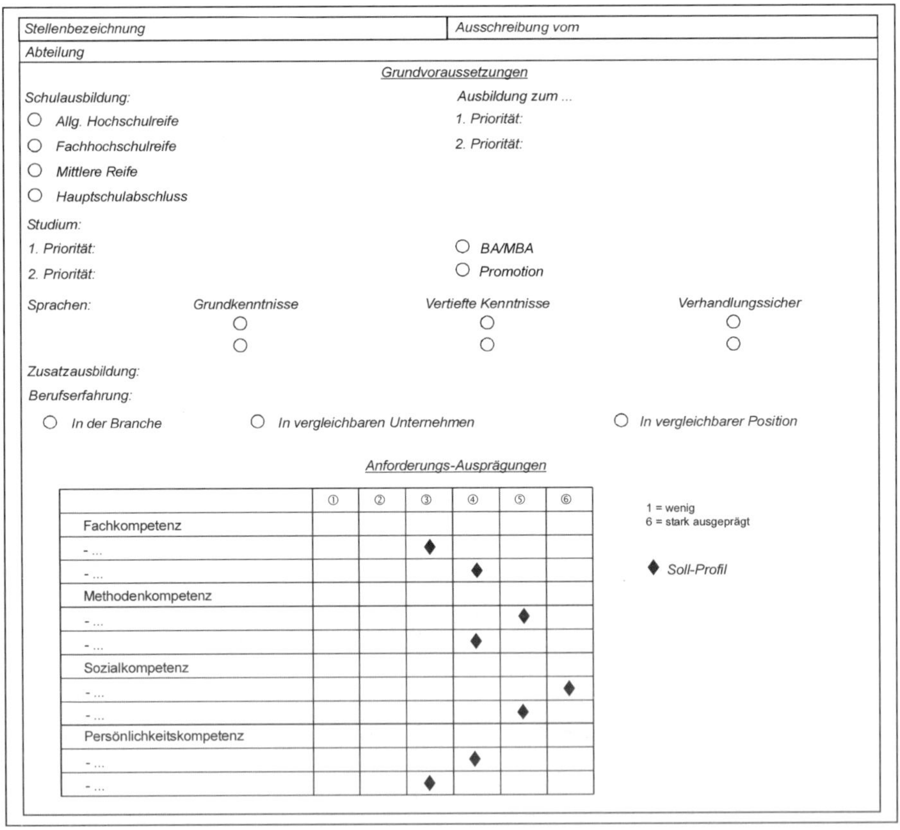
Stellenbezeichnung | *Ausschreibung vom*

Abteilung

Grundvoraussetzungen

Schulausbildung:
- O *Allg. Hochschulreife*
- O *Fachhochschulreife*
- O *Mittlere Reife*
- O *Hauptschulabschluss*

Ausbildung zum ...
1. Priorität:
2. Priorität:

Studium:
1. Priorität: O *BA/MBA*
2. Priorität: O *Promotion*

Sprachen:	*Grundkenntnisse*	*Vertiefte Kenntnisse*	*Verhandlungssicher*
	O	O	O
	O	O	O

Zusatzausbildung:
Berufserfahrung:
O *In der Branche* O *In vergleichbaren Unternehmen* O *In vergleichbarer Position*

Anforderungs-Ausprägungen

	①	②	③	④	⑤	⑥
Fachkompetenz						
- ...			♦			
- ...				♦		
Methodenkompetenz						
- ...					♦	
- ...				♦		
Sozialkompetenz						
- ...						♦
- ...					♦	
Persönlichkeitskompetenz						
- ...				♦		
- ...			♦			

1 = wenig
6 = stark ausgeprägt

♦ *Soll-Profil*

Quelle: in Anlehnung an Beck (2003, S. 24).

Im folgenden Beispiel (vgl. Kasten) werden die schematisch aufgeführten Anforderungen konkretisiert.

Praxis	**Anforderungsprofil an den Filialleiter einer Bank (Beispiel einer deutschen Regionalbank)**

Fachkompetenz (Fachkenntnisse und Fähigkeiten)
- Vertrautheit mit Bedürfnisstrukturen der Zielkundengruppen
- Kenntnis von Indikatoren für Ertragspotenzial eines Kunden
- Fähigkeit zur Einschätzung des lokalen Marktpotenzials
- Kenntnisse über Konkurrenzangebote
- Kaufmännische Kenntnisse (bes. Kenntnisse in Kosten- und Wirtschaftlich-
  keitsrechnung, BGB und HGB)
- Kenntnis der Aufbau- und Ablauforganisation der Bank
- Kenntnis aller Produkte gemäß Produktkatalogen

Methodenkompetenz (Verfahren, Arbeitsweisen)
- Vertrautheit mit den Instrumenten der Personalentwicklung und der Personal-
  administration
- Vertrautheit mit Budgetierungs- und Controllinginstrumenten
- Kenntnisse über Kundeninformationssysteme
- Bestimmungen hinsichtlich Sorgfaltspflicht, Bankgeheimnis, Datenschutz und
  Kompetenzregelungen

Sozialkompetenz (Umgang mit Dritten, Entscheidungsfindung)
- Bereitschaft zur Übernahme von Verantwortung für die Filiale
- Bereitschaft und Fähigkeit zur Entwicklung von Mitarbeitern und Nachwuchs-
  führungskräften
- Motivationsfähigkeit
- Fähigkeit, positive Kundenbeziehungen aufzubauen und zu pflegen (Offenheit,
  Zuverlässigkeit, Diskretion)
- Kontaktfähigkeit sowie freundliches, gepflegtes und sicheres Auftreten sowie
  gehobenes Allgemeinwissen

Persönlichkeitskompetenz (Persönlichkeitsmerkmale)
- Mündliche und schriftliche Ausdrucksfähigkeit
- Engagement und Belastbarkeit
- Urteilsfähigkeit
- Bereitschaft, kontrollierte Risiken einzugehen
- Anpassungsfähigkeit, Einfühlungsvermögen und Mobilität
- Fähigkeit, selbstständig zu arbeiten sowie Organisationsfähigkeit und Entschei-
  dungsfreude
- Fähigkeit zu ganzheitlichem Denken sowie zur Entwicklung von Ideen

Ob neben dem Anforderungsprofil eine **detaillierte Stellenbeschreibung**, d.h. die Deskription des organisatorischen Rahmens der Stelle, vorgenommen wird, hängt von der Einschätzung der Sinnhaftigkeit dieses Instrumentes bei den Verantwortlichen ab. **Befürworter** schätzen vor allem die Transparenz bei der Personalplanung, die Grundlage für eine zielgerichtete Personalbeschaffung, eine Orientierung für den Stelleninhaber (Aufgabenerläuterung, Zielsetzung der Stelle, Festlegung von Kompetenzen, Definition von Verantwortungsbereichen) sowie die Fixierung organisatorischer Beziehungen (Aufführen untergeordneter und übergeordneter Stellen, Stellvertretungsregelungen) (vgl. Shahidi 2004, S. 31).

Dem halten **Gegner** der Stellenbeschreibung entgegen, das Instrument sei antiquiert, da sehr starr. Zudem behindere es die Flexibilität bei der Aufgabenerfüllung und erzeuge einen kontraproduktiven Verbindlichkeitscharakter (z.B. Arbeitnehmer pocht auf seine Stellenbeschreibung). In der Praxis überwiegen indes die Befürworter auf Grund der Funktion der Stellenbeschreibung als gute Planungs- aber auch Controllinggrund- und -unterlage.

4.3.3   Wege der Personalbeschaffung

Gleich ob eine Stellenbeschreibung oder lediglich ein Anforderungsprofil für die entsprechende Stelle vorliegt, die zielgerichtete Suche nach einem neuen Stelleninhaber kann über **verschiedene Wege** erfolgen. Dies kann für das Unternehmen **wenig Aufwand** bedeuten, wenn z.B. intern durch Mehrarbeit oder Urlaubsverschiebung einzelner Mitarbeiter die Aufgaben der entsprechenden Stelle mit erledigt werden. Dies kommt aber in den meisten Fällen nur für eine Übergangszeit in Frage. Extern können etwa vorliegende Stellengesuche oder ein gut funktionierendes Networking (persönliche bzw. institutionelle Kontakte) für eine vergleichsweise einfache Lösung des Rekrutierungsproblems sorgen (vgl. Shahidi 2004).

Der **Regelfall** ist indes eine **Stellenausschreibung** oder eine **Stellenanzeige**. Ob die Stelle dabei intern oder extern angeboten wird, orientiert sich an den personalwirtschaftlichen Grundsätzen des Unternehmens. Manche Unternehmen achten darauf, dass Führungskräfte nur aus dem eigenen Unternehmen stammen. Andere Unternehmen wiederum schätzen, dass zumindest ein Teil der Führungspositionen extern besetzt wird.

Abb. 17 listet Vor- und Nachteile interner versus externer Rekrutierung auf, die unbeachtet unternehmenspolitischer Vorgaben generell zu berücksichtigen sind.

Abb. 17: Entscheidungskriterien für interne oder externe Personalakquise

Vorteile interner Beschaffung	Nachteile interner Beschaffung
• Eröffnung von Aufstiegschancen von Mitarbeitern • Stärkere Bindung an den Betrieb verbessert Arbeitsklima • Geringere Beschaffungskosten • Gute Kenntnis der Qualifikation des Mitarbeiters • Einhaltung des betrieblichen Entgeltniveaus, da der Mitarbeiter sich am betrieblichen Lohnniveau orientiert • Schnellere Stellenbesetzungsmöglichkeit • Einstiegsmöglichkeiten für Nachwuchskräfte werden frei	• Weniger Auswahlmöglichkeiten • Gegebenenfalls hohe Fortbildungskosten • Enttäuschung von Kollegen, die v.a. beim Aufrücken in Vorgesetztenpositionen nicht berücksichtigt wurden • Zu starke kollegiale Bindungen, Sachentscheidungen werden „verkrumpelt" • Stellenbesetzungen oder Beförderungen „um des lieben Friedens willen". Man will dem „lang gedienten" Mitarbeiter nicht „nein" sagen • Versetzung löst den Bedarf quantitativ nicht (da nachbesetzt werden muss) • Beförderung ist oft nur mit aufwändiger Fortbildung möglich
Vorteile externer Beschaffung	**Nachteile externer Beschaffung**
• Breitere Auswahlmöglichkeiten • Vom neuen Mitarbeiter sind neue Impulse für den Betrieb zu erwarten • Dem Externen gegenüber bestehen weniger Vorurteile • Gute Kenntnis der Qualifikation des Mitarbeiters • Einstellung von außen schafft keinen weiteren Personalbedarf wie bei der internen Beschaffung	• Größere Beschaffungskosten • Hohe externe Einstellungsquote wirkt fluktuationsfördernd („hier kann man nichts werden") • Negative Auswirkungen auf das Betriebsklima • Höheres Risiko bei der Einstellung, da die Fähigkeiten des Mitarbeiters weniger gut bekannt sind als bei der internen Beschaffung • Keine Betriebskenntnis • Stellenbesetzung ist aufwändiger • Der neue Mitarbeiter muss erst in seine soziale Umgebung integriert werden • Bei Stellenwechsel höhere Gehaltsvorstellungen als bei innerbetrieblicher Aufstiegsversetzung • Blockierung von Aufstiegsmöglichkeiten

Quelle: Lueger (1996a, S. 357f.); modifiziert.

Ein Unternehmen hat aus ganz pragmatischen Gründen oft gar nicht die Wahl, zwischen interner und externer Rekrutierung entscheiden zu können (vgl. Berthel/Becker 2007, S. 258ff.). Oftmals fehlt intern das benötigte Qualifikationsprofil oder ist anders herum extern der Markt sehr eng. Ungünstig ist, wenn beides zusammenfällt. Dies war z.B. bei Fachinformatikern für Banken in den neunziger Jahren der Fall. Auch die Dauer bzw. der Zeitraum des Personalbedarfs kann den einen oder den anderen Weg favorisieren. Bei sehr kurzfristig benötigten Kräften kann es sich anbieten, extern auf Zeitarbeitsfirmen und deren Personalleasing zurückzugreifen. Bei langfristigem Bedarf kann es sinnvoll sein, frühzeitig die innerbetriebliche Personalplanung und -entwicklung zu involvieren (z.B. Inhouse-Ausbildungsweg des Fachinformatikers bei Banken).

4.3.3.1   Interne Personalrekrutierung

Es gibt **etliche Möglichkeiten**, Mitarbeiter intern zu **akquirieren**. Systematische Personalentwicklung und Nachfolgeplanung sowie konkrete Vorschläge des Vorgesetzten oder auch von der Inhouse-Zeitarbeitsfirma oder vom Inhouse-Consulting können das Rekrutierungsverfahren abkürzen. In der Regel wird damit aber nur ein **Bruchteil des bestehenden Bedarfs abgedeckt**. Zudem kann der Betriebsrat nach §93 BetrVG auf eine innerbetriebliche Stellenausschreibung bestehen (zu einem Beispiel einer solchen Vereinbarung vgl. Abb. 18).

Abb. 18: Beispiel einer Betriebsvereinbarung für eine innerbetriebliche Stellenausschreibung

... wurde zwischen der Unternehmensleitung und dem Betriebsrat des Unternehmens folgende Betriebsvereinbarung geschlossen:

1. Innerbetriebliche Stellenausschreibungen erfolgen im Grundsatz für alle Vakanzen, sofern nicht die Besetzung abteilungsintern erforderlich wird. Die Zustimmung des Betriebsrates ist dazu einzuholen. Alle Stellenausschreibungen werden zentral durch die Personalabteilung ausgeschrieben.
2. Die Stellenausschreibungen müssen die Merkmale der zu besetzenden Stelle, wie z.B. Aufgabenbeschreibung, Anforderungen, Eingruppierung und den Termin der Besetzung enthalten.
3. Die Veröffentlichung der Ausschreibung erfolgt an den betrieblichen Aushangtafeln. Die Aushangdauer beträgt mindestens sieben Tage. Beginn und Ende des Aushangs sind darauf zu vermerken.
4. Sobald eine Ausschreibung aushängt, können Interessenten bei der Personalabteilung oder dem Betriebsrat weitere Auskünfte einholen.
5. Die Bewerbung muss schriftlich an die Personalleitung gerichtet werden. Ihr Eingang wird schriftlich bestätigt.
6. Sobald Bewerbungen von Schwerbehinderten vorliegen, ist der zuständige Vertrauensmann der Schwerbehinderten zu informieren.
7. Dem Betriebsrat ist von allen eingehenden Bewerbungen umgehend eine Kopie auszuhändigen.
8. Die Bearbeitungsdauer von innerbetrieblichen Stellenausschreibungen soll eine Frist von einem Monat nicht überschreiten. Innerhalb dieser Frist ist allen Bewerbern eine schriftliche Stellungnahme zuzuleiten, wovon der Betriebsrat eine Kopie erhält.
9. Alle Bewerbungen auf innerbetriebliche Stellenausschreibungen werden vertraulich behandelt.
10. Für den Fall der Nichtbewährung des Mitarbeiters in seiner neuen Aufgabe bemühen sich Personalleitung und Betriebsrat, eine seinen Fähigkeiten besser entsprechende Tätigkeit zu finden.
11. Von außerbetrieblichen Bewerbungen, die in die engere Wahl gezogen werden, sind dem Betriebsrat ebenfalls unverzüglich Kopien zuzusenden.

Die Betriebsvereinbarung tritt mit dem Tage ihrer Unterzeichnung ...

Quelle: eigene Zusammenstellung.

Die **Betriebsvereinbarung** geht im **zweiten Punkt** darauf ein, dass die Merkmale der zu besetzenden Stelle in der Ausschreibung hinreichend ausgeführt werden müssen. In der Regel enthält diese Ausschreibung Informationen zum Verantwortungsbereich, zu persönlichen und fachlichen Qualifikationserfordernissen, zur Gehaltseinstufung, zur Organisationseinheit, zum Dienstort, zur Beschäftigungsart (Vollzeit- oder Teilzeit), zum Zeitpunkt der Besetzung und zur bearbeitenden Personalstelle.

Im dritten Punkt der Betriebsvereinbarung wird das Medium festgelegt (betriebliche Aushangtafeln). Dies ist in der Praxis nur eine von vielen Möglichkeiten, die Ausschreibung intern zu kommunizieren. Rundschreiben und Unternehmenszeitungen stellen weitere herkömmliche Medien dar, immer stärker greifen Unternehmen auf elektronische Lösungen zurück. Im Intranet des Unternehmens etwa werden alle internen Stellenausschreibungen zugänglich gemacht. Die elektronische Darbietung kann von einer einfachen chronologischen Auflistung neuer Ausschreibungen bis hin zu Inhouse-Stellenmärkten reichen, auf denen mit Suchfunktionalitäten auf die entsprechenden Ausschreibungen zugegriffen werden kann. Letzteres bietet sich vor allem bei Großunternehmen an, die zudem Tochtergesellschaften haben und überregional bzw. international agieren.

4.3.3.2   Externe Personalrekrutierung

Neben der internen Personalrekrutierung gibt es eine Vielzahl an Möglichkeiten, die Vakanz einer Stelle extern zu füllen. Dabei lassen sich **vier Herangehensweisen** unterscheiden:

(1) Personalgewinnung durch Schalten von Personalanzeigen

Eine Stellenanzeige sollte verschiedene Merkmale erfüllen, um für den Bewerber aussagefähig zu sein. Dies gilt vom Grundsatz her für Print- und Online-Anzeigen in gleichem Maße. Die Stellenanzeige geht dabei über die Stellenbeschreibung oder die Stellenausschreibung hinaus, da sie als externes kommunikationspolitisches Instrument fungiert. Abb. 19 listet die Merkmale einer Stellenanzeige auf und liefert gleichzeitig Gestaltungsvorschläge.

Abb. 19: Merkmale einer Stellenanzeige

Offenheit	• Namensnennung des Unternehmens
Profildarstellung	• Aufzeigen des Unternehmensprofils
Aufgabenauflistung	• Beschreibung des Aufgabengebietes der zu besetzenden Stelle
Darstellung der Anforderungen	• Anforderungen, die an den Bewerber gestellt werden
Auflistung der Anreize	• Angabe von zusätzlichen Leistungsangeboten des Unternehmens
Erleichterte Kontaktaufnahme	• Besonders bei kurz formulierten Anzeigen Ermöglichung telefonischer Rückfragen
Aufmerksamkeit erregend	• Benutzung von Interesse weckenden Sprach- und Stilmitteln
Freundliche Ansprache	• Ansprache des Bewerbers mit „Sie"
Bewerberorientierte Formulierungen	• Keine Superlative, kurze Sätze, positive Formulierungen, keine Belehrung des Bewerbers
Erkennbare Firmenidentität	• Übersichtliche Anordnung des Textes, Übereinstimmung mit dem sonstigen Erscheinungsbild der Firma in der Öffentlichkeit

Quelle: in Anlehnung an Lueger (1996a, S. 351f.); erweitert.

Als klassisches Instrument der Personalrekrutierung werden Anzeigen in Tageszeitungen, Fachzeitschriften, Studentenzeitungen oder Informationsbroschüren (z.B. Regionalwirtschaftliche Broschüre von der Industrie- und Handelskammer) angesehen. Dabei kann eine Zielgruppenauswahl über das Medium gesteuert werden. Da **Printmedien** nur wenige Suchkriterien in einem beigefügten Index vorhalten können, gestaltet sich die Suche, insbesondere in Tageszeitungen oftmals als „Suche mittels Blättern".

Online-Anzeigen ermöglichen es dem Nutzer, nicht nur mehrere Suchkriterien eingeben, sondern auch die „Treffer" systematisch auflisten zu können. Sie sind zudem flexibler und kostengünstiger als Printanzeigen. Online-Anzeigen können im Gegensatz zum Printmedium kontinuierlich und, sofern gewünscht, verändert geschaltet werden. Zudem ist der Text nicht begrenzt und die Regionalität ist per se aufgehoben. Online-Anzeigen kosten in der Regel nur ein Drittel oder ein Viertel von Printanzeigen (vgl. Beck 2003, S. 29). Internetanzeigen haben indes den Nachteil, zur Erfüllung von Suchmaschinenfunktionalitäten standardisierten Vorgaben entsprechen zu müssen und kaum Corporate-Identity-Merkmale (Logos, Fotos, Schriftarten) transportieren zu können. Dies wiederum ist bei Printanzeigen unverzichtbar, um optischen Wiedererkennungswert zu schaffen.

Kosten- und Verbreitungsargumente haben zur Folge, dass **Internetstellenanzeigen** und auch eine eigene Recruitinghomepage der Unternehmen **häufiger genutzt** werden als Anzeigen in **Printmedien** (vgl. König u.a. 2006, S. 6ff.). Für die Zukunft wird mit weiter steigender Bedeutung des Internet als Informations- und Kommunikationsmedium gerechnet und ein weiterer Rückgang von Printanzeigen zu Gunsten elektronischer Medien erwartet (vgl. Sänger 2004, S. 69ff.). Dennoch werden Printanzeigen nicht gänzlich unbedeutend werden. Genauso wie – in Analogie zum Konsumentenverhalten – manche **Zielgruppen** stark vom Onlinekanal Gebrauch machen und andere weniger oder nicht, so werden Firmen bei bestimmten Zielgruppen (z.B. erfahrene Führungskräfte) nicht umhin kommen, Stellenanzeigen zumindest auch in Print-Form anzubieten. So wie sich im Dienstleistungsmanagement ein Multikanalangebot für Kunden durchgesetzt hat, so wird auch der Anzeigenmarkt in Zukunft durch multiple Kanäle gekennzeichnet sein.

| Hintergrund | **Recruiting Trends 2006 - Nutzung von Beschaffungskanälen** |

Universität Frankfurt und Monster worldwide befragten jeweils 1.000 große und mittlere Unternehmen in Deutschland zur Personalbeschaffungspraxis. Im Jahr 2005 setzten Großunternehmen den Recruitingkanal Internet in 58 Prozent aller Fälle ein und Printmedien in 26 Prozent aller Fälle. Noch anders ist die Situation im Mittelstand: Hier liegen Printmedien mit 41 Prozent aller Fälle weit vor dem Internet (28 Prozent).

Zielgruppen- bzw. funktionsspezifisch gibt es etliche Unterschiede: Internetstellenbörsen sind mit 50 Prozent führender Kanal bei Mitarbeitern im Bereich IT und Telekommunikation (Firmenwebsite 29 Prozent, Print: 10 Prozent). In den Bereichen Finanzen, Verwaltung, Recht, Naturwissenschaft und Technik hingegen liegen die drei Kanäle annähernd gleichauf. Neue Mitarbeiter im Personalwesen, der Logistik sowie im Marketing/Vertrieb werden bevorzugt über Firmenwebsites und das Internet gesucht.

Quelle: König u.a. (2006, S. 6ff.).

(2) Personalbeschaffung mithilfe der Einschaltung Dritter

Die Art und Weise, Dritte in den Personalbeschaffungsprozess mit einzubeziehen, kann im Professionalisierungsgrad schwanken. Auf der einen Seite besteht die Möglichkeit, das eigene Netzwerk von persönlichen Kontakten zu potenziellen Mitarbeitern oder Multiplikatoren und auch institutionelle Kontakte zu Hochschulen, Schulen, Weiterbildungsinstitutionen uvm. zu nutzen. Auf der anderen Seite können Spezialisten wie Zeitarbeitsfirmen (Personalleasing), Personalberater/Headhunter, private Arbeitsvermittler oder die Agentur für Arbeit systematisch für die eigenen Zwecke zu Rate gezogen werden.

Zeitarbeitsfirmen (Verleiher) stellen via Personalleasing Leiharbeiter an Unternehmen zur Verfügung. Bei der Arbeitnehmerüberlassung ist der Vertragsgegenstand zwischen beiden Firmen die Arbeitskraft eines Arbeitnehmers. Dieser befindet sich in einem regulären Arbeitsverhältnis bei dem Verleiher, der alle üblichen Arbeitgeberpflichten (z.B. Lohnzahlung, Sozialabgaben, Pflichtversicherungen) übernimmt (vgl. Boden 2005, S. 121). **Personalberater** bzw. **Headhunter** werden beauftragt, wenn es darum geht, hoch qualifizierte Arbeitskräfte zu rekrutieren. Oft ist die in Frage kommende Zielgruppe auch sehr klein und ist zudem nicht auf Arbeitssuche. Das diskrete Vorgehen der Ansprache durch die neutralen Berater ist oftmals entscheidend dafür, dass sich ein Wunschkandidat überhaupt mit der Avance beschäftigt. **Private Arbeitsvermittler** suchen und vermitteln Arbeitskräfte unabhängig von einem konkreten Einzelfall. Sie sind genau wie die Personalberater oftmals autorisiert, den Prozess ganzheitlich und sogar Teile der Vertragsverhandlung wahrzunehmen. Die **Agentur für Arbeit** schließlich hat eigene Stellen- und Bewerberbörsen etabliert, die es den Unternehmen ermöglichen, sowohl Stellenanzeigen aufzugeben als auch geeignete Bewerber aus einem Datenbankpool heraus zu identifizieren.

(3) Akquise via Veranstaltungen und Events

Flankierend zu den ersten beiden Rekrutierungsmöglichkeiten bieten sich Veranstaltungen an. Diese werden insbesondere bei der **Rekrutierung von Hochschulabsolventen** eingesetzt. Unternehmen sind dabei im Rahmen von Fachmessen, Recruitingmessen oder Campusveranstaltungen präsent. Campusveranstaltungen werden zumeist im kleineren (Event-)Rahmen gestaltet, indem das Unternehmen eine Hochschulveranstaltung inhaltlich vorbereitet (z.B. Unternehmensplanspiel) und sich dabei als potenzieller Arbeitgeber präsentiert.

(4) Rekrutierung über Bewerberinitiative

Diese Form der Rekrutierung gestaltet sich sicherlich am wenigsten aufwändig, indes sind in den **seltensten Fällen flächendeckende Erfolge** zu verzeichnen. Meist wird eine Initiativbewerbung an die in Frage kommenden Abteilungen weitergereicht und bei nicht vorhandenem Interesse zurückgesandt. Diesem Problem kann man dadurch ein Stück weit begegnen, an einer Tätigkeit im Unternehmen Interessierten die Möglichkeit zu eröffnen, ihr Profil in einer Bewerberdatei zu hinterlegen.

4.3.4   Bewerbungsunterlagen

Mit der Sichtung und Beurteilung der eingereichten Bewerbungsunterlagen beginnt in der Regel die **Eignungsdiagnostik**, d.h. die eigentliche Personalauswahl. Dabei bietet es sich an, die schriftlichen Unterlagen einer ersten **ABC-Analyse** zu unterziehen (vgl. Kolb 2002, S. 105). A-Kandidaten sollten unbedingt näher betrachtet und eingeladen werden. Bei B-Kandidaten ist unsicher, ob die Bewerbung brauchbar ist. C-Kandidaten kann abgesagt werden, da sie für die Stelle nicht in Frage kommen. Evtl. ist ihr Profil aber für eine andere Funktion im Unternehmen interessant. Dann kann dies vermerkt werden.

Wie Unternehmen Bewerbungsunterlagen auswerten und welche Gewichtung einzelne Auswertungskriterien einnehmen, kann pauschal nicht beantwortet werden. Schuler (2000, S. 80) hat einen Katalog von **zehn Auswertungsbereichen** entwickelt, der im Folgenden kurz diskutiert wird (vgl. zu den einzelnen Aspekten auch Weuster 2004, S. 97ff.):

(1) Formale Aspekte

Eine Bewerbung sollte formal korrekt sein. Dazu zählt allerdings nicht nur die **Fehlerfreiheit** des Geschriebenen, sondern auch die ordentliche und übersichtliche Gestaltung der Bewerbungsmappe (physisch bzw. elektronisch). Wichtig ist zudem die **Vollständigkeit** der **Unterlagen**. Weiter ist zu prüfen, ob Art und **Umfang der Bewerbungsmappe** der zu besetzenden Position angemessen sind. Von einer Bewerbung für die temporäre Stelle einer studentischen Hilfskraft ist etwa weit weniger zu erwarten als für eine potenzielle Lebensstellung (vgl. Olfert 2006, S. 134f.).

(2) Anschreiben und Lebenslauf

Das **Bewerbungsschreiben** sollte klar gegliedert und formal ordentlich gestaltet sein (keine Seitenrandverknappung zu Gunsten von mehr Text). Es versteht sich von alleine, dass das Bewerbungsschreiben stellenspezifisch über den Bewerber informieren soll. Da sich das Anschreiben aber in der Regel auf eine Textseite beschränkt, ist genau abzuwägen, welche Informationen dort hinterlegt werden sollen und welche Informationen der Bewerber vernachlässigt. Unverzichtbar ist indes die Stellungnahme zu folgenden drei Aspekten: **Begründung des Interesses, derzeitige Tätigkeit** sowie die **besondere Befähigung für die Stelle** (vgl. Hesse/Schrader 2007, S. 261ff.).

Der **Lebenslauf** sollte übersichtlich und leicht zu lesen sein. Um dem Unternehmen die Analyse zu erleichtern sollte er persönliche Daten, Informationen über die Schul-/Hochschulausbildung, Stationen der beruflichen Ausbildung/Weiterbildung, die beruflichen Tätigkeiten sowie die Auflistung besonderer Fähigkeiten und Kenntnisse umfassen.

(3) Erforderliche Ausbildung

Die Ausbildung wird über **Zeugnisse** und **Praktikumsbescheinigungen** nachgewiesen. Besonders bei Berufsanfängern sind Schulzeugnisse oft die einzige externe Bewertung, die der Bewerber bis dahin erhalten hat. Dies kann dazu verleiten, den Zeugnissen hohe Bedeutung beizumessen. Dennoch beweisen gute Schulnoten bei aller Subjektivität zumindest, dass von Seiten des Bewerbers ein gewisser Arbeitsaufwand betrieben wurde, um diese Leistung zu erreichen.

(4) Erforderliche Spezialkenntnisse

Beispiele für spezifische Kenntnisse sind klassischerweise **Sprachen** oder **EDV-Kenntnisse**. Aber auch **Zusatzausbildungen** können die Chancen der Bewerbung erhöhen.

(5) Übereinstimmung Lebenslauf/Belege

Ein weiteres Kriterium, nach dem sich die Güte der Bewerbung bemisst, ist die **Lückenlosigkeit** des Lebenslaufs bzw. der Belege der Tätigkeitszeiträume. Die **Zeitfolge** im Lebenslauf muss eine klare Abfolge der Aktivitäten erkennen lassen. Unklarheiten über nicht belegte Zeiträume können natürlich im Bewerbungsgespräch ausgeräumt werden. Dennoch sollte es im Interesse des Bewerbers sein, hier Transparenz zu schaffen, da dies u.U. ein weiterer negativer Mosaikstein der Bewerbung sein kann.

(6) Plausibilität des Stellenwechsels

Soweit möglich sollte der Bewerber auch in diesem Punkt versuchen, dem Unternehmen seinen Werdegang nachvollziehbar zu präsentieren. Dies gelingt leicht, wenn es sich um eine logisch-plausible **Abfolge von Positionen** handelt. Von Interesse ist auch, ob die im Lebenslauf dokumentierten **Arbeitgeberwechsel** nachvollziehbar sind. Dabei sind in der Praxis ganz unterschiedliche Interpretationen zu beobachten. In manchen Positionen (z.B. Bereichsleiter Vertrieb) kann es von Vorteil sein, oft den Arbeitgeber gewechselt zu haben und potenzielle Konkurrenzunternehmen zu kennen. Dabei ist Voraussetzung, dass plausibilisiert wird, dass die Arbeitgeberwechsel im Beispiel nicht an der eigenen Führungsschwäche lagen. In anderen Positionen (z.B. Außendienst) kann häufiger Stellenwechsel Kundenunzufriedenheit und eine niedrige Performance suggerieren.

(7) Schulnoten

Schulische Noten sind in der Regel gut dazu geeignet, die Güte weiterer **Ausbildungsleistungen** zu prognostizieren. Hingegen lassen Schulnoten kaum Schlüsse darauf zu, welchen **beruflichen Erfolg** der Kandidat haben wird (vgl. beispielsweise Sarges/Wottawa 2001, S. VII). Dies liegt daran, dass Schul- und Ausbildungsleistungen in gewisser Art und Weise in einer Laborsituation erbracht werden, bei welcher die Faktoren „Fleiß" und „Beharrlichkeit" einen Großteil des Erfolges ausmachen. Beruflicher Erfolg hängt von der Vernetzung von fachlicher Kompetenz mit Methoden-, Sozial- und Persönlichkeitskompetenz zusammen und dies vor dem Hintergrund des Einfügens in eine Organisation mit interner Konkurrenz. Deshalb können Schulnoten nur einen Eignungsindikator unter vielen bilden.

(8) Studienleistungen

Bei Studienleistungen sind, sofern bekannt, **Notenniveau** von **Hochschule** und Studienfach zu berücksichtigen. Bei der schriftlichen Abschlussarbeit etwa ist deren Qualität weit wichtiger zu bewerten als das Thema. Eine gute Leistung belegt die Fähigkeit des Bewerbers, ein Thema strukturieren, konzeptionell erfassen und argumentativ schlüssig bearbeiten zu können. Dies simuliert die Situation im Unternehmen, ein Problem in seinen Dimensionen erfassen, analysieren und anderen Unternehmensvertretern mit Lösungen präsentieren zu können (vgl. Abele-Brehm/Stief 2004, S. 6ff.).

(9) Arbeitszeugnisse und Referenzen

Arbeitszeugnisse werden immer dann ausgestellt, wenn ein Mitarbeiter das Unternehmen verlässt oder sich innerhalb des Unternehmens verändert (z.B. Wechsel der Tochtergesellschaft). Sie bestehen aus Überschrift, persönlichen Angaben, Beruf, der Beschäftigungszeit, der Beschreibung der Tätigkeit, der Beurteilung erbrachter Leistungen nach Qualität und Quantität, der Verhaltensbeurteilung gegenüber Vorgesetzten/Kollegen/Dritten, der Beurteilung von Führungseigenschaften bei Führungskräften, dem Grund des Ausscheidens (nur mit Zustimmung des Arbeitnehmers) und einer Grußformel. Letztere beinhaltet den Dank für die Zusammenarbeit, das Bedauern des Ausscheidens und den Wunsch für die Zukunft (zusätzlich Ausstellungsort, -datum und Unterschriften) (vgl. Hesse/Schrader 2007, S. 228ff.).

Oftmals ist bei der Bewertung von Arbeitszeugnissen wichtiger, was nicht enthalten ist als dasjenige, was ausgeführt wurde. So ist ein nur sehr kurzer Hinweis auf die Führungseigenschaften langjähriger Führungskräfte negativ zu bewerten. Ebenso wäre auffällig, wenn das Verhalten gegenüber Vorgesetzten und Kollegen nicht erwähnt würde. Bei den Bewertungen haben sich Gepflogenheiten („Codes") herausgebildet, die die Beurteilung erleichtern sollen (z.B. sehr gut = Erfüllung der Aufgaben stets zur vollsten Zufriedenheit; für eine vollständige Auflistung vgl. Kolb 2002, S. 112).

| „Food for thought' | **Kritik an Arbeitszeugnissen** |

... Entsprechend scheinen sich feinsinnige Formulierungen immer wieder neu zu verbreiten, in denen „zwischen den Zeilen" die tatsächliche Leistung des Bewerbers oder Umstände des Ausscheidens heraus zu lesen sein sollen. Die von verschiedenen Autoren aufgezeigte Verwendung eines „Codes" setzt allerdings voraus, dass die nachwachsende Generation von Führungskräften von diesem Code Kenntnis erhält und sich bei der Abfassung von Arbeitszeugnissen daran halten will. [*In jüngster Zeit lehnen immer mehr Personalverantwortliche aus ihrem Sprachempfinden heraus die Bewertung „Vollste Zufriedenheit" ab, Anm. d. Verf.*] ... Hinzu kommt, dass sich Arbeitszeugnisse immer auf vergangene Leistungen beziehen. Weder ist daraus ohne Einschränkungen eine Prognose für den neuen Arbeitsplatz abzuleiten, noch ist nachvollziehbar, ob das positive Arbeitszeugnis nicht vom Arbeitnehmer selbst erstellt oder vom Vorgesetzten verfasst wurde, um den Mitarbeiter „loszuwerden".

Quelle: Ridder (1999, S. 163).

Weit aussagefähiger als Arbeitszeugnisse und etwa im angelsächsischen Raum weit verbreitet ist das Angeben von persönlichen **Referenzen**. In der Praxis der simultanen Einholung von Arbeitszeugnissen und Referenzen wurde festgestellt, dass mündliche Referenzen oftmals treffender sind als schriftliche Zeugnisse.

(10) Ergänzende anforderungsspezifische Aspekte

Bisweilen ist es für Positionen zwingend erforderlich, weitere Anforderungen zu erfüllen. In erster Linie handelt es sich hier um **Berufserfahrung**. Daneben geht es in nationalen und multinationalen Unternehmen häufig um **Mobilitätsaussagen** der Bewerber. Dabei muss die Zusage zum Teil ohne Beschränkungen gegeben werden, damit sich der Kandidat die Chance auf eine erfolgreiche Bewerbung erhält.

Offen gebliebene Fragen werden für ein persönliches Gespräch innerhalb des gewählten Auswahlverfahrens vorgemerkt. Das nächste Kapitel gibt einen Überblick über die gängigsten Verfahren.

Praxis	**Telefoninterviews als effiziente Möglichkeit der Vorauswahl von Bewerbern: das Beispiel Abbott.**

Telefoninterviews setzen nach dem Screening der Bewerbungsunterlagen ein. Sie helfen zum einen, lückenhafte oder interpretationsbedürftige Angaben aus den Bewerbungsunterlagen zu ergänzen bzw. zu klären. Zum anderen können sie auch zur Überprüfung von Soft Skills dienen. Für Abbot war es vor allem wichtig, die Einkommensvorstellungen der Bewerber zu erfahren, die in den Bewerbungsunterlagen oft fehlten. Zudem konnten die Angaben zu Englischkenntnissen kurz überprüft werden. Bezüglich der Soft Skills lassen Telefoninterviews Rückschlüsse auf die verbale Kommunikationsfähigkeit zu. Abbott hat die Erfahrung gemacht, dass zur Disposition stehende offene Stellen durch die gute telefonische Vorselektion der Kandidaten, die zum Auswahlverfahren eingeladen werden, rasch besetzt werden können.

Quelle: Schneider/Völke (2007).

4.3.5   Auswahlverfahren

Im weiteren Gang des Personalbeschaffungsprozesses kommt es nun nach Sichtung der Unterlagen bzw. weiterer telefonischer Selektion (Vorauswahl) zur **direkten Interaktion** zwischen den in die engere Wahl gezogenen Bewerbern und den Verantwortlichen von Seiten des Unternehmens. Dabei ist es in der Regel so, dass das Unternehmen mit der Bekundung des Interesses an der Per-

son das Prozedere vorgibt, mit welchem es die Eignung des Kandidaten überprüfen möchte.

Das gängigste Verfahren für das Unternehmen, sich ein Bild vom Bewerber
zu machen, besteht in der Durchführung eines oder mehrerer **Vorstellungsgespräche**. Diese Gespräche können flankiert werden mit Tests und Selbst-
auskünften der Bewerber mithilfe von Fragebögen. Eine ebenfalls weit verbrei-
tete Möglichkeit, Fähigkeiten und Kenntnisse der Bewerber an Hand mehrerer
Übungen in einem längeren Zeitrahmen (ein bis zwei Tage) zu überprüfen, bietet das Assessment Center. Alle genannten Auswahltechniken werden im Folgenden diskutiert.

4.3.5.1   Vorstellungsgespräch

Ziel eines Vorstellungsgespräches ist es, dass sich das **Unternehmen** ein all-
gemeines Bild vom Bewerber verschaffen, die schriftlichen Unterlagen überprüfen und dessen Erwartungen erfahren kann. Daneben geht es darum, die
potenzielle Leistung des Bewerbers abzuschätzen. Dem **Bewerber** wiederum
soll das Gespräch die Chance geben, sich genauer über das Unternehmen und
das in Frage kommende Arbeitsgebiet zu informieren und Entwicklungsmöglichkeiten zu ermitteln. Ein erfolgreiches Vorstellungsgespräch bedarf einer
guten Vorbereitung sowohl von Seiten des Bewerbers als auch von Seiten des
Unternehmens. Dabei sind organisatorische (z.B. Bereitliegen der kompletten
Unterlagen) und gesprächsspezifische Aspekte (z.B. Vereinbarung der Rollen
der Interviewer) festzulegen (vgl. hierzu näher Jung 2006, S. 168).

Eine gute Vorbereitung ist indes noch keine Garantie dafür, dass das Gespräch für das Unternehmen erfolgreich verläuft. Abb. 20 fasst **Ursachen für
Beurteilungsfehler** zusammen, welche im Kasten näher erläutert werden.

Abb. 20: Ursachen für Beurteilungsfehler

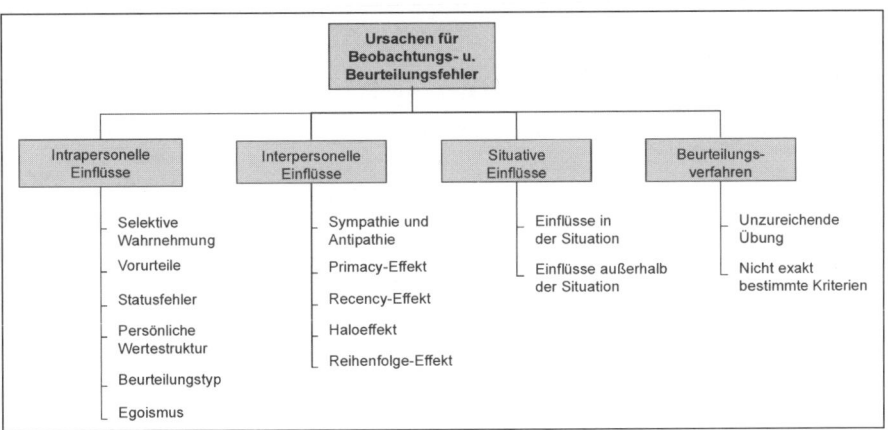

Quelle: in Anlehnung an Bröckermann (2001, S. 196ff.).

Hintergrund	Ursachen für Beobachtungs- und Beurteilungsfehler im Einzelnen

Intrapersonelle Einflüsse

Selektive Wahrnehmung liegt vor, wenn ein Interviewer die Informationen gemäß seiner persönlichen Situation auswählt. Hierunter leidet eine objektive Beurteilung des Bewerbers genauso wie an Vorurteilen oder Statusfehlern (Titel bzw. Namen suggerieren Eignung). Eine Verschiebung in der persönlichen Wertestruktur kann z.B. die Meßlatte an die Leistung des Bewerbers unerreichbar hoch legen. Ein zu Extremen neigender Beurteilungstyp verzerrt das Bewerberbild ebenso wie ein von (Abteilungs-)Egoismen geleiteter Interviewer.

Interpersonelle Einflüsse

Sympathie und Antipathie lassen sich nie komplett ausblenden. Diesen Effekt muss der Interviewer ebenso kritisch analysieren können wie Primacy- bzw. Recency-Effekte. Damit ist gemeint, dass der Interviewer ersten bzw. letzten Eindrücken vergleichsweise hohes Gewicht beimisst. Beim Halo-Effekt stützt sich der Beobachter auf wenige Eindrücke, welche die anderen Effekte „überstrahlen". Der Reihenfolgeeffekt beschreibt das Phänomen, dass Bewerber besser oder schlechter beurteilt werden können, je nachdem wie sich die Qualität vorheriger oder nachfolgender Bewerber darstellt bzw. dargestellt hat.

Situative Einflüsse

Zu den situativen Einflüssen zählen z.B. Raumtemperatur (in der Situation) oder Unpünktlichkeit des Bewerbers (außerhalb der Situation), welche den Gesprächsverlauf u.U. nachhaltig beeinflussen können.

Beurteilungsverfahren

Schließlich kann das Verfahren als solches zu Verzerrungen führen, was meist an einer unzureichenden Schulung/Vertrautheit des Interviewers mit der Situation liegt. Zudem kann es vorkommen, dass die Beurteilungskriterien nicht ganz klar bzw. zumindest zwischen den Interviewern unabgestimmt sind.

Quelle: Schuler (1993); Lueger (1996b, S. 431ff.); Bröckermann (2001, S. 196ff.); Stelzer-Rothe (2002, S. 254ff.).

Vor dem Hintergrund dieser Beurteilungsfehler lassen sich verschiedene Formen von Interviews bewerten bzw. haben sich – zur Vermeidung/Abschwächung der Fehler – bestimmte Formen erst entwickelt.

(1) Unstrukturiertes, strukturiertes und multimodales Interview

Unstrukturierte Interviews bergen die Gefahr eines zu hohen Redeanteils des Interviewers und können in allen Ursachendimensionen Beurteilungsfehler hervorrufen. Sicherlich sind subjektive Bewertungen nicht gänzlich auszuschließen, dennoch trägt die Vorgehensweise bei **strukturierten Interviews** dazu bei, die Fehler zu reduzieren. Das Interview wird z.b. anforderungsbezogen gestaltet (Vermeidung von Fehlern aus dem Beurteilungsverfahren heraus, da Fragenstruktur vorab vorliegt) oder es werden z.b. mehrere unabhängige und kompetente Beurteiler herangezogen (Verringerung intra- und interpersoneller Einflüsse).

Erhöht sich vom unstrukturierten zum strukturierten Interview bereits die prognostische Validität (Vorhersagekraft für den Berufserfolg), so weist als gleich gerichtetes Ergebnis mehrerer Studien das so genannte **multimodale Interview** die höchsten Prognosewerte auf (vgl. Schuler 2000, S. 84ff.; 2002, S. 188ff.) Der Ablauf ist mehr oder weniger festgelegt, auch bei den diagnostisch geprägten Modulen. Abb. 21 zeigt das multimodale Schema nach Schuler. Neben standardisierten, informatorischen und freien Teilen erhöht sich die Validität des multimodalen Interviews durch die Einbeziehung **biografischer** und **situativer** Fragen. D.h. im multimodalen Interview werden sowohl Teile der Behavior Description-Technik als auch der situativen Technik, die im Folgenden beschrieben werden, integriert.

Abb. 21: Aufbau des Multimodalen Interviews

Gesprächsbeginn	• Vorstellen der Gesprächsteilnehmer • Nehmen von Schwellenängsten • Status quo des Bewerbungsverfahrens • Ablauf des Bewerbungsgesprächs
Selbstvorstellung des Bewerbers	• Information über berufliche Hintergründe • Information über persönliche Hintergründe • Artikulation von Erwartungen/Zielvorstellungen • Aufschluss über verbale und non-verbale Fähigkeiten
Freies Gespräch	• Klärung von offenen Fragen aus Bewerbungsunterlagen • Klärung von offenen Fragen aus Selbstdarstellung
Diagnostische Fragestellungen	• Kritische Ergebnisse der zu besetzenden Stelle • Fachfragen • Biografische Fragen • Fragestellungen zu Verhaltensweisen, Einstellungen, Motiven
Tätigkeitsinformationen	• Vorstellung des Unternehmens • Vorstellung des unmittelbaren Tätigkeitsbereiches
Stellenbezogene situative Fragen	• Führungsproblem mit Entscheidung • Fallbeispiel mit Entscheidung • Ad-hoc-Demonstration/Präsentation • Transferaufgabe
Gesprächsabschluss	• Fragen der Bewerber • Zusammenfassung des Gesprächs • Weitere Vorgehensweise • Übergabe von Informationsmaterial • Danksagung/Wertschätzung

Quelle: in Anlehnung an Schuler (2002, S. 188ff.).

(2) Behavior Description Interview und Situatives Interview

Diese beiden Interviewformen haben ihren Ursprung in der von Flanagan (1954) entwickelten **Critical Incident Technique**. Der Vorzug dabei ist, das der Ausgangspunkt immer ein reales Ereignis ist und keine Laborsituation. Kritische Ereignisse können von Stelleninhabern, Vorgesetzten oder auch Kunden kommen. Es geht immer darum, wie die Person in einer konkreten Situation reagiert hat (vgl. Sterchi 2006, S. 32).

Das **Behavior Description Interview** arbeitet schwerpunktmäßig mit **biografischen Fragen** und geht vom Grundsatz aus, vergangenes Verhalten sei der beste Prädiktor für künftiges Verhalten (vgl. Janz u.a. 1986). Beispielsweise wird der Bewerber nach einem vergangenen Projekt gefragt, nach entstandenen Schwierigkeiten und ergriffenen Lösungen. Konkrete Nachfragen verhindern, dass anstelle realer Verhaltensschilderungen sozial erwünschte Antworten gegeben werden (vgl. Schuler/Marcus 2006, S. 215f.).

Das **situative Interview** lehnt die Fragen im Gegensatz zur Behavior Description Methodik sehr eng an (potenziellen) kritischen Ereignissen des zu besetzenden Arbeitsplatzes an. Bezogen auf die stellenbezogenen Aufgaben werden Situationen konstruiert und die Reaktion des Bewerbers abgeprüft (vgl. Schuler/Marcus 2006, S. 216f.). Eine typische Frage wäre, was der Bewerber in einem gewissen Fall tun würde. Die Objektivierung durch reale bzw. fallbezogene Verhaltensschilderungen lassen bei beiden Interviewarten intra- und interpersonelle Verzerrungen gering werden; indes müssen die Mitarbeiter ausreichend geschult sein in (Nach-)Fragetechniken.

Da ein Unternehmen immer danach bestrebt ist, seine personalwirtschaftlichen Investitionen unter möglichst großer Sicherheit zu tätigen, werden – um diese zu erhöhen – zusätzlich zum **Einstellungsinterview,** welches eher **biografieorientiert** ist, oft **Tests** eingesetzt. Damit sollen insbesondere Eindrücke und Fähigkeitsprofile (**Eigenschaftsorientierung**) gewonnen werden, die sich in einer Gesprächssituation nicht abbilden lassen. So wird das Urteil über den Kandidaten abgerundet.

4.3.5.2   Testverfahren

Unter Tests versteht man jede Datenerhebungsmethode, bei der **individuelle Reaktionen** unter **standardisierten Bedingungen** erfasst werden. Dabei bezieht sich Standardisierung vor allem auf Inhalt und Form der Instrumente, Datenauswertung und -interpretation (vgl. Kompa 1984, S. 119). Psychologische Tests werden zumeist dort eingesetzt, wo große Bewerberzahlen anfallen. Sie erfordern die Ermittlung von für den Arbeitsplatz erfolgsrelevanten Kriterien und deren Umsetzung in ein spezifisches Test- oder Befragungsdesign, was indes in den seltensten Fällen zutrifft (vgl. Schuler/Höft 2004, S. 453). Für die Zwecke der Personalauswahl lassen sie sich am besten nach inhaltlichen Oberbegriffen – Leistung, Persönlichkeit und Intelligenz – gliedern (vgl.

Berthel/Becker 2007, S. 222f.; zu einer detaillierten Besprechung der Testverfahren vgl. Hesse/Schrader 2003).

- **Allgemeine Leistungstests**

Diese Art von Tests misst die Belastungsfähigkeit (z.b. Konzentration, Auf-
merksamkeit) des Bewerbers. Zumeist haben die Testpersonen eine zeitliche
Restriktion, was bei ihnen **Leistungsdruck** erzeugen soll. Beispiele sind Zah-
len-Verbindungstests, die Addition endloser Zahlenreihen oder Buchstaben-
Zahlen-Tests.

- **Persönlichkeitstests**

Im Gegensatz zu den Leistungstests zielen Persönlichkeitstests darauf ab, fachliche Kompetenz, Einstellungen/Wahrnehmungen und **Persönlichkeitsstruk-
tur** des betreffenden Kandidaten zu ermitteln (vgl. auch Hossiep u.a. 2000).
Häufig wird versucht, die Persönlichkeit mithilfe von Fragebögen besser fassen
zu können. Ziel ist es dabei, mittels der Fragen Rückschlüsse auf gewisse **Eigenschaften** des Bewerbers (z.B. Flexibilität) ziehen zu können. Sowohl Fragebögen, welche die Persönlichkeit betreffen, als auch projektive Tests, die u.U.
ohne Wissen und Wollen des Bewerbers dessen Persönlichkeit abzubilden versuchen, sind aus **rechtlicher Sicht** problematisch (vgl. hierzu näher Kap. 4.4.).

- **Intelligenztests**

Mittels solcher Tests soll die **intellektuelle Leistungsfähigkeit** von Bewerbern ermittelt werden. Dazu bedient man sich qualitativer und quantitativer
Testdesigns. Den gängigsten Intelligenztests liegt die sehr weitführende Definition von Intelligenz zu Grunde als Fähigkeit zum abstrakten Denken und
Problemlösen (vgl. Jung 2006, S. 173). Abgeprüft werden in der konkreten
Umsetzung vor allem verbales Verständnis, Analogie-Denken, Kombinations-
und Merkfähigkeit sowie numerisches Vorstellungsvermögen.

Der Einsatz von Tests hat den **Vorteil**, Chancengleichheit auf Grund ihres
standardisierten Charakters zu erzeugen. Zudem müssen sich Tests insofern
bewähren, als ihr Instrumentarium gute Bewerber von weniger guten Bewerbern unterscheidbar machen muss (**Diskriminanzfähigkeit**). Quantitative
oder zumindest quantifizierbare Ergebnisse lassen wenig Spielraum für Interpretationen und sind so vergleichbar (vgl. beispielsweise Oechsler 2006,
S. 228f.). **Nachteilig** ist der hohe Aufwand für Entwicklung und spezifische
Anpassung von Tests. Zudem wird kritisiert, dass Test-Annahmen auf der Ei-
genschaftstheorie beruhen. Das heißt, es werden Eigenschaften wie Intelligenz,
Aufstiegswille oder Selbstvertrauen abgeprüft. Trotz gleicher Testergebnisse
kann das Verhalten der Kandidaten allerdings unterschiedlich ausfallen. Methodisch muss kritisch hinterfragt werden, ob ein Test **reliabel** ist (eine wie-

derholte Messung erbringt die gleichen Ergebnisse) und dazu noch **valide** (vgl. beispielsweise Ridder 2007, S. 118). Letzteres richtet sich danach, ob der Test auch das misst, was er messen soll (einen Überblick über Testkonstruktion und Testtheorie bietet beispielsweise Krauth 1995).

4.3.5.3 Assessment Center

In Abgrenzung zu biografieorientierten (Interviews) und eigenschaftsorientierten Auswahlverfahren (Tests) hat sich mit dem Assessment Center (AC) eine **simulationsorientierte Methode** einen Namen gemacht (vgl. Kleinmann 2003; Kompa 2004; Obermann 2006; Fisseni/Preusser 2007). Hauptkennzeichen ist der diagnostische Einsatz mehr oder weniger realitätsnaher Simulationen wichtiger beruflicher Aufgaben (vgl. Höft/Funke 2006, S. 146). Trotz – analog zu Testverfahren – methodischer und ideologischer Kritik erfreut sich das Assessment Center in der Praxis großer **Beliebtheit**. Es kombiniert verschiedene eignungsdiagnostische Verfahren, um die Qualität der Bewerber festzustellen. Das Assessment Center wird sowohl bei der Auswahl externer als auch interner Bewerber eingesetzt. Abb. 22 zeigt den Ablauf eines Centers. Im Rahmen der Vorbereitungs-, Durchführungs- und Abschluss- bzw. Feedback-Phase gilt es, verschiedene **Ablaufschritte** zu unterscheiden, die im Folgenden vorgestellt werden (vgl. im Folgenden Jeserich 1989, S. 35ff.):

Abb. 22: Ablauf eines Assessment Centers

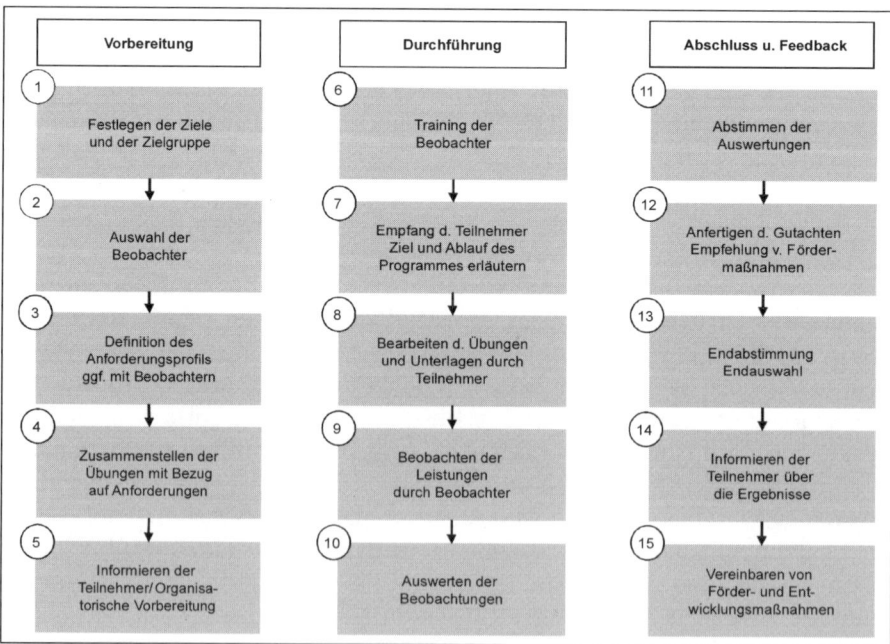

Quelle: Jeserich (1989, S. 35).

(1) Festlegen der Ziele und der Zielgruppe

Zielgruppe von Assessment Centern sind zumeist **Führungs- und Führungsnachwuchskräfte**. Viele Unternehmen rekrutieren auch Trainees (als Führungskräfte der Zukunft) über ein Assessment Center. Dabei geht es jeweils darum, das Potenzial für die jeweilige Aufgabe zu ermitteln. Bei Assessment Centern mit internen Bewerbern ist häufig auch das Ziel, Entwicklungs-, Aus- und Weiterbildungsbedarf zu eruieren bzw. das Assessment Center auch als Förderungsplattform zu nutzen.

(2) Auswahl der Beobachter

Wer als Beobachter an einem Assessment Center teilnehmen soll, hängt nicht nur von Zielen und Zielgruppe ab, sondern auch von den **Präferenzen** und Erfahrungen der Unternehmensverantwortlichen. So kommt es vor, dass das Schwergewicht bei Fachvertretern (z.B. Rekrutierung von Fachspezialisten), bei Personalverantwortlichen (z.B. Rekrutierung von Trainees), aber auch bei externen Psychologen (z.B. Beurteilung der Führungsfähigkeit) liegt.

(3) Definition des Anforderungsprofils

Oftmals liegt über Ziel und Zielgruppe des Assessment Centers das Anforderungsprofil bereits fest. Manchmal erfolgt noch eine **Verfeinerung** u.U. im direkten Gespräch mit den Beobachtern. Beispielsweise soll bei einer Führungskraft mit getestet werden, ob sie diese Funktion eventuell auch im Ausland erfüllen könnte. Interkulturelles Verständnis wird somit als Anforderung mit aufgenommen.

(4) Zusammenstellen der Übungen mit Bezug auf Anforderungen

Die Zusammenstellung der Übungen muss sich natürlich in starkem Maße an der Zielgruppe und deren Anforderungsprofil orientieren. Abb. 23 gibt einen Überblick über die **gängigsten Übungen**.

Die Übungen sollten dabei so komponiert werden, dass die **Anforderungen** (zumindest die zentralen) nicht nur einmal, sondern an Hand **mehrerer Übungen** überprüft werden. Ergänzend dazu finden Einzel- und/oder Gruppengespräche als Interviews mit den Beobachtern statt.

Abb. 23: Übungen im Assessment Center

Übungsbezeich-nung	Inhalt	Erkenntnisziel
Postkorb	Simulation von Informationsein-gang und Informationsverarbei-tung einer Führungskraft	Planungs-, Entscheidungs-, Or-ganisations- und Delegationsfä-higkeit
Problemlösungs-aufgaben	Schriftliche Begutachtung eines Sachverhaltes im Sinne einer Fallstudie	Fähigkeit, komplexe Sachverhal-te zu überblicken, zu ordnen und zu analysieren
Präsentation	Präsentation zu einem vorgege-benen oder freien Thema	Fähigkeit, Sachverhalte zu über-blicken und zu analysieren, überzeugend darzustellen und mündlich zu kommunizieren
Rollenspiele	Verhalten gemäß Rollenanwei-sung	Einfühlungsvermögen, Kommu-nikationsfähigkeit, Bewältigung sozialer Stresssituationen
Führerlose Grup-pendiskussion	Konfrontation mit einem unter-nehmensbezogenen Problem und Erarbeitung einer gemein-samen Lösung	Starker Führungsanspruch, Durchsetzungsfähigkeit vs. sozial-integratives Verhalten, Fähigkeit zur Mediation

Quelle: Ridder (2007, S. 123).

(5) Organisatorische Vorbereitung /Information der Teilnehmer

Nachdem das Vorbereitungsgerüst auf inhaltlicher Ebene steht, wird die **Logistik** geplant. Dabei steht nicht jedem Unternehmen ein eigenes geeignetes Schulungszentrum zur Verfügung. Oft wird auf externe Hotels oder Tagungsstätten zurückgegriffen. Steht die Logistik, können die Teilnehmer eingeladen werden.

(6) Training der Beobachter

Im Rahmen der Durchführung kann es angebracht sein, die Beobachter zu trainieren und genau auf die bevorstehende **Aufgabe vorzubereiten**. Dies erfolgt bei neu zusammengestellten Beobachtungsteams oder einzelnen neuen Beobachtern. Hier wird das Beobachtungsschema transparent gemacht und vor allem besprochen, in welchen Übungen der Beobachter bei welchen Kandidaten auf welche Merkmale zu achten hat. Bei eingespielten Beobachterteams kann dieses Prozedere zu Gunsten einer kurzen Abstimmung entfallen.

(7) Empfang der Teilnehmer und Erläuterung des Programmablaufs

Dies ist ein wichtiger Schritt zum Gelingen des Assessment Centers. Ihn übernehmen vornehmlich Mitarbeiter aus der Personalabteilung. Hier soll versucht werden, eine **angenehme Atmosphäre** bei den Teilnehmern zu erzeugen und Berührungsängste abzubauen. In manchen Assessment Centern wird dies bereits mit ersten Teilübungen kombiniert, indem sich die Bewerber etwa gegenseitig vorstellen.

(8) Bearbeiten der Übungen und Unterlagen durch die Teilnehmer

Die Übungen erfordern zumeist eine Aufteilung der Gruppe. Deshalb werden häufig zwölf Personen zu einem Assessment Center eingeladen, um eine große **Bandbreite** an **Gruppengrößen** zu gewährleisten. Durch geschickte Kombinatorik der Übungen kann man einen Erkenntnismehrwert schaffen. So werden etwa einzelne Kandidaten aus einer Gruppenübung herausgelöst, die Einzelübung beobachtet und hernach analysiert, wie die Gruppe das Gruppenmitglied wieder an den aktuellen Stand der Gruppenarbeit heranführt und wie sich der Kandidat dabei verhält.

(9) Beobachten der Leistungen durch die Beobachter

Die Beobachtungsbreite hängt davon ab, wie viel Beobachter auf wie viele Teilnehmer entfallen. In jedem Fall sollte gewährleistet sein, dass jeder Bewerber in **jeder Anforderungsdimension** von **mindestens zwei Beobachtern** (z.B. Psychologe und Fachvertreter) bewertet wird. Selbst der geschulte Beobachter unterliegt einer Begrenzung seiner Aufnahmekapazität. Deshalb wird in der Regel von vornherein festgelegt, in welcher Übung welche Kandidaten in welchen Anforderungsdimensionen im Fokus der Betrachtung welchen Beobachters stehen. Darüber hinaus können selbstverständlich besondere (positive und negative) anderweitige Eindrücke festgehalten werden.

(10) Auswerten der Beobachtungen

Während die Teilnehmer noch andere Übungen bearbeiten oder bereits abgereist sind, werten die Beobachter ihre Eindrücke an Hand **vorgefertigter Schemata** aus, um damit in die interne Abstimmungsrunde aller Beobachter zu gehen.

(11) Abstimmen der Auswertungen

Die Abstimmung der Auswertungen ist manchmal sehr einfach, bisweilen aber auch sehr kompliziert. So kann es vorkommen, dass unterschiedliche Beobachter **diametrale Einschätzungen** über das zu analysierende Profilmerkmal eines Kandidaten haben. Die Länge solcher Abstimmungssitzungen ist deshalb auch sehr unterschiedlich.

(12) Anfertigen der Gutachten und ggf. Empfehlung von Fördermaßnahmen

Nach der Abstimmung wird für jeden Kandidaten ein Gutachten angefertigt, worin **Anforderungs- mit Fähigkeitsprofil** abgeglichen wird. Unter Umständen wird in diesem Gutachten, unabhängig von einer letztendlichen erfolgreichen Teilnahme am Assessment Center, bereits hinterlegt, welche **Fördermaßnahmen** geeignet sind, Stärken des Kandidaten zu erhöhen bzw. Schwächen auszumerzen.

(13) Endabstimmung bzw. Endauswahl

Die letztendliche Auswahl der Bewerber kann von vielen Faktoren abhängen. So kann es sein, dass die Zahl der Kandidaten, die neu eingestellt werden können, begrenzt ist. Dies bedeutet, dass das Beobachtergremium in seinem Votum auf ein Ranking zwischen allen Kandidaten angewiesen ist. Besonders der Vergleich der „**Grenzkandidaten**" kann eine intensive Diskussion auslösen. Einfacher gestaltet sich die Aufgabe, wenn z.B. bei einer Rekrutierung von Trainees noch genügend Plätze frei sind, weil sich in vorangegangenen Kandidatenrunden wenige Bewerber empfohlen haben. Den Auswahlprozess wesentlich beeinflussen kann auch die Vorgabe, dass das Votum der Beobachter einstimmig zu sein hat, ansonsten der Kandidat nicht erfolgreich war.

(14) Information der Teilnehmer über die Ergebnisse

Ein wichtiges Charakteristikum des Assessment Centers besteht darin, dass sämtliche Teilnehmer (auch die nicht erfolgreichen) ein **Feedback** auf ihre Assessment Center-Leistungen erhalten. Dies geschieht zumeist **telefonisch**, damit Rückfragen des Bewerbers möglich sind. Die Informationen und Erklärungen gehen zumeist so weit, dass zumindest ein grobes Stärken-/Schwächenprofil gezeichnet und kommuniziert wird.

(15) Vereinbaren von Förder- und Entwicklungsmaßnahmen

Dieser Punkt ist fakultativ und bezieht sich auf Assessment Center, die u.a. zum Ziel haben, Personalentwicklungsbedarfe zu ermitteln. Insbesondere geht es darum, bezüglich einer Funktion, für die sich der Bewerber im Auswahlverfahren qualifiziert hat, **flankierende Unterstützung** anzubieten.

Die **Vorteile**, die dem Instrument des Assessment Centers zugeschrieben werden, fokussieren vor allem auf die Ganzheitlichkeit des Verfahrens. „Blender" werden eher erkannt, die Übungen sind vielseitig und das Sozial- und Gruppenverhalten lässt sich gut erfassen. Es kann gut auf die spezifischen Ziele hin angepasst werden (Rekrutierung von Trainees oder Potenzialentwicklung von Führungskräften) und bietet eine vergleichsweise hohe Objektivität durch den rotierenden Einsatz der Beobachter. Zudem weisen die Übungen oft Fallstudiencharakter auf, sodass keine Laborsituation entsteht (vgl. Fay 2002, S. 11ff.).

| ,Food for thought' | Selbstdarsteller im Assessment Center |

Forschungen haben ergeben, dass selbstbewusste, durchsetzungsfähige und leistungsmotivierte Mitarbeiter im Vergleich zu den Ergebnissen aus einem Persönlichkeitsfragebogen im Assessment Center positiver bewertet werden. Begünstigt das Assessment Center also doch die Selbstdarsteller?

Quelle: Schabel/Hossiep (2006).

Nachteile ergeben sich aus dem hohen Aufwand bzw. den beträchtlichen Kosten (z.B. Entwicklung des Assessment Centers, Schulung der Beobachter, u.U. mehrtägiger Arbeitsausfall der internen Beobachter, Honorare für externe Beobachter, Bereitstellung der Tagungslogistik). Auf Grund der Kosten- und Zeitintensität können nur wenige Bewerber überprüft werden. Diese müssen also in hohem Maße vorselektiert werden, was zu Verzerrungen führen kann (vgl. Kolb 2002, S. 125).

| Hintergrund | **Validität der Auswahlverfahren** |

Die Validität (lat. Gültigkeit) fragt, was mit dem Verfahren eigentlich gemessen wird. Inhaltsvalidität beschreibt, inwieweit ein Zusammenhang des Verfahrens mit den tatsächlichen Anforderungen des Arbeitsplatzes gegeben ist. Dies ist durch die saubere Definition des Anforderungsprofils und das entsprechende Design der Übungen/Fragen zu gewährleisten. Die Konstruktvalidität ihrerseits klärt die Frage, was das Verfahren tatsächlich misst. Wird z.B. wirklich Kontaktfreudigkeit gemessen bzw. beobachtet oder nur soziale Verträglichkeit ermittelt. Die prognostische Validität ist das entscheidende Kriterium für den Berufserfolg. Sie beschreibt den Zusammenhang von Ergebnissen aus Gesprächen/Tests bzw. den Resultaten aus dem Assessment Center mit dem tatsächlich später eingetretenen Berufserfolg. Dieser kann dabei unterschiedlich operationalisiert werden: Jahresgehalt, erreichte Ebene in der Unternehmenshierarchie, Führungsspanne etc. Nicht alle empirischen Untersuchungen weisen hier höhere Werte für das Assessment Center aus. Eine weitere Form der Validität ist die soziale Validität. Hierunter versteht man die „Akzeptanzstimmung" der Betroffenen gegenüber den Auswahlverfahren. Die soziale Validität des Assessment Centers kann z.B. unter der Befürchtung von Mitarbeitern leiden, zum Verfahren eingeladen, aber nicht befördert zu werden, was wiederum eine unangenehme Situation im Umgang mit den Kollegen bedeuten könnte („Versagerimage").

[Empirische Ergebnisse/Vergleiche bezüglich der Validität einzelner eignungsdiagnostischer Verfahren werden bewusst hier nicht vertieft. Oben wurde lediglich der stabile Trend referiert, dass strukturierte Interviews gegenüber unstrukturierten höhere prognostische Validität erbringen. Da die Verfahren (auch das Assessment Center) sehr unterschiedlich ausgestaltet sein können und zudem Berufserfolg als Indikator für prognostische Validität unterschiedlich operationalisiert werden kann, sind Ergebnisse von Metaanalysen schwierig zu bewerten, Anm. d. Verf.]

4.4   Rechtliche Aspekte

Während der Betriebsrat bei der Personalbedarfsplanung keine substanziellen Rechte besitzt, so eröffnet das Betriebsverfassungsgesetz bei der **Personalauswahl** größere Möglichkeiten der Mitbestimmung. Nach §93 BetrVG kann der Betriebsrat verlangen, dass Arbeitsplätze, die besetzt werden sollen, vor ihrer Besetzung innerhalb des Betriebes ausgeschrieben werden müssen. Nach §99 BetrVG kann der Betriebsrat bei einem Unterbleiben der erforderlichen Ausschreibung die Zustimmung zur Versetzung oder Neueinstellung verweigern. In §95 BetrVG ist verankert, dass Richtlinien über die personelle Auswahl bei Einstellungen und Versetzungen der Zustimmung des Betriebsrates bedürfen. §94 BetrVG beinhaltet das gleiche Recht für Personalfragebögen.

Im Bewerbungsgespräch bzw. **Interview** im Rahmen des Assessment Centers sind alle Fragen zulässig, die mit der potenziellen Tätigkeit in Zusammenhang stehen. Von vornherein ausgeschlossen bzw. starken Restriktionen unterworfen ist das Verlangen von Auskünften, die den Persönlichkeitsschutz nach Art. 1 Grundgesetz verletzen. Eingriffe in diese Schutzsphäre können gegeben sein bei Fragen nach medizinischen Sachverhalten (z.B. Krankheiten), nach der seelischen Verfassung (z.B. Depression), dem religiösen (z.B. Zugehörigkeit zu einer Konfession) und dem familiären Bereich (z.B. Heiratsabsichten). Demgegenüber besteht eine Aufklärungspflicht des Bewerbers dahingehend, wichtige, für die Tätigkeitsausübung bedeutsame Sachverhalte nicht verschweigen zu dürfen. Dies ist z.B. eine chronische Handverletzung bei einem Streichmusiker.

Besonders in der rechtlichen Diskussion stehen **Testverfahren**. Allgemeine Intelligenztests und Persönlichkeitstests müssen einen Bezug zum Anforderungsprofil der Stelle aufweisen. Rechtlich zulässig ist der Einsatz psychologischer Tests nur dann, wenn der Bewerber über Inhalt und Reichweite des Tests unterrichtet wurde, der Bewerber sein Einverständnis zur Durchführung des Tests gegeben hat, der Test sich ausschließlich auf arbeitsplatzspezifische Merkmale bezieht und der Arbeitsplatz des Bewerbers bedeutsam ist (vgl. Olfert 2006, S. 150).

4.5   Zusammenfassung

Personalbeschaffung effizient zu betreiben setzt voraus, über ein **Personalmarketingkonzept** zu verfügen, das kompatibel ist mit dem Unternehmensleitbild. In diesem vorgesteckten Rahmen positioniert sich das Unternehmen produktpolitisch (z.B. Stellen mit Verantwortungscharakter), preispolitisch (z.B. überdurchschnittliche Sozialleistungen), kommunikationspolitisch (z.B. gute Aufstiegschancen) und distributionspolitisch (z.B. Bevorzugung von Online-Bewerbungen). Von entscheidender Bedeutung hierbei ist die Glaubwürdigkeit, mit der die Vertrauensleistung „Arbeitsplatz" potenziellen Interessenten vermittelt wird. Dabei kommt der Kommunikationspolitik insofern entscheidende Bedeutung zu, als die Interessenten das Unternehmen als bedenkenswerte Alternative zunächst überhaupt wahrnehmen müssen. Hernach entscheiden Inhalt und Stimmigkeit des Marketing-Mixes über den Attraktivitätsgrad des Unternehmens.

Ein stimmiges, auf die Zielgruppen ausgerichtetes Personalmarketing erleichtert die **Personalauswahl**. Bevor indes der Personalauswahlprozess in Gang gesetzt wird, bedarf es – sofern es sich nicht um reine Ersatz- oder Routinebeschaffungen handelt – der möglichst konkreten Fassung der zu besetzenden Stellen. Hierzu wird üblicherweise ein Anforderungsprofil nach fachlicher, methodischer, sozialer und persönlicher Kompetenz erstellt.

Die Personalrekrutierung muss dabei auf **internem** oder auf **externem** Wege erfolgen. Dabei sprechen viele Argumente für den einen und den anderen Weg. Es stellt sich die Frage, ob ein Unternehmen auf eigene Entwicklung und Stärke oder bewusst auf die erweitere Sichtweise durch Externe setzt. In der Praxis geben kurzfristige Notwendigkeiten oder die Nicht-Verfügbarkeit des gewünschten Profils im eigenen Unternehmen oder auf dem Arbeitsmarkt den Beschaffungsweg als Mix interner und externer Akquisition faktisch vor.

Auf die internen bzw. externen Stellenbekanntmachungen hin senden Interessenten ihre **Bewerbungsunterlagen** an das Unternehmen. Die Unterlagen (Anschreiben, Lebenslauf, Zeugnisse etc.) werden ausgewertet. Am Ende dieses Schrittes steht eine **Vorauswahl** an Bewerbern, die sich für die Stelle zu eignen scheinen.

Integraler Teil des Personalbeschaffungsprozesses sind die **Auswahlverfahren**. Dabei sind in der Praxis zwei Herangehensweisen beobachtbar. Für manche Stellen sehen die Verantwortlichen ein oder mehrere biografisch orientierte Vorstellungsgespräche vor, bei anderen Stellen (insbesondere mit Führungsaufgaben) werden häufig die aufwändigeren simulationsorientierten Assessment Center durchgeführt. Ob Vorstellungsgespräche, kombiniert etwa mit eigenschaftsorientierten Leistungs-, Persönlichkeits- und Intelligenztests, dabei den aus mehreren Übungen spezifisch konstruierten Assessment Centern unterlegen sind, ist nicht eindeutig zu sagen.

Hierzu wäre es notwendig, eine eindeutige Antwort auf die Frage zu erhalten, **welches Verfahren** die **höhere prognostische Validität** (Vorhersage des Berufserfolges) aufweist. Dies indes vergleichbar zu messen erfordert ein einheitliches Verständnis von beruflichem Erfolg, gleiche Ausgestaltung der Auswahldesigns, einheitliche Messvorschriften, gleiche Förderung der Mitarbeiter etc. Dies ist so unrealistisch und vielleicht von den Unternehmen auch gar nicht gewollt. Denn: Eine gewisse Intransparenz ist den Unternehmen in diesem Fall u.U. nicht unlieb.

4.6   Kontrollfragen

Aufgabe 4.1 (Personalmarketing): Erläutern Sie den personalwirtschaftlichen Marketing-Mix.

Aufgabe 4.2 (Bewerbungsunterlagen): Welche Informationen sollen die Bewerbungsunterlagen dem Unternehmen liefern?

Aufgabe 4.3 (Vorstellungsgespräch): Was zeichnet ein multimodales Interview aus?

Aufgabe 4.4 (Auswahlverfahren): Warum bezeichnet Schuler das Interview als biografieorientiertes, den Test als eigenschaftsorientiertes und das Assessment Center als simulationsorientiertes Auswahlverfahren?

Aufgabe 4.5 (Auswahlverfahren): Welches Auswahlverfahren ist Ihrer Meinung nach am besten dazu geeignet, Berufserfolg zu prognostizieren?

5 Personaleinsatz und -verwaltung

Lernziele	Dieses Kapitel vermittelt,

- wie Arbeitsinhalte adäquat gestaltet werden können,
- wie Arbeitsbedingungen sinnvoll gestaltet werden können und speziell welchen Stellenwert flexible Arbeitszeitmodelle einnehmen,
- welche Arbeitsorte zu unterscheiden sind und was dort jeweils zu berücksichtigen ist,
- welche Kernelemente die Personalverwaltung umfasst.

5.1 Handlungsfelder des Personaleinsatzes

Der Einsatz des Personals richtet sich nach den verfügbaren Stellen im Unternehmen und wird insbesondere von der **Personalbedarfsplanung antizipiert und vorbereitet**. Es geht darum, den Arbeitskräftepool möglichst effizient zu alloziieren, d.h. die richtigen (qualitativ und quantitativ) Mitarbeiter am richtigen Ort und zur richtigen Zeit vorzuhalten. Um dieses Workforce-Management erfolgreich zu gestalten, muss festgelegt werden, wie sich die jeweilige Einsatzstelle inhaltlich und von den Rahmenbedingungen her definieren soll. Die verfügbaren Gestaltungsalternativen sollen im folgenden Abschnitt vorgestellt und diskutiert werden (vgl. Abb. 24).

Abb. 24: Elemente des Personaleinsatzes

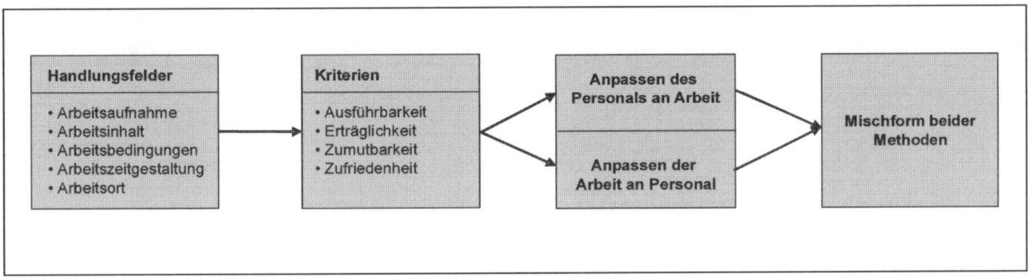

Quelle: eigene Darstellung.

5.2   Arbeitsaufnahme

Die zu besetzende Position kann durch einen neuen Mitarbeiter oder durch einen bereits beschäftigten Mitarbeiter ausgefüllt werden. Bei **neuen Mitarbeitern** ist darauf zu achten, diesen einen positiven ersten Eindruck von der Arbeitsumwelt zu vermitteln. Dies kann am ersten Arbeitstag in Form von Checklisten, Broschüren oder auch dadurch unterstützt werden, dass dem Mitarbeiter ein Pate oder Mentor zur Seite gestellt wird. Paten stehen meist auf der gleichen Hierarchieebene und sollen den neuen Mitarbeiter fachlich unterstützen. Mentoren hingegen fungieren als Vermittler bei Problemen und sind in der Regel hierarchisch höher angesiedelt.

Bei neuen Mitarbeitern ist überdies die Aufstellung eines **Einarbeitungsplans** von Vorteil. Hier werden

- die Reihenfolge der zu erledigenden Aufgaben,
- die Zeitabschnitte für die Erledigung,
- die Kriterien für die Beherrschung der Arbeitsaufgabe sowie
- zusätzlich angestrebte Qualifikationen

festgelegt (vgl. Olfert 2006, S. 178). Besondere Bedeutung kommt in der ersten Arbeitsphase dem regelmäßigen Feedback zu. Gerade in der Probezeit kann es sein, dass der Mitarbeiter verunsichert ist bezüglich seiner Leistung und deren Konsequenz, sodass insbesondere bei negativem Eindruck dem Mitarbeiter die Chance eröffnet werden sollte, diesen Eindruck zu korrigieren. Dabei ist es oft schwierig, den Mitarbeiter nicht zu stark zu schonen bzw. zu unterfordern oder auch zu stark mit seiner Arbeit alleine zu lassen.

Bei **bereits beschäftigten Mitarbeitern**, die auf die neue Stelle versetzt werden, kann die Konstellation eintreten, dass der Mitarbeiter seine neue Aufgabe und sein neues Arbeitsumfeld beinahe genauso wenig kennt wie ein neuer Mitarbeiter. Der Unterschied besteht darin, dass das Unternehmen, übergeordnete Prozesse und Ansprechpartner bekannt sind. Im anderen Fall sind dem Mitarbeiter quasi sämtliche inhaltlichen und Umfelddetails geläufig. Darauf muss sich das Unternehmen entsprechend einstellen.

5.3   Arbeitsinhalt und -bedingungen

Für die Erbringung der Arbeitsleistung des Mitarbeiters sind Arbeitsgegenstand und Arbeitsumfeld entscheidende Beeinflussungsfaktoren. Die gestalterische Aufgabe stellt sich insofern als komplex dar, als Arbeitsinhalt und Arbeitsumfeld interdependent sein können und die jeweilige Wichtigkeit von den Mitarbeitern unterschiedlich bemessen werden kann.

5.3.1   Arbeitsteilung

Unternehmen erbringen eine Gesamtleistung, indem sie Produkte herstellen und vertreiben bzw. Dienstleistungen anbieten. Um den dahinter liegenden Prozess effizient zu gestalten, wird die Arbeit in Form der Arbeitsteilung strukturiert. Die Arbeitsteilung wurde Anfang des 20. Jahrhunderts von **Taylor** als Grundprinzip der Arbeitsorganisation eingeführt. Es geht um die **Trennung von planenden** sowie vorbereitenden (indirekten) **und ausführenden** (direkten) **Tätigkeiten.** Die direkten Tätigkeiten werden in standardisierte Teilarbeitsschritte zergliedert, für welche Vorgabezeiten und daran orientierte Lohngrößen festgelegt werden (vgl. Taylor 1917).

Arbeitsteilung ist indes, wie Abb. 25 zeigt, nicht in beliebigem Ausmaß sinnvoll; vor dem Hintergrund der Entwicklung direkter und indirekter Kosten gibt es einen optimalen Grad der Arbeitsteilung.

Abb. 25: Kosten bei unterschiedlichem Grad an Arbeitsteilung

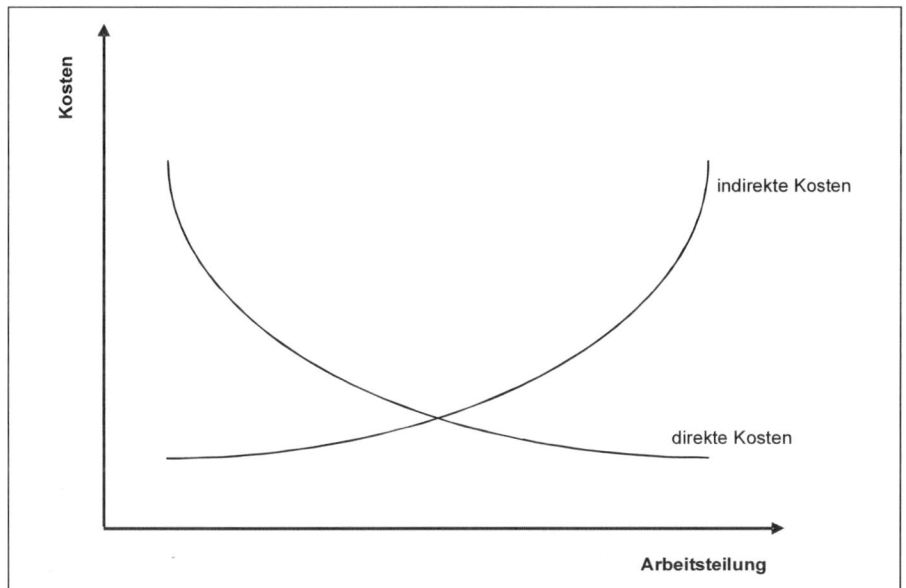

Quelle: in Anlehnung an Reichwald/Piller (2006, S. 92); vereinfacht.

Mit zunehmender Arbeitsteilung sinken die **direkten Kosten,** d.h. z.B. die **Produktions- oder Vertriebskosten.** Dies erklärt sich damit, dass spezialisierte Mitarbeiter die ihnen zugewiesenen Teilprozesse schneller und fehlerfreier abwickeln, als wenn sie einen größeren Umfang unterschiedlicher Aufgaben zu bewältigen hätten (**Lernkurve**). Mit wachsender Arbeitsteilung steigen indes die **indirekten Kosten** an. Dahinter verbergen sich vor allem **Koordinations- und Komplexitätskosten.** Je mehr ein (Beschaffungs-/Produktions-/Vertriebs-)Prozess zergliedert wird, desto mehr Schnittstellen zwischen den Prozessbeteiligten fallen an, deren Management Kosten verursacht.

Dieses grundlegende Beurteilungsschema effizienter Arbeitsteilung wird spezifiziert und ergänzt durch viele **Vor- und Nachteile**, die Arbeitsteilung aus Sicht des Unternehmens und aus Sicht des Arbeitnehmers in Rückwirkung auf das Unternehmen aufweist (vgl. Abb. 26).

Abb. 26: Vor- und Nachteile von Arbeitsteilung

Vorteile von Arbeitsteilung	Nachteile von Arbeitsteilung
• Steigerung der Produktivität der Arbeitskräfte	• Steigende Koordinations- und Komplexitätskosten
• Steigerung des Ertrages durch Spezialisierung	• Eintönige Tätigkeit bei gleichartigen Handgriffen
• Erhöhung der Geschicklichkeit bei gleichartigen Handgriffen	• Entfremdung durch Stumpfsinn bei monotoner Arbeit
• Ansteigen der Leistung pro Zeiteinheit	• Einseitige Belastung
• Mögliche kostengünstige Beschaffung des Arbeitnehmers	• Gefahr gesundheitlicher Schäden
• Bestmögliche Maschinenausnutzung	• Mangelnde Flexibilität durch Spezialisierung
• Nutzung von Standortvorteilen	• Kein innerer Bezug des Arbeitenden zur Gesamtleistung
• Verwertung von speziellen Fähigkeiten	• Starke Ermüdung und hoher Erholungsbedarf
	• Verkümmerung geistiger Fähigkeiten
	• Qualitätsmangel

Quelle: in Anlehnung an Olfert (2006, S.181); erweitert.

Die gravierenden Nachteile der Arbeitsteilung haben dazu geführt, dass sowohl von der Gestaltung des **Arbeitsinhaltes** als auch von den **Arbeitsbedingungen** her **Verbesserungen** konzipiert und umgesetzt wurden. Diese Konzepte, als Gegenbewegung zum Taylorismus, sind zu Beginn der siebziger Jahre unter dem Schlagwort **Humanisierung der Arbeit** in die Literatur eingegangen (vgl. Gaugler u.a. 1977; für eine umfassende historische Abhandlung vgl. Müller 1996, S. 496ff.).

5.3.2   Aufgabenerweiterung

Die Aufgabenerweiterung zielt auf die **inhaltliche Komponente** der Humanisierung der Arbeit ab. Dabei geht es um mehr Eigenständigkeit bzw. mehr Abwechslungsreichtum innerhalb der Tätigkeit. Ausgehend vom Modell der

Fließbandarbeit zeigt Abb. 27 Formen der Arbeitsgestaltung auf, die erhöhte Autonomie und/oder Variabilität erlauben.

Abb. 27: Formen der Arbeitsgestaltung

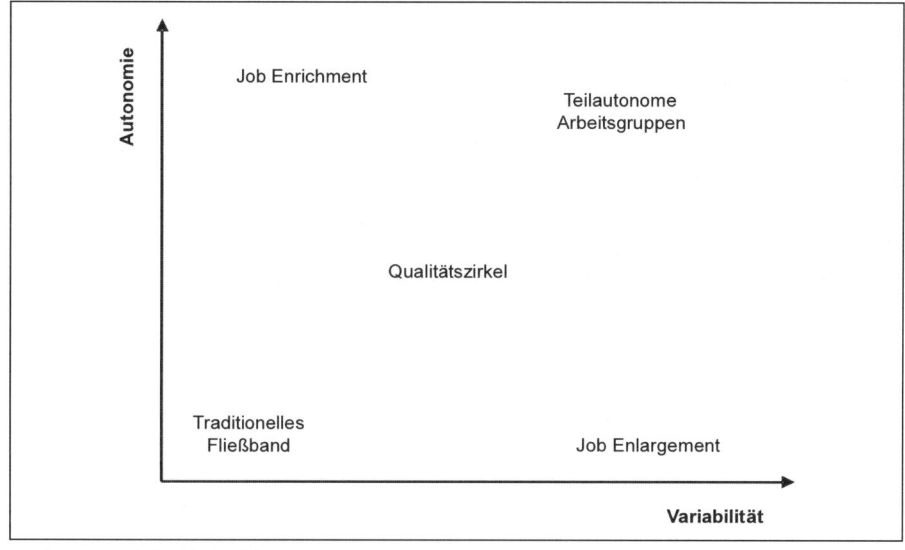

Quelle: Antoni (1994, S. 27).

- **Job Enlargement**

Die durch den Begriff Job Enlargement signalisierte **horizontale Aufgaben-erweiterung** sieht vor, dass zu den bereits vorhandenen Tätigkeiten an einer Arbeitsstelle neue hinzukommen, die sich nicht wesentlich von den bisherigen unterscheiden. Das Verhältnis von Entscheidungs- und Ausführungsaufgaben bleibt in etwa konstant. Ein Beispiel für Job Enlargement besteht darin, dass ein Versicherungsvertreter, der auf Sachversicherungen spezialisiert ist, jetzt auch Lebensversicherungen vertreibt.

Die Aufgabenerweiterung kann für Mitarbeiter und Unternehmen Vorteile haben, es können aber auch Nachteile entstehen. Ein erweiterter Tätigkeits-rahmen kann zum einen Monotonie senken, dagegen Mitarbeiterzufriedenheit sowie Arbeitsquantität und -qualität steigern helfen. Zum anderen kann der Mitarbeiter auch überfordert sein, sich an die vermehrten Pflichten anzupas-sen, oder zeigt schlichtweg Widerstand gegen die Veränderung (vgl. Eschen-bach 1977).

Als eine besondere Form des Job Enlargement kann die **Job Rotation** an-gesehen werden. Hier erhalten mehrere Arbeitnehmer die Möglichkeit, nach vorgegebenen Rhythmen die Arbeitsplätze zu tauschen. Ursache für die Ein-führung des systematischen Arbeitsplatztausches waren Demotivation und hohe Fehlerquoten durch Monotonie und einseitige Belastung der Mitarbeiter (vgl. Kreikebaum 1992, Sp. 822). Damit dieses Prozedere Sinn macht, müssen die Stellen inhaltlich und auch hierarchisch ähnlich strukturiert sein. Ungeeignet ist die Arbeitsform bei der Notwendigkeit stabiler Ansprechpartner (z.B. Mitarbeiter mit festen Kundenbeziehungen).

- **Job Enrichment**

Unter Job Enrichment versteht man eine **vertikale Aufgabenerweiterung** (Aufgabenbereicherung). Die bisherigen Aufgaben werden mit Selbstständigkeit und Verantwortung in Planung, Durchführung und Kontrolle der eigenen Arbeit angereichert. Die Relation von Entscheidungs- zu Ausführungsaufgaben verändert sich zu Gunsten der Tätigkeiten mit Entscheidungsaufgaben (vgl. Eschenbach 1977). Ein Beispiel für Job Enrichment besteht darin, dass ein Mitarbeiter, der bisher nur einzelne Ventile am Motorenblock montiert hat, nun auch die Qualität seiner ausgeführten Tätigkeiten kontrolliert.

Vorteile des Job Enrichments liegen in der Entwicklung des Mitarbeiters. Eine tendenziell verstärkt gegebene Persönlichkeitsentfaltung und Selbstverwirklichung kann zu einer Erhöhung der Arbeitszufriedenheit führen. Aber gerade auch neue Entscheidungsbefugnisse können zu einem Gefühl der Überforderung führen, welches dauerhaft ist oder u.U. nur durch kostenintensive Schulungen abgebaut werden kann.

- **Teilautonome Arbeitsgruppen**

Quasi eine Kombination aus Job Enlargement und Job Enrichment stellen teilautonome Arbeitsgruppen dar. Dabei wird eine bestimmte Arbeitsaufgabe **mehreren Mitarbeitern zur gemeinsamen Erledigung** übertragen (vgl. hierzu und im Folgenden Antoni 1996; für eine umfassende Abhandlung der Gruppenarbeit vgl. Wegge 2006). Gleichzeitig erhält die Arbeitsgruppe kollektiv gewisse Entscheidungsspielräume, z.B. hinsichtlich des Einsatzes der Gruppenmitglieder, der Gestaltung der Arbeitsabläufe, des Arbeitstempos, der Qualitätskontrolle, der Pausenregelung, der Urlaubsplanung uvm. Vorteile dieser Arbeitsform liegen in der Steigerung der Flexibilität, der Verbesserung der Qualität, der Reduzierung des Steuerungsaufwandes und in der Verbesserung der Wirtschaftlichkeit.

Der Automobilhersteller Volvo etwa konnte in den siebziger Jahren die Montagestunden pro Fahrzeug um 25 Prozent senken (vgl. Berggren 1991, S. 138). Mittlerweile wird selbstständige Gruppenarbeit in der Automobilindustrie eher wieder zurückgefahren und zumindest Spezialisten den Gruppen zugewiesen. Dies lässt sich auf immer komplexere Montageverfahren zurückführen, was zu einer „Re-Taylorisierung" der Gruppenarbeit in der Montage führt (vgl. Kratzsch/Springer 2001, S. 99).

Praxis   **Wirtschaftliche Effekte von Gruppenarbeit**

Eine Studie in Automobilmontagen von DaimlerChrysler zeigt, dass Gruppenarbeit vor allem dann positive wirtschaftliche Effekte hat, wenn indirekte Tätigkeiten (Qualitätskontrolle, Teileversorgung, Gestaltung, Verbesserung und Standardisierung der Abläufe) durch Job-Enrichment in die Gruppen integriert werden. Demgegenüber hat sich die für teilautonome Gruppenarbeit in der Montage charakteristische Verlängerung von Arbeitszyklen (Job-Enlargment) hinsichtlich der Wirtschaftlichkeit eher negativ ausgewirkt. Lange Arbeitszyklen erschweren die Routinebildung, kurze Zyklen erleichtern sie und führen zu besserer Qualität.

Quelle: Kratzsch/Springer (2001, S. 99).

- **Qualitätszirkel**

Qualitätszirkel sind kleine Gruppen von Mitarbeitern, die sich **regelmäßig** auf **freiwilliger Grundlage** treffen, um **Probleme** aus dem **Arbeitsbereich** zu **bearbeiten**. Dabei werden die Zirkel zumeist gemäß der Unternehmensorganisation gestaltet. Auf Ebene der Unternehmens- und Bereichsleitungen liegen Steuerung und Koordination, die Mitarbeiter bilden dagegen die Qualitätszirkelgruppen (vgl. Antoni 1990, S. 31). Neben der Hoffnung, betrieblichen Fortschritt durch die Erhöhung der Qualität zu generieren, werden Zirkel auch als Instrument der Personalentwicklung verstanden und eingesetzt: Der Mitarbeiter wird gefördert, kann innerbetriebliche Arbeitskontakte knüpfen und besitzt die Möglichkeit, an einer Aufgabe von Unternehmensinteresse mitzuwirken. Dies kann helfen, Arbeitszufriedenheit und Arbeitsmotivation zu steigern.

Praxis   **Qualitätszirkel der Kassenärztlichen Vereinigung Niedersachsen**

Ein Qualitätszirkel ist nicht allein auf die Unternehmensebene als solche beschränkt. Gerade im Gesundheitswesen beobachtet man in letzter Zeit eine verstärkte Etablierung von Qualitätszirkeln. Bei dem sich sehr schnell erneuernden medizinischen Wissen bieten medizinische Qualitätszirkel die Möglichkeit, Entwicklungen aufbereitet zu diskutieren und die Erkenntnisse in den Arbeitsalltag umzusetzen. So organisiert die kassenärztliche Vereinigung Niedersachsen regelmäßig Qualitätszirkel. Diese eignen sich – so zeigte die Erfahrung – viel besser für die Fort- und Weiterbildung der Ärzte, Therapeuten etc. als herkömmliche Seminarformen. Inhaltlich werden die Zirkel von den Teilnehmern getrieben, die organisierende kassenärztliche Vereinigung stellt lediglich den Moderator und bisweilen auch externe Referenten. Betrachtet man Ärzte und Therapeuten als „Angestellte der kassenärztlichen Vereinigung", so lassen sich die Zirkel als Personalentwicklungsmaßnahme für die Teilnehmer interpretieren.

Quelle: Kassenärztliche Vereinigung Niedersachsen (2005).

5.3.3   Verbesserung der Arbeitsbedingungen

Das Personalmanagement verfolgt das Ziel, dass mit seinen Tätigkeiten simultan wirtschaftliche, ökologische, soziale und individuelle Ziele verfolgt werden können (vgl. Kapitel 1.1). Die **humane Gestaltung der Prozesse am Arbeitsplatz** trägt dazu bei, dass dieses **Zielgeflecht** direkt (soziale und evtl. individuelle Ziele) und indirekt (Erhaltung der Wirtschaftlichkeit, Schonung der Ressourcen) im **harmonischen Verhältnis** gehalten wird. Dabei haben sich verschiedene Gestaltungsprinzipien herauskristallisiert, die alle unter der Überschrift der **ergonomischen Arbeitsgestaltung** gefasst werden können. Ergonomie bedeutet die Erforschung und Gestaltung der Arbeitstätigkeit unter Einbeziehung von Arbeitsinstrumenten und Arbeitsmitteln (vgl. hierzu und im Folgenden Berthel/Becker 2007, S. 423ff.).

• Anthropometrische Arbeitsplatzgestaltung
Die Anthropometrie ist die Lehre von den **Maßen, Messverhältnissen** und der **Messung** des **menschlichen Körpers**. Die Arbeitsplatzgestaltung muss sich an diesen Gegebenheiten orientieren, z.B. bei der informationstechnischen Ausstattung. In der Fertigung ist es wichtig, dass Bewegungsabstände und -räume und dadurch hervorgerufene Körperhaltungen günstig im Sinne von schonend und wenig ermüdend sind.

• Physiologische Arbeitsplatzgestaltung
Die Arbeitsphysiologie bedient sich **physikalischer, physikchemischer und biochemischer Methoden**, um Arbeitsmethoden mit Leistungsfähigkeit und Belastbarkeit abzustimmen. Der Wirkungsgrad menschlicher Arbeit bemisst sich an dem Verhältnis von Arbeitsergebnis zu Beanspruchung. Günstige Umgebungseinflüsse können helfen, sowohl die Leistungsfähigkeit als auch die Belastbarkeit zu steigern. Klassische Umgebungseinflüsse sind dabei die **Beleuchtungssituation**, das **Raumklima** und die **Lärmbelastung**. Optimal sind Maßnahmen, welche die Beanspruchung senken und gleichzeitig den Output erhöhen. Maschinelle bzw. informatorische Unterstützung am Arbeitsplatz kann dies bis zu einem gewissen Grad leisten. Bessere Lichtverhältnisse z.B. entlasten den Mitarbeiter und erhöhen den Output durch geringere Fehlerzahl.

• Psychologische Arbeitsplatzgestaltung
Psychologisch kann die Arbeitsplatzgestaltung verbessert werden, indem eine **angenehme Arbeitsumwelt** geschaffen wird. Optische Annehmlichkeiten wie Bilder oder Pflanzen oder auch die Farbgestaltung der Räume können dazu beitragen, der Arbeitsmonotonie zumindest partiell zu begegnen und den Eindruck von Gleichförmigkeit zumindest teilweise zu zerstreuen.

• Informationstechnische Arbeitsplatzgestaltung

Die **Aufnahme von Information** am Arbeitsplatz ist zwingende Voraussetzung dafür, dass Arbeitstätigkeiten überhaupt vollziehbar sind. Deshalb muss es von Interesse sein, diese Informationen möglichst effizient aufnehmen zu können. Hilfsmittel können beispielsweise optische Informationsträger wie **Ableseinstrumente** sein. Akustische Signale können den Arbeitsfortschritt signalisieren oder eine Warnung bedeuten.

• Sicherheitstechnische Arbeitsplatzgestaltung

Viele Arbeitsplätze bergen die Gefahr von Unfällen. Um einen **größtmöglichen Arbeitsschutz** zu gewährleisten, werden tatsächliche und potenzielle Gefährdungen analysiert, Schutzziele festgelegt (z.B. **Wartungsrhythmen** technischer Geräte) und eine laufende Wirksamkeitsanalyse und -kontrolle der Arbeitsschutzmaßnahmen veranlasst. Die sicherheitstechnische Arbeitsplatzgestaltung steht im Allgemeininteresse und wird infolgedessen durch viele Einzelgesetze determiniert und reglementiert.

5.3.4   Arbeitszeit

Eine besondere **Arbeitsbedingung**, welche **organisatorisch geprägt** ist, stellt die Arbeitszeit des Beschäftigten dar, d.h. nach §2 Arbeitszeitgesetz die Zeit vom Beginn bis zum Ende der Arbeit (ohne Ruhepausen). Bei der Arbeitszeit wirken technologische, prozessuale und ergonomische Faktoren zusammen. Während bestimmte Arbeitsvorgänge (z.B. ambulante oder stationäre Operationen) **unterbrechungslose Arbeit** erfordern, begrenzen gesetzliche und tarifvertragliche Regelungen und auch arbeitsprozessuale Erfordernisse (z.B. Erkalten von Material, Gären von Flüssigkeit) eine **völlig freie Zeitgestaltung**. Außerdem gibt es biologisch-medizinische Ursachen (z.B. Toilettengänge), die **Pausen** unabdingbar machen.

5.3.4.1   Bewertung flexibler Arbeitszeit aus der Sicht der Beteiligten

Während früher Betriebszeit und Arbeitszeit fast identisch waren, fallen Arbeits- und Betriebszeit heute oft auseinander. Dies liegt zum einen an den kundenorientierten, verlängerten Betriebszeiten (z.B. längere Öffnungszeiten im Einzelhandel), zum anderen an der Verkürzung der individuellen Arbeitszeit (z.B. 40-Stunden-Woche als Ausnahmefall). Dies machte eine Flexibilisierung der **Arbeitszeit** erforderlich, welche nicht mehr als (starrer) Begrenzungsfaktor ökonomischer Prozesse, sondern zunehmend als **ökonomische Gestaltungsvariable** begriffen wird (vgl. Berthel/Becker 2007, S. 431). Mit einer **Flexibilisierung** der Arbeitszeit gehen **Vor- und Nachteile** einher, die Abb. 28 zeigt. Dabei wird deutlich, dass für alle Seiten die Vorteile die Nachteile überwiegen.

Dennoch können Zusatzkosten (z.B. Implementierungskosten, Koordinations-
aufwand) flexible Modelle für den Arbeitgeber wenig attraktiv machen.

Abb. 28: Vor- und Nachteile flexibler Arbeitszeitstrukturen

	Vorteile	Nachteile
Unterne-mensperspektive	• Zunehmendes Selbstverant-wortungsbewusstsein • Rückgang der Absenz und Fluktuation • Weniger Verspätungen • Weniger Überstundenzuschlä-ge • Höhere Arbeitsqualität • Besseres Arbeitsklima • Förderung von Teamarbeit • Bessere Kapazitätsauslastung/ Lagerbestandsoptimierung • Anpassung an neue Produkti-onskonzepte • Bessere Kapitalnutzung • Ausdehnung der Betriebszeiten • Attraktivität auf dem Arbeits-markt	• Schaffung von Konflikten um die Arbeitszeit • Missbrauchsrisiko • Implementierungskosten • Zusätzlicher Verwaltungsauf-wand • Kosten für Zeiterfassung • Evtl. höhere Personalzusatz-kosten • Weiterbildungsaufwand für Füh-rungskräfte • Evtl. Wegfall bisher stillschwei-gend geleisteter Überzeit
Arbeit-nehmer-perspektive	• Einräumen gewisser Zeitsouve-ränität • Möglichkeit zur besseren Ab-stimmung von Beruf und Privat-leben • Evtl. bessere Anpassung an Biorhythmus • Abstimmung mit Verkehrsmit-teln • Anpassung an Arbeitsanfall • Förderung breiter Qualifikation • Keine unbezahlten Überstun-den mehr	• Selbstorganisationszwang • Pünktlichkeitsrisiko • Weniger Überstundenzuschläge • Evtl. Verlust sozialer Kontakte im Betrieb • Arbeitsverdichtung und Stress-zunahme • Verwischen von Arbeits- und Freizeit • Konflikte bei Involvierung meh-rerer Personen • Zusätzliche Kontrollen
Gesell-schafts-perspektive	• Humanisierung der Arbeit durch Autonomiebewusstsein • Evtl. Abbau von Arbeitslosigkeit • Möglichkeit flexiblen Berufsein-stiegs bzw. -ausstiegs	

Quelle: Berthel/Becker (2007, S. 433); verkürzt.

5.3.4.2   Modelle flexibler Arbeitszeit

Aus der Sichtweise von Arbeitszeit als ökonomische Gestaltungsvariable folgt
in der **operativen Umsetzung** die Erweiterung der Spielräume von Mitarbeitern durch die Anwendung **flexibler Arbeitszeitmodelle**. Dabei gibt es drei
Grundtypen flexibler Arbeitszeitgestaltung mit den entsprechend zuordenba-
ren Modellen (vgl. Abb. 29).

Abb. 29: Formen flexibler Arbeitszeitgestaltung

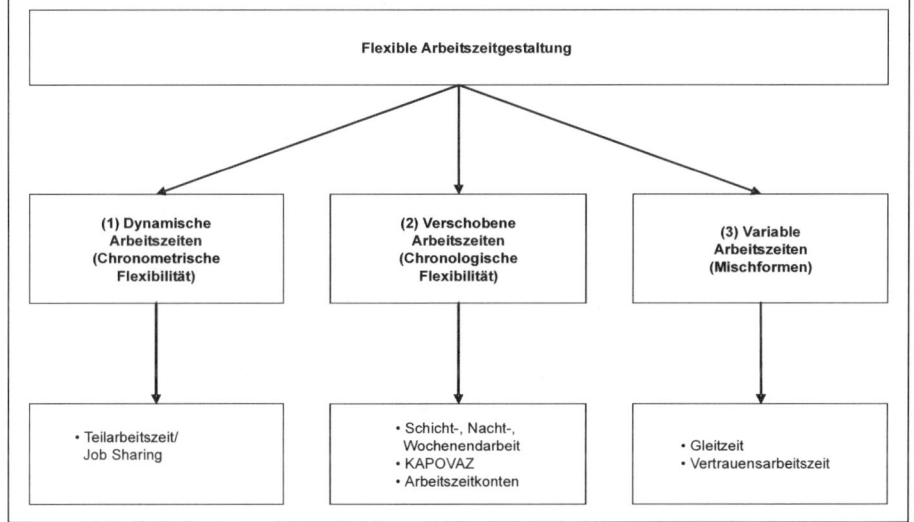

Quelle: Oechsler (2006, S. 260); modifiziert.

(1) Dynamische Arbeitszeiten

Eine **chronometrische Flexibilität** ist bei dynamischen Arbeitszeitmodellen gegeben. Das bedeutet, dass die Dauer der Arbeitszeit gestaltbar ist (z.B. vier oder sechs oder acht Stunden täglich) (vgl. hierzu und im Folgenden Linnenkohl u.a. 2001; Marr 2001; Preis 2005).

• Teilarbeitszeit/Job Sharing

Laut §2 Teilzeit- und Befristungsgesetz spricht man von **Teilzeitbeschäftigung**, wenn die regelmäßige Wochenarbeitszeit eines Arbeitnehmers kürzer ist als die eines vergleichbaren Beschäftigten, der im selben Unternehmen Vollzeit arbeitet. Beim klassischen Teilzeitmodell wird die tägliche Arbeitszeit stundenweise verkürzt.

Job Sharing bedeutet die Teilung des Arbeitsplatzes und daraus resultierend zwei oder mehrere Teilzeitarbeitsverhältnisse. Dabei handelt es sich zumeist um die Aufteilung der Arbeit auf die Teilzeitkräfte bei identischen Aufgabenprofilen. Von der klassischen Form der Teilzeitarbeit unterscheidet sich Job Sharing dadurch, dass der Arbeitnehmer innerhalb bestimmter Grenzen über seinen Tagesablauf frei verfügen kann. Feste Einsatzzeiten sind lediglich für das Job Sharing-Team festgelegt; Vertretungen regelt das Team (vgl. hierzu näher Russell 1994).

(2) Verschobene Arbeitszeiten
Lässt sich die Arbeitszeit in einem gewissen Rahmen zeitlich verschieben, so spricht man von **chronologischer Flexibilität.**

• Schicht-, Nacht-, Wochenendarbeit
Hierbei handelt es sich um klassische Modelle der Arbeitszeitverschiebung, hervorgerufen durch **Produktions- und Dienstleistungszwänge** (z.B. 24-Stunden-Betrieb an sieben Tagen).

• Kapazitätsorientierte variable Arbeitszeit (KAPOVAZ)
Hinter diesem Modell steht die vor allem im Einzelhandel praktizierte **Arbeit auf Abruf.** Vereinbart wird, dass der Arbeitnehmer über einen längeren Zeitraum hinweg (Monat/Jahr) ein bestimmtes Kontingent an Stunden abzuleisten hat. Wann dies konkret erfolgt, richtet sich nach dem Arbeitsanfall. Der Personaleinsatz hängt zumeist von der Konkretisierung des Arbeitgebers ab.

• Arbeitszeitkonten
Ein Arbeitszeitkonto ermöglicht die **Saldierung von Abweichungen** zwischen der vereinbarten und der tatsächlichen Arbeitszeit. Dadurch wird die Bildung von Zeitguthaben und Zeitschulden in einem festgelegten Umfang möglich. Das Konto kann als **Zeit-** und/oder als **Geldkonto** geführt werden, wobei ein Zeitguthaben üblicherweise über Freizeit ausgeglichen wird. Sofern ein Geldkonto vorliegt, werden Zeitguthaben und -defizite in Geldbeträge umgerechnet und ausgewiesen. Man unterscheidet zwei zeitbezogene Formen:

o **Kurzzeitkonto:** Dieses muss zumeist innerhalb von 12 Monaten ausgeglichen werden. In der Regel ist hier nur Freizeitausgleich möglich.
o **Langzeitkonto:** Guthaben auf Langzeitkonten werden vom Arbeitnehmer oft dazu genutzt, vorzeitig in den Ruhstand zu gehen. Die angesparten Guthaben können auch für ein zwischenzeitliches Sabbatical genutzt werden, d.h. der Arbeitnehmer scheidet nur für einen gewissen Zeitraum aus dem Arbeitsleben aus (zeitintensive Familienphase, Erwerb eines Bildungsabschlusses).

Beide Kontoarten lassen sich als so genanntes **Ampelkonto** führen. Dabei werden Plus- und Minusstunden in ein Ampelsystem transformiert, welches Mitarbeiter und Führungskraft als Warn- und Steuerungsinstrument dienen soll. Der Mitarbeiter hat zwar eigenverantwortlich dafür zu sorgen, die Arbeitszeit zu regulieren, dennoch muss die Führungskraft in der Rotphase dafür Sorge tragen, dass das Konto des Arbeitnehmers in die Grünphase gebracht wird (vgl. Adamski 1998, S. 88).

Hintergrund	**Zeitwertpapiere**

Beim Zeitwertpapier-Modell hat der Arbeitnehmer während seines gesamten Arbeitslebens die Möglichkeit, Arbeitszeit auf einem Zeitkonto anzusparen. Dort verbleibt das Guthaben jedoch nicht, sondern wird vielmehr in renditestarke Investmentfonds investiert. Ab dem 55. Lebensjahr etwa kann der Arbeitnehmer dieses Guthaben nutzen, um frühzeitig aus dem Erwerbsleben auszuscheiden. Praxisbeispiele sind die Volkswagen AG oder Weidmüller.

Quelle: Hamann (2005, S. 40); erweitert.

(3) Variable Arbeitszeiten

Variable Arbeitszeiten stellen Mischformen aus chronometrischer und chronologischer Flexibilität dar.

- Gleitende Arbeitszeit (Gleitzeit)

Das Arbeitszeitmodell der Gleitzeit kennzeichnet sich dadurch, dass es zum einen zu einer **Verschiebung** von Beginn und Ende der täglichen Arbeitszeit und zum anderen zu einer **unterschiedlich langen Arbeitszeit** kommen kann. Prägend für dieses Modell ist, dass der Arbeitnehmer innerhalb eines vorgegebenen Rahmens (z.B. Ausschluss der „Gleitmöglichkeit" in festgelegten Kernzeiten) die Lage und Dauer seiner Arbeitszeit selbst gestalten kann. Das Maß an Arbeitssouveränität hängt davon ab, wie weit das Unternehmen den zeitlichen Spielraum definiert.

- Vertrauensarbeitszeit

Bei diesem Modell legt der Arbeitgeber die **Verantwortung** über **Lage und Verteilung der Arbeitszeit** in die Hände des **Arbeitnehmers**. Dennoch wird dem Arbeitnehmer i.d.R. keine grenzenlose Zeitsouveränität zugebilligt. In den meisten Unternehmen werden als Richtwert **Zeitkorridore** (z.B. tarifvertraglich oder arbeitsvertraglich festgelegte Arbeitszeit) vorgegeben und die Mitarbeiter dazu verpflichtet, Absprachen über ihren Arbeitseinsatz koordiniert untereinander zu treffen. Der Arbeitgeber verzichtet aber darauf, die Einhaltung der Vertragsarbeitszeit zu kontrollieren, was ein Vertrauensverhältnis zwischen Arbeitgeber und Arbeitnehmer impliziert. Die **Leistungsmessung** erfolgt über die Erbringung von definierten **Arbeitsergebnissen** und nicht über zeitlichen Einsatz. Dennoch muss der Arbeitgeber dafür Sorge tragen, dass der Mitarbeiter die Arbeit in der dafür vorgesehenen Zeit schaffen kann.

5.4   Arbeitsort

Der Ort, an dem der Arbeitnehmer vertragsgemäß die Arbeitsleistung erbringt, ist sein Arbeitsort. Dies ist für den Beschäftigten sein **Arbeitsplatz**. Dieser kann in den Räumen des Unternehmens im In- oder Ausland angesiedelt sein oder beispielsweise auch außerhalb des Unternehmens (z.B. Heimarbeitsplatz). An all diesen Arbeitsorten sind die geschilderten Bedingungen für die Arbeitsgestaltung zu berücksichtigen, wenngleich eine Vielzahl lediglich für die Tätigkeit innerhalb des Unternehmens als indes weitaus häufigsten Fall (sinnvoll) anwendbar ist.

5.4.1   Arbeitsplatz innerhalb und außerhalb des Unternehmens

Der klassische Arbeitsplatz **innerhalb des Unternehmens** kann **stationären** oder wechselnden Charakter aufweisen. Die überwiegende Mehrzahl der Mitarbeiter übt ihre Tätigkeit an einem festen Ort aus. Vorgesetzte, aber auch beispielsweise Hausmeister oder Boten haben **mobile** Arbeitsplätze. Dabei gibt es **Einzelarbeitsplätze** und **Gruppenarbeitsplätze**. Dies ist abhängig von Arbeitsaufgabe (z.B. Wichtigkeit der räumlichen Nähe eines Projektteams), Hierarchiestufe (z.B. Notwendigkeit eines Einzelarbeitsplatzes bei Mitarbeiterverantwortung zur Führung vertraulicher Personalgespräche) oder auch rein pragmatisch von der räumlichen Situation (z.B. Zwang zur Etablierung von Doppelbüros) im Unternehmensgebäude.

Außerhalb des Unternehmens gibt es genau wie innerhalb des Unternehmens Einzelarbeitsplätze und Gruppenarbeitsplätze, mobile und auch stationäre Arbeitsplätze. Beispiel für einen Einzelarbeitsplatz außerhalb des Unternehmens wäre der Arbeitsplatz eines Versicherungsvertreters in einer Filiale der mit dem Versicherungsunternehmen kooperierenden Bank. Externe Gruppenarbeitsplätze sind denkbar, wenn etwa ein Team von Spezialisten eines IT-Dienstleisters bei einer Auftrags-/Fremdfirma angesiedelt ist. Wechselnde Arbeitsplätze haben beispielsweise Außendienstmitarbeiter, Bauarbeiter, Monteure oder Unternehmensberater. Unternehmensberater arbeiten zu großen Teilen in den Räumlichkeiten des jeweiligen Klienten, haben aber auch zumeist einen Arbeitsplatz innerhalb des Beratungsunternehmens. Wenn sie indes längere Zeit abwesend sind, können andere Kollegen den Arbeitsplatz nutzen, was bei klassischen Arbeitsplätzen eher unüblich ist.

Bei stationären Arbeitsplätzen außerhalb des Unternehmens denkt man vor allem an zwei Formen der Ausgestaltung, den **Heimarbeitsplatz** und den **Telearbeitsplatz**:

- **Heimarbeitsplatz**

Heimarbeit ist keine aktuelle Erfindung. Dies belegt das Heimarbeitsgesetz von 1951. Heimarbeiter sind arbeitnehmerähnliche Personen, die ihre Arbeitsaufgaben in der eigenen Wohnung erledigen und bei überwiegender Tätigkeit für ein Unternehmen als Arbeiter oder Angestellte gelten können. Auch die vielen freiberuflich tätigen **Designer, Schriftsteller und Künstler** belegen, dass Wohnen und Arbeiten durchaus räumlich zusammenfallen können.

- **Telearbeitsplatz**

Im Gegensatz zu klassischer Heimarbeit sind bei Telearbeitsplätzen informations- und kommunikationstechnologische Erfordernisse zu berücksichtigen, die dazu geführt haben, dass Telearbeit erst in den achtziger und neunziger Jahren Bedeutung erlangte (vgl. Reichwald u.a. 2000). Unter dem Begriff Telearbeit werden verschiedene Arbeitsformen zusammengefasst, bei denen Mitarbeiter zumindest einen **Teil der Arbeit außerhalb des Gebäudes des Arbeitgebers** verrichten. Vereinbarungen über Arbeitsziele, Termine usw. werden mit dem Arbeitgeber, Vorgesetzten bzw. dem Arbeitsteam getroffen. Zur Abwicklung der Arbeit und zur Übermittlung der Arbeitsergebnisse werden Kommunikationsgeräte wie Computer, Fax oder Telefon genutzt. Je nach Notwendigkeit wird der Telearbeitsplatz an das unternehmensinterne Netzwerk angeschlossen.

Die **Telearbeit gewinnt** dabei an **Bedeutung**: Jede fünfte Firma in Baden-Württemberg etwa verzichtet mittlerweile zumindest bei einzelnen Arbeitnehmern auf die persönliche Anwesenheit im Büro. Im Jahr 2004 war es erst jede siebte. Bei drei Vierteln der Unternehmen wird dabei von zuhause auf die Firmendaten zurückgegriffen, bei zwei Dritteln auf Reisen mit Laptop oder via Funk (vgl. iwd 2007b, S. 1).

Es lassen sich **drei** verschiedene **Formen** der **Telearbeit** unterscheiden, die Teleheimarbeit, die alternierende Telearbeit und die mobile Telearbeit (vgl. Scholz 2000, S. 645).

(1) Teleheimarbeit

Bei dieser reinsten Form der Telearbeit verrichtet der Arbeitnehmer die gesamte Arbeit als **telekommunikationsunterstützte Heimarbeit** in seiner eigenen Wohnung. Ein Arbeitsplatz in den Räumlichkeiten des Unternehmens existiert nicht. Beliebt ist dieses Arbeitsmodell insbesondere bei jungen Müttern, denen so der Wiedereinstieg ins Berufsleben erleichtert wird. Für den Arbeitgeber bedeutet diese Lösung den Erhalt des Fach- und Firmenwissens des geschätzten Mitarbeiters.

(2) Alternierende Telearbeit

Ein Unternehmen stellt für die Arbeit **mehrerer Personen einen Arbeits-platz** zur Verfügung, der dann von ihnen zu **unterschiedlichen**, miteinander abgesprochenen **Zeiten genutzt** wird. Junge Eltern schätzen auch hier die im Gegensatz zur Teleheimarbeit zwar eingeschränktere, aber dennoch vorhandene Flexibilität. Eine weitergehende Alternative existiert meist auch nicht, da ihre Arbeit eine gewisse Präsenz im Unternehmen erforderlich macht. Der Arbeitgeber hat den Vorteil, dass der Mitarbeiter zumindest zeitweise präsent ist und dadurch die persönliche Kommunikation mit anderen Kollegen regelmäßig erfolgen kann.

(3) Mobile Telearbeit

Diese Form wird hauptsächlich von Vertretern, Kundenbetreuern und ähnlichen Berufsgruppen praktiziert. Die Tätigkeit findet an **wechselnden Arbeitsorten**, z.B. beim jeweiligen Kunden, statt. Dem Mitarbeiter steht via Fernzugriff die unternehmensinterne IT-Infrastruktur zur Verfügung.

Telearbeit stellt an die Beteiligten **Ansprüche** und birgt **Problempotenziale**. Telearbeiter müssen bereit sein, stärker von sich aus mit den übrigen Beteiligten zu kommunizieren und müssen die erforderliche Selbstdisziplin mitbringen, die Arbeiten termingerecht zu erledigen. Zudem sollte ein ausreichendes Technikverständnis vorliegen (vgl. Jensen 2004, S. 26). Der Arbeitgeber muss einer **ergebnisorientierten Arbeit** offen gegenüberstehen und auf Kontrolle zu Gunsten stärkeren **Vertrauens** verzichten können. Des Weiteren müssen im Telearbeitsverhältnis viele Details geregelt sein, die insbesondere arbeitsrechtliche Probleme aufwerfen können. Beispielhaft seien hier das Zutrittsrecht zum Telearbeitsplatz, die spezielle Haftung im Telearbeitsverhältnis, die allgemeinen Kostenübernahmen, der Lohnanspruch bei unverschuldeter Betriebsstörung genannt (vgl. für eine ausführliche Abhandlung Lammeyer 2007).

5.4.2   Arbeitsplatz im Ausland

Die Verflechtung der Weltwirtschaft hat in den letzten Jahrzehnten ständig zugenommen, was einen **hohen Internationalisierungsgrad** der Unternehmen mit sich gebracht hat. Der aus dem internationalen Wettbewerb resultierende Konkurrenzdruck und die erforderliche Nähe zu ausländischen (Schlüssel-) Kunden haben dazu geführt, dass Unternehmen auf ausländischen Märkten präsent sein müssen. Dies zieht eine stetig wachsende Zahl an Kooperationen mit ausländischen Partnern, Übernahmen und Fusionen nach sich. Im Zuge dessen wird in verstärktem Umfang Personal auf internationaler Ebene ausgetauscht. Studien in internationalen Unternehmen bringen unisono hervor, dass sich die **Entsendungsquote** immer weiter **erhöhen** wird (vgl. beispielsweise

Matthews 2007, S. 28), wobei Unternehmen und Mitarbeiter unterschiedliche Ziele verfolgen (vgl. Scherm 1999, S. 145ff.). Ziele aus **Unternehmenssicht** können Know How-Transfer, Koordination und Kontrolle, Einbringen von Führungsfähigkeiten oder Personalentwicklung sein. Dagegen stellen die persönliche Herausforderung, die berufliche Entwicklung, die vom Gastland ausgehenden Anreize oder finanzielle Aspekte Ziele aus **Mitarbeitersicht** dar.

Je nach Personenkreis und Zielsetzung kann der Auslandseinsatz **zwischen wenigen Wochen und mehreren Jahren** dauern. Meist erfolgt er bei einer Unternehmenseinheit im Ausland und basiert auf dem bestehenden Inlandsvertrag, der in der Regel durch einen detaillierten Anstellungsvertrag im Ausland ergänzt wird.

Im Folgenden wird die Sicht des Stammhauses eingenommen, welches Mitarbeiter aus dem Stammland in ausländische Unternehmenseinheiten entsendet. Im Falle einer Entsendung muss das Unternehmen zunächst **geeignete Mitarbeiter intern oder extern rekrutieren**. Dabei wird im Rahmen von Auswahlverfahren, wie der Analyse von Bewerbungsunterlagen oder dem Assessment Center, auf folgende **Kriterien** ein besonderes Augenmerk gelegt:

- Spezifische Kenntnisse bezüglich Strategie, Strukturen und Verfahren des Stammhauses einschließlich erforderlicher fachlich-technischer Fähigkeiten,
- Überblickswissen,
- generelle Führungs- und Organisationsfähigkeiten und
- persönliche, für die Kommunikationsfähigkeit in fremden Kulturen wichtige Qualifikationserfordernisse (vgl. Dülfer 1997; Black/Gregersen 1999).

Hat der entsprechende zu Entsendende dem Auslandseinsatz zugestimmt, wird **er und ggf. seine Familie** auf die bevorstehende Entsendung idealerweise in der Art und Weise **vorbereitet**, dass er (sie) beim Start der Entsendung mit den Anforderungen und Verhältnissen im Gastland vertraut sind und so ein Kulturschock vermieden oder zumindest abgemildert wird. Inhaltliche Schwerpunkte sind typischerweise die Vermittlung von Fachwissen, Sprachunterricht und kulturelle Informationen. Dies kann erreicht werden durch ausführliche Gespräche über die Bedingungen der Entsendung, Gespräche des zukünftigen Entsandten mit auslandserfahrenen Mitarbeitern, Vorbereitungsreisen in das Gastland, internen oder externen Sprachunterricht oder die Vermittlung organisationsspezifischer Landesinformationen (vgl. Kammel/Teichmann 1994, S. 82ff.).

Während des Einsatzes sollten der Entsandte und seine Familie gemeinsam von Fach- und Personalabteilungen des Gast- und Stammlandes betreut werden, je nach Zuständigkeit und Kompetenz bezüglich der jeweiligen Fragestellung. Dazu gehören fachliche und organisatorische Informationen oder eine psychologische Betreuung (vgl. Kammel/Teichmann 1994, S. 87f.).

Sofern der Mitarbeiter seinen Auslandseinsatz nicht vorzeitig abgebrochen hat (zu den Abbruchursachen vgl. Lindner 2002) und **nach dem Auslandseinsatz zurückkehren** möchte, ist es wichtig, ihn durch Karrierebetreuung und Zurückgreifen auf sein im Ausland erworbenes Know How bei der Wiedereingliederung zu unterstützen. Abschließend sollte eine Erfolgskontrolle des Auslandseinsatzes durchgeführt werden. Dazu sollten die Ziele des Auslandseinsatzes vorzugsweise anhand von messbaren Daten definiert worden sein, um einen möglichst objektiven Soll-Ist-Vergleich zu erreichen (vgl. Burghaus 2006).

Praxis	**Virtueller Auslandseinsatz: Generelle Überlegungen und das Beispiel IBM**

Auf Grund von Problemen bei mehrjährigen physischen Entsendungen (z.B. hohe Kosten, Wiedereingliederungsprobleme der Entsandten) denken immer mehr Unternehmen über virtuelle Auslandseinsätze nach. Merkmale sind:

- Auseinanderfallen zwischen Tätigkeits- und Wohnort im Heimatland und Arbeitsstelle des Interaktionspartners im Gastland,
- Einsatz von Informations- und Kommunikationstechnologie (z.B. Videokonferenz),
- Weisungsrecht gegenüber den Mitarbeitern im Ausland und ggf. Entscheidungsbefugnis bei Kundengeschäften.

Die Firma IBM führt virtuelle Auslandseinsätze durch (Dauer: ein bis drei Jahre). Anwendungsfälle sind u.a. projektorientierte interne Aufgaben, externe und interne Beratung sowie das Aufstellen von Marketingprogrammen. Virtuelle Entsendungen erfolgen hingegen nicht, wenn z.B. viele unplanbare Sitzungen stattfinden, starker Kundenkontakt erforderlich oder der Arbeitsplatz im Stab angesiedelt ist.

Der virtuelle Entsandte erhält die Direktiven von der ausländischen Geschäftseinheit und kann sich seinen Arbeitsplatz selbst wählen (lokales IBM Büro, ausländische Geschäftseinheit, zuhause). Der Entsandte reist zwei bis viermal im Monat in die ausländische Niederlassung. Er sollte mindestens 40 Tage pro Jahr vor Ort im Ausland sein, um ausreichende Gelegenheit zur Face-to-Face-Kommunikation zu erhalten.

Die Erfahrung hat gezeigt, dass einer u.U. schwierigen Führung und Kontrolle des virtuellen Entsandten folgende Vorteile gegenüberstehen: Reduzierung von Entsendungskosten, Vermeidung/Abschwächung des Problems der simultanen Inlands- und Auslandskarriere, Erleichterung der Reintegration.

Quelle: Iten (2001); Holtbrügge/Schillo (2006).

5.5   Kernpunkte der Personalverwaltung

Personalverwaltung bedeutet, Informationen für das Personalmanagement zu **speichern, aufzubereiten** und **auszuwerten**, um somit personelle Entscheidungen vorzubereiten, Konflikte in Personalfragen zu vermeiden etc. Konkret ergeben sich folgende Aufgabenbereiche der Personalverwaltung (vgl. u.a. Berthel/Becker 2007, S. 501ff.)

(1) Anlegen und Führen von Personalakten

Der Service-Charakter der Personalverwaltung bringt es mit sich, dass eine wesentliche Aufgabe darin besteht, für das Personalmanagement sowie andere Unternehmensbereiche eine Informationsbasis über das vorhandene Personal vorzuhalten. Ein klassisches Verwaltungsinstrument ist dabei die **Personalakte**, in der i.d.R. persönliche Unterlagen, vertragliche Vereinbarungen, Unterlagen zu Tätigkeiten, zu Bezügen, zu Abwesenheiten sowie allgemeiner Schriftverkehr abgelegt sind. In komprimierter Form wird meist eine **Personalkartei** (physisch) bzw. eine **Personaldatei** (elektronisch) mit vor allem Lebenslauf- und Personalentwicklungsdaten geführt. Bei Vorhalten von Dateien können dort selbstverständlich auch weitere Daten, die selbst den Umfang der Personalakte übersteigen, gepflegt werden. Personaldateien sind wesentliche Bestandteile von Personalinformationssystemen.

(2) Vorbereitung und Abwicklung von Personalbewegungen

Unter Personalbewegungen versteht man die **Einstellung, Versetzung und Entlassung von Mitarbeitern.** Für die Einstellung etwa melden die anfordernden Stellen ihren Personalbedarf. Die Personalverwaltung übernimmt die Rekrutierung der Mitarbeiter allein oder in Abstimmung mit der Fachabteilung. Sie wickelt Versetzungen administrativ ab (Löschen und Anlegen des Mitarbeiters in der Personaldatei) und ist bei Kündigungen etwa dafür verantwortlich, dass die Kündigung formal und inhaltlich nicht anfechtbar ist (z.B. Einhalten der Schriftform, Prüfung der rechtlichen Kündigungsmöglichkeiten seitens des Arbeitgebers).

(3) Lohn- und Gehaltsabrechnung sowie Sozialverwaltung

Eine sehr sensible, da von vielen Mitarbeitern genau kontrollierte und für deren Motivation **wichtige Tätigkeit** besteht in der Lohn- und Gehaltsabrechnung. Diese Abrechnung **kann** sich als **komplex** erweisen, da viele Vorschriften über Steuer, Sozialabzüge, Vermögensbildung zu berücksichtigen sind und oft zusätzlich mitarbeiterspezifische Sonderregelungen (z.B. Darlehen, Reiseentschädigungen) zu beachten sind. Die Sozialverwaltung umfasst z.B. die Gesundheitsfürsorge und die Umsetzung des gewählten Durchführungsweges der betrieblichen Altersvorsorge.

(4) Zeitverwaltung des Mitarbeiters

Hierunter versteht man die Bearbeitung von Arbeits-, Urlaubs- und Fehlzeiten des Mitarbeiters. Je nach Gestaltung des Arbeitszeitmodells kann dies sehr komplex ausfallen, da mit dem Zeitmanagement u.U. das Gehaltsmanagement zusammenhängt.

(5) Personaldatenverwaltung

Zur effizienteren Abwicklung der Personalverwaltung werden **Personalinformationssysteme** eingesetzt. Im Sinne der Datenverwaltung handelt es sich um Berichtssysteme, die rein vergangenheitsbezogene Daten vorhalten. **Vorteile** der Systeme bestehen darin, dass unterschiedliche Interessenten schnell und aktuell Auskunft über verschiedene Sachverhalte erhalten können. Zudem wird die Papierflut eingedämmt. Als **nachteilig** kann sich erweisen, dass der zur Verfügung stehende Speicherplatz dazu verleitet, in zu geringem Maße über die Sinnhaftigkeit der zu speichernden Informationen nachzudenken. Zudem besteht die Gefahr des „gläsernen Mitarbeiters" und von Konflikten mit den Datenschutzbestimmungen.

(6) Personalstatistik

Aus der Personalakte und der Datenverwaltung lassen sich Zahlen gewinnen, mit denen die Personalstatistik erstellt werden kann. Ein Beispiel stellen **Bewegungsstatistiken** dar, die sich etwa auf Kennzahlen wie Personalfluktuation, Versetzungsrate und Personalbestandsveränderung stützen. Die Erstellung und die Auswertung von Kennzahlen führen zu einer Handlungsgrundlage, die von vielen Entscheidungsträgern geschätzt, indes methodisch und von der Aussagefähigkeit her auch stark kritisiert wird (vgl. hierzu die detaillierte Diskussion in Kapitel 9).

5.6   Rechtliche Aspekte

Der Bereich des Personaleinsatzes und der Personalverwaltung ist von rechtlichen Regelungen nicht so stark betroffen wie andere Funktionsbereiche. Dennoch räumt das **kollektive Arbeitsrecht** über das Betriebsverfassungsgesetz der Arbeitnehmerschaft Mitbestimmungsrechte beim Personaleinsatz ein. So ist etwa in §87 BetrVG geregelt, dass der Betriebsrat ein Mitbestimmungsrecht bei **Arbeitszeitregelungen** und Urlaubsregelungen hat. Im vierten Abschnitt des Gesetzes (§§90,91) erhält der Betriebsrat Beratungs- und Unterrichtungsrechte bei der Gestaltung von **Arbeitsplatz, Arbeitsablauf und Arbeitsumgebung**. Ein Mitbestimmungsrecht erhält er immer dann, wenn der menschengerechten Gestaltung der Arbeit offensichtlich widersprochen wurde.

Auf **individueller Ebene** ist insbesondere die Personalverwaltung betroffen, da es hier um den Umgang mit persönlichen Daten des Mitarbeiters geht. Diese Daten sind im Interesse der Verhinderung des Missbrauchs ein schutzwürdiges Rechtsgut geworden. Das Bundesdatenschutzgesetz (BDSG) regelt seit dem 01.07.1998 in mehrfach novellierten Fassungen den Schutz des Individuums vor der **missbräuchlichen Verwendung der personenbezogenen Daten**. Dieser Schutz bezieht sich auf die Datenerhebung, Datenverarbeitung (Speicherung, Übermittlung, Veränderung und Löschung) und die Datennutzung (vgl. Berthel/Becker 2007, S. 511f.).

5.7 Zusammenfassung

Personaleinsatz umfasst vor allem Fragen und Antworten dazu, was bei Arbeitsantritt zu beachten ist, was die Person leisten muss, wo die Arbeitsleistung erbracht wird und unter welchen Bedingungen, sowie zu welchen Zeiten die Tätigkeit stattfinden soll. Die Arbeit wird von neuen, rekrutierten oder bereits bestehenden Mitarbeitern durchgeführt. Bei neuen Mitarbeitern bedarf es eines Einarbeitungsplans.

Arbeitsinhalte lassen sich durch Arbeitsteilung effizienter gestalten, wobei bei zu starker Zergliederung der Arbeitsprozesse Komplexitäts- und Koordinationskosten die Spezialisierungsvorteile überkompensieren (können). Arbeitsteilung bringt vor allem positive Skaleneffekte mit sich, kann beim Mitarbeiter aber auf psychischer oder physischer Ebene Nachteile zeitigen. Die Instrumente zur Humanisierung der Arbeit wirken dem entgegen.

Bezogen auf die Arbeitsinhalte kann eine Aufgabenerweiterung und eine Aufgabenbereicherung zu einer höheren Arbeitszufriedenheit führen. Bei **Job Enlargement** liegt der Mehrwert in additiven Tätigkeiten ohne wesentliche Erweiterung der Entscheidungsbefugnisse. **Job Enrichment** liegt genau dann vor, wenn diese Befugnisse ausgeweitet wurden. Eine Kombination aus beiden Formen bilden teilautonome Arbeitsgruppen. Bezogen auf die **Arbeitsbedingungen** ist **Humanisierung der Arbeit** von **ergonomischen Überlegungen** geprägt. Darunter versteht man, die Arbeit auf die Maße und Maßverhältnisse des menschlichen Körpers anzupassen.

Eine besondere Arbeitsbedingung stellt die **Arbeitszeit** dar. Diese wird zunehmend als ökonomische Gestaltungsvariable im Sinne einer **Flexibilisierung** der Präsenz des Arbeitnehmers im Unternehmen begriffen. Vorteile einer flexiblen Arbeitszeitgestaltung liegen für die Arbeitnehmer in einer besseren Abstimmung der Arbeitspräsenz auf das eigene Lebensmodell, welches sich aus Sicht des Unternehmens vorteilhaft in höherer Arbeitsqualität niederschlagen kann. Arbeitszeitmodelle lassen sich **chronometrisch** (Variation der Arbeitszeitdauer) oder **chronologisch** (Variation der Lage der Arbeitszeit) flexibilisieren bzw. als **Mischform** von beiden fassen.

Der **Ort der Arbeitsverrichtung** kann innerhalb bzw. außerhalb des Unternehmens und im **In- oder Ausland** liegen. Regelfall ist der inländische Arbeitsplatz innerhalb des Unternehmens. Eine Sonderform stellt der Heimarbeitsplatz oder der **Telearbeitsplatz** dar. Bei letzterem wird der Mitarbeiter mit einer DV-Ausstattung versehen, die es ihm erlaubt, seine Arbeitsergebnisse am Computer zu erstellen und somit sofort verfügbar zu machen. Telearbeit setzt voraus, dass das Unternehmen den selbstständig arbeitenden Mitarbeiter zielorientiert führen möchte. Der Mitarbeiter muss vor allem Selbstdisziplin und Selbstorganisationsfähigkeit mitbringen.

Auslandstätigkeiten, die in der Regel eine **Entsendung des Mitarbeiters ins Ausland** beinhalten, können von unterschiedlicher Dauer sein. Der Trend geht derzeit zu kürzeren Entsendungszeiten. Der Auslandseinsatz gliedert sich – nach Auswahl eines geeigneten Mitarbeiters – in Vorbereitungs-, Entsendungs- und Wiedereingliederungsphase. In allen Phasen ist das Personalmanagement aufgefordert, möglichst viele Probleme zu antizipieren und vorausschauend zu beseitigen.

Die **Personalverwaltung** ist dafür verantwortlich, Informationen für das Personalmanagement vorzuhalten. Das Führen von Personalakten, die Abwicklung von Personalbewegungen sowie Zeit-, Entgelt- und Sozialverwaltung gehören zu den **speichernden** Tätigkeiten. **Aufbereitende Funktion** übt die Personaldatenverwaltung aus, während die Personalstatistik **auswertenden Charakter** besitzt.

5.8   Kontrollfragen

Aufgabe 5.1 (Aufgabenerweiterung): Erläutern Sie den Zusammenhang zwischen Job Enlargement, Job Enrichment und teilautonomen Arbeitsgruppen.

Aufgabe 5.2 (Arbeitszeit): Systematisieren und erläutern Sie die Arbeitszeitmodelle Teilarbeitszeit, Arbeitszeitkonten und Vertrauensarbeitszeit.

Aufgabe 5.3 (Arbeitsplatz innerhalb und außerhalb des Unternehmens): Welche organisatorischen und personenbezogenen Probleme kann Telearbeit mit sich bringen?

Aufgabe 5.4 (Arbeitsplatz im Ausland): Warum geht der Trend zu kürzeren Auslandseinsätzen? Welche Probleme können dabei entstehen?

Aufgabe 5.5 (Kernpunkte der Personalverwaltung): Welche Aufgabenbereiche umfasst die Personalverwaltung?

6 Entlohnung und betriebliche Sozialpolitik

Lernziele	Dieses Kapitel vermittelt,

- was unter Entgeltmanagement zu verstehen ist,
- wie ein „gerechter" Lohn gefunden wird,
- wie die Schwierigkeit von Arbeitsaufgaben bewertet werden kann,
- welche verschiedenen Lohnform es gibt,
- welche Formen der Mitarbeiterbeteiligung es gibt,
- wie betriebliche Sozialleistungen ausgestaltet sein können.

6.1 Einordnung des Entgeltmanagements

Das betriebliche Entgeltmanagement dient im Kern dazu, einen gerechten Lohn zu definieren und das Leistungsverhalten der Mitarbeiter zu stimulieren. Das Entgeltmanagement ist somit Teil des betrieblichen **Anreizsystems** (vgl. Berthel/Becker 2007, S. 445ff.) und wirkt auf die **extrinsische Motivation** der Arbeitnehmer ein. Damit verbunden ist eine Abkehr von der Sichtweise des Entgeltmanagements als kostentreibende, verwaltungsbezogene Aufgabe. Vielmehr handelt es sich um ein aktiv zu gestaltendes Führungsinstrument.

6.2 Entgeltmanagement und Entgeltpolitik

Unter **Personalentlohnung** (synonym Vergütung, Entgelt) werden alle finanziellen Leistungen des Arbeitgebers an den Arbeitnehmer für erbrachte Arbeitsleistung (**Direktentgelt**) und für nicht unmittelbar leistungsbezogene Sachverhalte (**Soziallohn**) verstanden (vgl. Drumm 2005, S. 589; Oechsler 2006, S. 380). Und zwar sowohl in geldlicher als auch in geldwerter Form.

Entgeltmanagement bezeichnet die bewusste Gestaltung dieser finanziellen Leistungen und verfolgt damit eine verhaltenssteuernde Funktion. Die Entgeltpolitik, d.h. die vorlaufenden Überlegungen zu beabsichtigten Steuerungswirkungen des Entgeltsystems, definiert die zu realisierenden Ziele:

- Arbeitsproduktivität steigern (Leistungsstimulation)
- Unternehmenszielerreichung optimieren (Zielsteuerung)
- Langfristige Mitarbeiterbindung erreichen (Personalerhaltung)
- Kompetenzabflüsse vermeiden (Kompetenzerhaltung)
- Arbeitgeberimage stärken (Personalmarketingfunktion)

Diese Ziele können durch die Kombination verschiedener Entgeltteile realisiert werden (vgl. Abb. 30). Grundsätzlich umfasst der **Gestaltungsrahmen** im Entgeltmanagement aufbauend auf dem üblicherweise tariflichen Grundlohn, eine mögliche Leistungskomponente, den Bereich der Sozialleistungen sowie die Erfolgs- und Kapitalbeteiligung (vgl. Bühner 2005, S. 142f.).

Abb. 30: Gestaltungsrahmen des Entgeltsystems

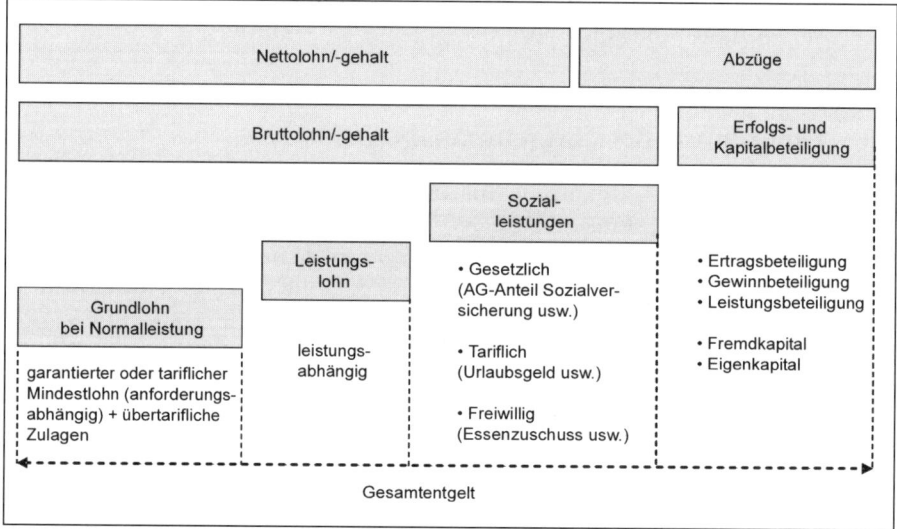

Quelle: in Anlehnung an Jung (2006, S. 562); modifiziert.

6.3   Lohnkonflikt und Lohngerechtigkeit

Ausgangspunkt für die betriebliche Entgeltpolitik und das Entgeltmanagement ist der Lohnkonflikt und die Frage nach dem gerechten Lohn.

6.3.1   Lohnkonflikt

Der Lohnkonflikt entsteht durch das Aufeinandertreffen divergierender ökonomischer Interessen von abhängig Beschäftigten und Unternehmern. Während die Arbeitnehmer ein möglichst hohes Einkommen realisieren wollen, streben die Arbeitgeber nach einer Reduktion der Lohnkosten. Die Frage nach der „gerechten" Entlohnung lässt sich nicht nur auf der Ebene von Arbeitsanforderung und individueller Arbeitsleistung klären (**kausale Entgeltfindung**). Es geht auch um die Frage, ob und wie Marktrenditen (Erfolge) zwischen Kapital und Arbeit verteilt werden sollen (**finale Entgeltfindung**).

Grundsätzlich gilt, dass sich die Frage des absolut gerechten Lohns nicht empirisch, sondern nur im Rahmen einer normativen Diskussion lösen lässt (vgl. zum Problem der Lohngerechtigkeit Steinmann/Löhr 1992).

Das betriebliche Entgeltmanagement befasst sich mit der **relativen Lohngerechtigkeit**, d.h. mit der Bestimmung der Lohnhöhe einzelner Tätigkeiten im Verhältnis zu den anderen Tätigkeiten. Wie hoch eine Arbeit grundsätzlich vergütet wird, ist Gegenstand der **absoluten Lohngerechtigkeit** und wird durch die Frage der Verteilung der Wertschöpfung auf die Arbeitnehmer und die Kapitaleigner bestimmt (vgl. Jung 2006, S. 563). Dies wird in Deutschland auf Basis des Art. 9 Abs. 3 GG maßgeblich durch die Koalitionen, d.h. durch Gewerkschaften und Arbeitgeberverbände, im Rahmen der Tarifverhandlungen bestimmt. Das Ergebnis dieses Prozesses stellt in Form tariflicher Mindestlöhne die Basis für die betriebliche, relative Lohngerechtigkeit dar.

6.3.2   Gerechtigkeitsfaktoren im Entgeltmanagement

Der relativ gerechte Lohn in Unternehmen wird durch die Berücksichtigung weiterer **Gerechtigkeitspostulate** im Rahmen der Entgeltdifferenzierung zu erreichen versucht (vgl. Abb. 31 und Gmür/Thommen 2006, S. 123ff.).

Abb. 31: Gesamtstruktur des relativen, gerechten Lohns

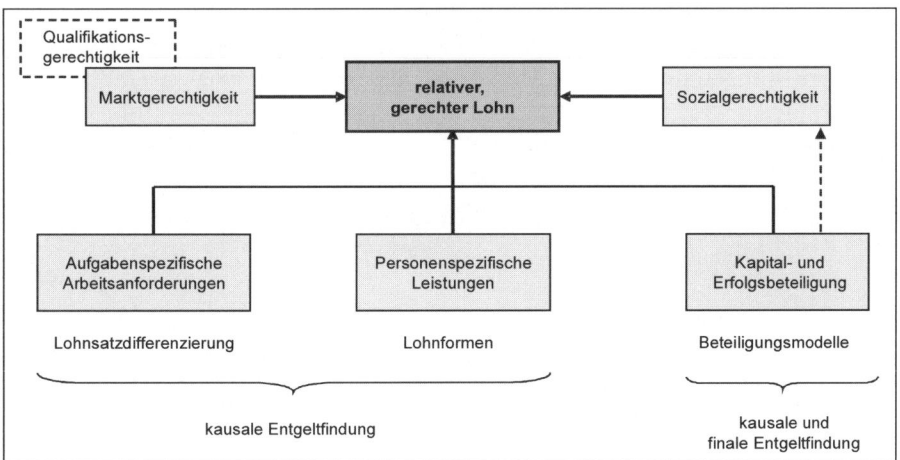

Quelle: eigene Darstellung.

Im Zentrum stehen dabei die beiden klassischen **Äquivalenzprinzipien** der gerechten Entlohnung (vgl. Berthel/Becker 2007, S. 453): Übereinstimmung von Lohn und Anforderung sowie Übereinstimmung von Lohn und Leistung. Ergänzend kommen Überlegungen zur Erfolgsbeteiligung der Mitarbeiter hinzu. Auch Fragen nach der Sozialgerechtigkeit in der Lohnfindung, z.B. durch die Berücksichtigung von Unterhaltspflichten, können hier diskutiert werden; ebenso wie eine Bezahlung von Mehrfachqualifikationen (Qualifikationsgerechtigkeit). Eine marktgerechte Entlohnung liegt vor, wenn diese den üblichen Marktkonditionen entspricht.

6.4   Anforderungsbezogene Entlohnung

In der anforderungsbezogenen Entlohnung stellt sich die Aufgabe, die Schwierigkeit von Arbeitsplätzen zu bewerten. Der resultierende Arbeitswert (Höhe der Anforderungen) bildet die Basis, um den entsprechenden **Lohnsatz** abzuleiten (vgl. Breisig 2003, S. 81ff.; Jung 2006, S. 564f.). Der Lohnsatz stellt das monetäre Äquivalent für eine Arbeitsstunde in Abhängigkeit der Arbeitsschwierigkeit dar und wird in Tarifverhandlungen bestimmt.

6.4.1   Vorgehen der Arbeitsbewertung

Die Arbeitsbewertung erfolgt nach REFA in den drei Schritten Arbeitsbeschreibung, Anforderungsanalyse und -bewertung (vgl. REFA 1991, S. 17):

(1) Arbeitsanalyse und -beschreibung
Ziel ist die systematische Erfassung und Beschreibung von Arbeitssystemen, um die Anforderungen an Menschen ableiten zu können. Mittel dafür ist die Arbeitsanalyse, welche die tätigkeitsbezogenen Informationen wie Aufgabenart, Verrichtungen usw. erfasst. Methoden der Arbeitsplatzanalyse sind z.B.:

- Beobachtung: frei, leitfadengestützt, definierte Beobachtungssysteme (vgl. hierzu die Übersicht bei Schüpbach/Zölch 2004, S. 208ff.)
- Befragung: explorative Interviews, Critical Incident Technique
- Dokumentenanalyse

(2) Analyse der Anforderungen
In der Anforderungsanalyse werden die Ergebnisse der Arbeitsplatzbeschreibung in verschiedene Anforderungsarten kategorisiert. Ergebnisse sind Aussagen über Höhe und Auftretensdauer der jeweiligen Anforderung.

(3) Arbeitsbewertung

Ziel ist die Bestimmung der Arbeitsschwierigkeit des Arbeitsplatzes. Dafür werden die Daten zu den Anforderungsarten aus der Anforderungsanalyse „bewertet", d.h. in so genannte Teilarbeitswerte bzw. Arbeitswerte übersetzt. Das Ergebnis der Arbeitsbewertung ist die bezifferte Anforderung eines Arbeitsplatzes bei Normalleistung des Mitarbeiters (**Arbeitswert**).

Hintergrund	**REFA e.V.**

Der REFA wurde 1924 während der Weimarer Republik gegründet und war als „Reichsausschuss für Arbeitszeitermittlung" die Organisation, die sich mit der Arbeitsorganisation im Sinne des Taylorismus beschäftigte: Zerteilung in kleine, schnell erlernbare Arbeitsschritte; Steuerung der Motivation über finanzielle Anreize, dazu Ermittlung klarer Zeitvorgaben, um Leistung exakt bewerten und entlohnen zu können. Während des Nationalsozialismus erfolgte die Umfirmierung in „Reichsausschuss für Arbeitsstudien" mit der Aufgabenerweiterung für effiziente Arbeitsorganisation. Heute firmiert REFA als „Verband für Arbeitsgestaltung, Betriebsorganisation und Unternehmensentwicklung." Gemäß seiner Satzung aus dem Jahr 2003 befasst sich der REFA mit der Förderung, dem Aufbau und der Erhaltung einer wettbewerbsfähigen Wirtschaft, Verwaltung und Dienstleistung. Gleichrangig sind die Förderung und Weiterentwicklung der menschengerechten Arbeit für die in diesen Bereichen Beschäftigten. Zur Erreichung dieser Vorgaben bietet REFA ein umfangreiches Beratungsangebot, z.B. in den Bereichen Prozessanalyse und -optimierung, Zeitstudien, Arbeitsbewertung usw. an. Ein spezifisches Weiterbildungsangebot rundet das Leistungsspektrum ab.

Quelle: Schettgen (1996, S. 108ff.); REFA (2003).

6.4.2   Verfahren der Arbeitsbewertung

Arbeitsplätze können in ihrer Gesamtheit, also **summarisch**, bewertet werden (vgl. im Folgenden Jung 2006, S. 565ff.). Dieses Vorgehen dient der Gesamteinschätzung des Schwierigkeitsgrades eines Arbeitsplatzes durch gleichzeitige Berücksichtigung aller Anforderungsarten. **Analytische** Verfahren ermitteln die Höhe der Schwierigkeit anhand verschiedener Anforderungsarten. Diese können mit ex ante festgelegten Gewichtungen versehen werden, um deren Bedeutung in der Gesamtanforderung auszudrücken.

Die quantitative Beurteilung der Arbeitsschwierigkeit erfolgt zum einen durch das Prinzip der **Reihung** und zum anderen durch das Prinzip der **Stufung**. Bei der Reihung wird eine Rangfolge über verschiedene Arbeitsplätze gemäß dem Schwierigkeitsgrad gebildet. Bei der Stufung werden ex ante unterschiedliche Schwierigkeitsklassen gebildet, in welche die verschiedenen Arbeitsplätze bzw. Anforderungsarten eingeordnet werden.

Werden diese Vorgehensweisen kombiniert, ergeben sich vier zentrale Verfahren der Arbeitsbewertung (vgl. Abb. 32).

Abb. 32: Verfahren der Arbeitsbewertung

Art der Quantifizierung \ Art der Bewertung	summarisch (ganzheitliche Betrachtung)	analytisch (Betrachtung einzelner Anforderungsarten)
Reihung (sortieren nach dem Schwierigkeitsgrad)	Rangfolge-verfahren	Rangreihen-verfahren
Stufung (einsortieren in festgelegte Schwierigkeitsklassen)	Lohngruppen-verfahren	Stufenwertzahl-verfahren

Quelle: Jung (2006, S. 566).

6.4.2.1   Summarische Verfahren

Die beiden zentralen Verfahren der summarischen Arbeitsbewertung sind das Rangfolge- und das Lohngruppenverfahren.

• Rangfolgeverfahren

Im Rangfolgeverfahren werden zuerst alle anfallenden Arbeitsplätze erfasst und aufgelistet. In einem zweiten Schritt erfolgt eine **paarweise Gegenüberstellung**, um alle Arbeiten nach dem Prinzip der Reihung in eine Rangfolge bezüglich ihres Schwierigkeitsgrades zu bringen (vgl. Schettgen 1996, S. 124f.). Dies erfolgt im Rahmen einer ganzheitlichen Betrachtung des jeweiligen Arbeitsplatzes. Abschließend erfolgt eine Zuordnung zu Lohngruppen.

Der Übergang zu einer Lohngruppe bzw. zu einem Lohnsatz erfolgt üblicherweise anhand von zwei alternativen Vorgehensweisen:

(1) Ein Arbeitsplatz der Rangfolge wird als Referenzplatz einem Lohnsatz zugeordnet und die anderen dann relativ dazu mit Lohnsätzen versehen.

(2) Es werden Arbeitswerte für die nur ordinalen Abstände zwischen den Arbeitsplätzen vergeben und dadurch der jeweilige Gesamtarbeitswert ermittelt. Dieser stellt die Basis für die Lohnsatzzuordnung dar. Voraussetzung ist, dass ein Arbeitsplatz mit einem Referenzarbeitswert versehen wird.

• Lohngruppenverfahren

Im Lohngruppenverfahren (vgl. Schettgen 1996, S. 125f.), welches auf dem Prinzip der Stufung basiert, wird zuerst ein Katalog von Lohngruppen entworfen. Daher auch die alternative Bezeichnung **Katalogverfahren**. Dies erfolgt durch die Tarifvertragsparteien. Die Lohngruppen bilden unterschiedliche Schwierigkeitsgrade von Arbeitsplätzen ab. Die einzelnen Lohngruppen (Stufen) werden erläutert und gegebenenfalls mit **Richtbeispielen** oder Normtätigkeiten hinterlegt. Abschließend werden die Arbeitsplätze entsprechend ihres Schwierigkeitsgrades den jeweiligen Lohngruppen zugeordnet. Das Lohngruppenverfahren ist in den Tarifverträgen realisiert.

Praxis	Auszug Lohnrahmentarifvertrag in der Druckindustrie mit Gültigkeit 2007	
Lohn-gruppe IV	Tätigkeiten, - die Vorkenntnisse aufgrund aufgabenbezogener Unterweisung oder Einarbeitung, fallweise längerer Berufspraxis voraussetzen, - die erhöhte Anforderungen an Genauigkeit oder Gewissenhaftigkeit stellen, - die mit erhöhten, fallweise großen Belastungen unterschiedlicher Art, insbesondere infolge maschinenabhängiger Arbeit, verbunden sind.	90 Prozent
Lohn-gruppe V	Tätigkeiten, - die durch eine einschlägige abgeschlossene Berufsausbildung oder einen gleichwertigen Abschluss vermitteltes Fachwissen erfordern, das auch durch entsprechende Berufserfahrung erworben sein kann, - die mittlere Anforderungen an Aufmerksamkeit sowie Denktätigkeit voraussetzen, - die fallweise mittlerer muskelmäßiger Beanspruchung unterliegen.	100 Prozent (Ecklohn)
Lohn-gruppe VI	Tätigkeiten, - die neben der abgeschlossenen Berufsausbildung erweitertes Fachwissen erfordern, das auch durch entsprechende Berufserfahrung erworben sein kann, - die große Anforderungen an Genauigkeit und Konzentration sowie Denktätigkeit im Sinne z.B. von Überlegen, Suchen, Prüfen und Rechnen voraussetzen, - die fallweise zumindest erhöhter muskelmäßiger Beanspruchung unterliegen.	110 Prozent

Quelle: verdi (2007).

Die ermittelten Lohngruppenzuordnungen stellen die Grundlage für die Lohnsatzdifferenzierung dar. In den Tarifverhandlungen wird nur der so genannte **Ecklohn** (100 Prozent-Lohnsatz) verhandelt. Die Lohnsätze der anderen Lohngruppen bestimmen sich dazu in einem festgelegten Verhältnis.

6.4.2.2   Analytische Verfahren

Bei den analytischen Verfahren werden einzelne **Anforderungsarten** gebildet, die separat bewertet werden. Die Gesamtbeanspruchung (Gesamtarbeitswert) ergibt sich aus der Addition der (gewichteten) Teilarbeitswerte.

● **Anforderungsarten**

Ausgangspunkt für die Ermittlung der Anforderungsarten bildet das **Genfer Schema** aus dem Jahre 1950 (vgl. Abb. 33). Darauf basierend finden sich differenzierte Systeme, wie etwa das **REFA-Schema**. Anhand der aufgeführten Anforderungsarten wird die Anspruchshöhe eines Arbeitsplatzes bewertet.

Abb. 33: Genfer- und REFA-Schema der Anforderungsarten

Genfer-Schema		REFA-Schema	
Geistige Anforderungen	Können (z.B. Fachkenntnisse, Berufserfahrung)	Kenntnisse	• Ausbildung • Erfahrung • Denkfähigkeit
	Belastung (z.B. Nachdenken, Aufmerksamkeit)	Geistige Belastung	• Aufmerksamkeit • Denkfähigkeit
Körperliche Anforderungen	Können (z.B. Geschicklichkeit, Handfertigkeit)	Geschicklichkeit	• Handfertigkeit • Körpergewandtheit
	Belastung (z.B. dynamische Muskelbelastung)	Muskelmäßige Belastung	• Dynamische Muskelarbeit • Statische Muskelarbeit • Einseitige Muskelarbeit
Verantwortung	Belastung	Verantwortung	• für die eigene Arbeit • für die Arbeit anderer • für die Sicherheit anderer
Arbeits-bedingungen	Belastung	Umgebungs-einflüsse	• Klima, Nässe, Lärm, Staub, Licht, Unfallgefährdung...

Quelle: in Anlehnung an Schettgen (1996, S. 120); modifiziert.

● **Rangreihenverfahren**

Das Rangreihenverfahren verläuft in vier Stufen (vgl. im Folgenden Hentze/Graf 2005, S. 103ff.; Jung 2006, S. 577f. sowie Abb. 34):

(1) Festlegung und Gewichtung der Anforderungsarten

Im Rangreihenverfahren ist zuerst das Anforderungsartensystem zu definieren. Branchenspezifisch können die einzelnen Anforderungsarten gewichtet werden. Primär wird die ungebundene Gewichtung angewandt, bei der die Teilarbeitswerte mit einem separaten **Gewichtungsfaktor** multipliziert werden. Bei der gebundenen Gewichtung werden die Skalen der Platzziffern (vgl. folgenden Punkt (2) verschieden umfangreich definiert.

(2) Bestimmung der Anforderungen nach Art und Höhe
Für jede Anforderung wird nun eine separate Rangreihe über die verschiedenen Arbeitsplätze erstellt. Dabei werden entsprechend der Höhe der Anforderungen **Platznummern** vergeben, die für jede Anforderungsart zwischen 0 und 100 liegen können und in 5er-Schritte unterteilt sind (vgl. Schettgen 1996, S. 122f.). Um die Vergabe der Platznummern zu erleichtern, werden in der Praxis Vergleichsreihen herangezogen. Lässt man diese außer Acht, so sind die Rangplätze durch Schätzen und Vergleichen zu ermitteln.

Abb. 34: Rangreihenverfahren mit ungebundener Gewichtung

Anforderungsart	RangplatzNr.	Gewichtungs-faktor	Wertzahl
Kenntnisse	35	1,0	35
Geschicklichkeit	35	0,5	17,5
Verantwortung	60	0,8	48
Geistige Belastung	65	0,8	52
Muskelmäßige Belastung	45	0,4	18
Umgebungseinflüsse	35	0,6	21
		Arbeitswert	**191,5**

Rechnerische Reduktion: 191,5 / 10 = **19,15**

Quelle: Jung (2006, S. 578).

(3) Ermittlung des Gesamtarbeitswertes
Zur Ermittlung des Gesamtarbeitswertes können die Platznummern noch nicht addiert werden, da in ihnen nicht das Wichteverhältnis der Anforderungsarten zueinander zum Ausdruck kommt. Die Wertzahlen, d.h. die Arbeitswerte der einzelnen Anforderungsarten (Teilarbeitswerte), werden durch Multiplikation der Platznummer mit dem Wichtefaktor ermittelt. Der Gesamtarbeitswert ergibt sich aus der Addition der Wertzahlen.

(4) Zuordnung Arbeitswertlöhne zu Gesamtarbeitswerten
Die Übersetzung der Arbeitswerte in Lohnsätze kann durch eine Zuordnung zu **Arbeitswertgruppen**, analog dem Lohngruppenverfahren, erfolgen. Jeder Arbeitswertgruppe ist wiederum ein Lohnsatz zugeordnet, der von den Tarif-

parteien verhandelt wird. Alternativ können auch ein Grundlohn und monetäre Steigerungsbeträge für die weiteren Arbeitswerte festgelegt werden.

- **Stufenwertzahlverfahren**

Das **Stufenwertzahlverfahren** zeichnet sich dadurch aus, dass jeder einzelnen Anforderungsart Stufen vorgegeben sind, die die unterschiedlichen Belastungen durch die jeweilige Anforderungsart widerspiegeln (vgl. im Folgenden Jung 2006, S. 578f.). Jede dieser **Belastungsstufen** ist formal beschrieben, ggf. durch Richtbeispiele erläutert, und mit einer Punktzahl (Wertzahl) versehen. Der jeweils höchste Wert der gebildeten Stufen ergibt die maximal erreichbare Punktzahl (Teilarbeitswert) für eine Anforderungsart.

Gewichten lassen sich die Anforderungsarten zueinander, indem die mit gleich vielen Stufen definierten Anforderungsarten mit zuvor festgelegten Gewichtungsfaktoren multipliziert werden (ungebundene Gewichtung). Es können aber auch je nach Bedeutung der Anforderungsart unterschiedlich viele Belastungsstufen definiert werden, d.h. die Teilarbeitswerte unterschiedlich hoch angesetzt werden (gebundene Gewichtung).

Die Bestimmung des **Arbeitswertlohns** aus dem Arbeitswert erfolgt wie beim Rangreihenverfahren. Es kann zusätzlich der Gesamtarbeitswert mit einem zuvor tariflich verhandelten Geldfaktor multipliziert werden.

Praxis	**Das Stufenwertzahlverfahren im ERA-TV**

Im ERA-Tarifvertrag für die Beschäftigten in der Metall- und Elektroindustrie in Baden-Württemberg ist nach §5 ERA-TV das Stufenwertzahlverfahren zur Bestimmung des Grundentgeltes heranzuziehen. In §6 ERA-TV sind sieben Bewertungsmerkmale für die Arbeitsanforderungen festgelegt, die in Anlage 1 durch entsprechende Stufen differenziert sind.

1 Wissen und Können
  1.1   Anlernen | A3 | A4 | A5 | A7 | A9 |

  1.2   Ausbildung | B10 | B13 | B16 | B19 | B24 | B29 |

  1.3   Erfahrung | E1 | E3 | E5 | E8 | E10 |

2 Denken | D1 | D3 | D5 | D8 | D12 | D16 | D20 |

3 Handlungsspielraum/ | H1 | H3 | H5 | H7 | H9 | H11 | H14 | H17 |
  Erfahrung

4 Kommunikation | K1 | K3 | K5 | K7 | K10 | K13 |

5 Mitarbeiterführung | F2 | F3 | F4 | F5 | F7 |

Die Gewichtung der Bewertungsmerkmale ergibt sich aus den zugeordneten Punkten, welche die Basis für die additive Ermittlung des Gesamtarbeitswertes bilden. Dabei ist zu beachten, dass bei Anlerntätigkeiten nur Punkt 1.1 bewertet wird, nicht aber 1.2 und 1.3. Das gleiche gilt für den Fall, dass eine Ausbildung notwendig ist - dann kann ein Anlernen nicht mehr gewertet werden. Die Gesamtpunktzahl, respektive der Gesamtarbeitswert, wird dann einer von 17 Entgeltgruppen zugeordnet, die von 6-96 Gesamtpunkten reichen.

Quelle: Verband der Metall- und Elektroindustrie BW (2003, S. 6f.).

6.5   Lohnformen und leistungsbezogene Entlohnung

Je höher die Leistung einer Person in der abgelaufenen Periode war, umso größer soll ihr Anteil an der betrieblichen Wertschöpfung sein. Durch die Wahl der geeigneten Lohnform kann die Leistung im Entgelt abgebildet werden. Zu unterscheiden sind dabei Zeit- und Leistungslöhne (vgl. Abb. 35).

Abb. 35: Übersicht zentrale Lohnformen

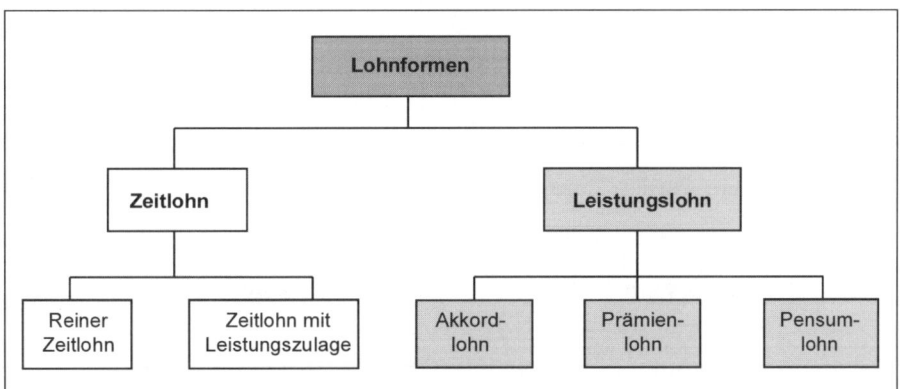

Quelle: in Anlehnung an Olfert (2006, S. 319); modifiziert.

6.5.1   Normalleistung und Leistungsgrad

Ausgangspunkt für die Bewertung des individuellen Leistungsverhaltens ist die **Normalleistung**. Damit ist diejenige Leistung definiert, die bei gegebener Arbeitsmethode von einem hinreichend geeigneten Arbeitnehmer nach Einarbeitung und bei normalem Kräfteeinsatz auf Dauer und im Durchschnitt erreicht werden kann. Davon zu unterschieden ist der **Leistungsgrad,** welcher als Verhältnis von realisierter Menge zur Normalleistung definiert ist.

6.5.2   Zeitlohn

Im Zeitlohn ist das zentrale Element der Lohnfindung das Zeitintervall, in dem die Arbeit erbracht wird. Die detaillierte Leistung wird nicht erfasst.

6.5.2.1   Reiner Zeitlohn

Beim reinen Zeitlohn wird nach Dauer der geleisteten Arbeitszeit entlohnt, d.h. es wird ausschließlich ein **Lohnsatz pro Zeiteinheit** (z.B. Stunde, Tag, Woche, Monat) gezahlt (vgl. im Folgenden Berthel/Becker 2007, S. 455ff.). Dem reinen Zeitlohn liegt somit eine ausschließlich **anforderungsorientierte Lohndifferenzierung** zugrunde („Reduktion auf ein Äquivalenzprinzip"). Allerdings besteht auch beim Zeitlohn ein **mittelbarer Leistungsbezug** dadurch, dass die auf den jeweiligen Arbeitsplatz bezogene Normalleistung zu erbringen ist. Anwendung findet der reine Zeitlohn insbesondere, wenn

- Leistung nicht messbar ist (geistig-schöpferische Arbeit),
- Arbeiten mit hoher Unfallgefahr verbunden sind,
- ein Anreiz unzweckmäßig ist (Tätigkeit, die hohe Sorgfalt erfordert),
- kein Personal für die Zeitwirtschaft vorhanden ist und
- anfallende Arbeiten nicht im Vorfeld bestimmbar sind.

Der tariflich festgelegte Zeitlohn ist ein Mindestlohn, von dem nach unten hin nicht abgewichen werden kann. Der Zeitlohn errechnet sich wie in Gl. 6.1 dargestellt.

Zeitlohn = Lohnsatz je Zeiteinheit * Anzahl geleisteter Zeiteinheiten   (6.1)

6.5.2.2   Zeitlohn mit Leistungszulage

Beim Zeitlohn mit Leistungszulage wird versucht einen **zusätzlichen Leistungsanreiz** zu schaffen (vgl. Jung 2006, S. 587f.). Dabei stellt diese Lohnform aber nach wie vor keinen echten Leistungslohn dar, da die Zulage nicht auf einer objektiven Bemessungsgrundlage basiert. Vielmehr wird sie auf Grundlage einer subjektiven Vorgesetztenbeurteilung gewährt. Der Zeitlohn mit Leistungszulage errechnet sich wie folgt (vgl. Gl. 6.2).

Lohn = Zeitlohn + Leistungszulage   (6.2)

Die der Leistungszulage zugrunde liegende **Leistungsbeurteilung** stellt wiederum zusätzliche Anforderungen an die Vorgesetzten. Für die Festlegung der Leistungszulage finden sich in der Praxis drei Methoden:

(1) Einheitliche Zulage: Alle AN erhalten die prozentual gleiche Zulage.

(2) Pauschale Leistungsbeurteilung: Die AN erhalten unterschiedliche prozentuale Zulagen. Die Beurteilung erfolgt durch den Vorgesetzten aufgrund einer pauschalen Bewertung.

(3) Analytische Leistungsbeurteilung: Die Leistung wird nach verschiedenen Kriterien beurteilt. Die Kriterien sind entweder im Tarifvertrag oder betrieblich festgelegt. Typische Kriterien, die subjektiv durch den Vorgesetzten bewertet werden, sind z.B. Arbeitsmenge, Belastbarkeit, Arbeitsgüte usw.

6.5.3   Leistungslohn

Die Leistungslohnformen zielen ausdrücklich darauf ab, das individuelle Leistungsverhalten der Arbeitnehmer zu erfassen und in der Lohnhöhe zu reflektieren. Damit wird die Anforderungsgerechtigkeit um ein zweites, zentrales Äquivalenzprinzip der gerechten Entlohnung ergänzt.

6.5.3.1   Akkordlohn

Beim Akkordlohn wird der Arbeitnehmer für die erbrachte Arbeitsmenge entlohnt (vgl. im Folgenden Berthel/Becker 2007, S. 457ff.). Diese Lohnform weist damit einen direkten Leistungsbezug auf. Der Normalfall ist der Proportionalakkord, bei dem sich der Lohn proportional zur Leistung steigert.

• **Voraussetzungen der Akkordentlohnung**
Damit der Akkordlohn eingeführt werden kann, müssen drei arbeitsorganisatorische Voraussetzungen gegeben sein (vgl. Olfert 2006, S. 322f.):

(1) Akkordfähigkeit: Ablauf der Arbeit ist im Voraus bekannt, regelmäßig sowie leicht und genau messbar.

(2) Akkordreife: Arbeitsablauf hat keine Mängel und kann nach einer Einarbeitung ausreichend beherrscht werden.

(3) Beeinflussbarkeit: Der Arbeitnehmer muss die Leistungsmenge unmittelbar beeinflussen können.

Für die Berechnung des Akkordlohnes wird eine Zwischenrechengröße benötigt, der so genannte **Akkordrichtsatz**. Dieser setzt sich aus dem Mindestlohn und dem **Akkordzuschlag**, der tariflich meist zwischen 15 Prozent und 20 Prozent des Mindestlohnes beträgt, zusammen. Der Akkordrichtsatz ist somit höher als ein vergleichbarer Zeitlohn, da dadurch die Bereitschaft zur Akkordarbeit honoriert wird. Den Akkordrichtsatz erhält der Akkordarbeiter auch bei Leistungen unterhalb der Normalleistung (Jung 2006, S. 590).

Beispiel: tariflicher Mindestlohn: 11,20 €/h
                + Akkordzuschlag 20 Prozent: 2,24 €/h
                = Akkordrichtsatz: **13,44 €/h**

Die Akkordentlohnung tritt in zwei Formen auf: Stück- und Zeitakkord.

• Stückakkord

Beim Stückakkord (synonym Geldakkord) wird ein Geldbetrag (**Akkordsatz**) vorgegeben, der für jedes erstellte Teil bezahlt wird. Produziert ein Arbeitnehmer eine hohe Stückzahl, steigt sein Lohn und umgekehrt (s. Gl. 6.3).

$$\text{Lohn je Zeiteinheit} = \text{Menge je Zeiteinheit} * \text{Akkordsatz je Mengeneinheit} \qquad (6.3)$$

Der Akkordsatz wird dabei wie folgt (vgl. Gl. 6.4) ermittelt:

$$\text{Akkordsatz} = \frac{\text{Akkordrichtsatz}}{\text{Leistungseinheiten bei Normalzeit}} \qquad (6.4)$$

Die **Normalzeit** je Leistungseinheit wird durch die **Vorgabezeiten** im Rahmen von Zeitstudien ermittelt (siehe dazu weiter unten).

Beispiel: Ein Arbeitnehmer erhält einen Mindestlohn in Höhe von 10 €/h. Der tariflich vorgegebene Akkordzuschlag beträgt 20 Prozent. Die Normalleistung am Arbeitsplatz des Arbeitnehmers beträgt 4 Stück/h. Wie hoch ist sein Arbeitslohn im Rahmen der Akkordentlohnung nach der Systematik des Stückakkords bei einer erreichten Menge von 5 Stück/h?

(a)   Mindestlohn: 10 €/h
    + Akkordzuschlag (20 Prozent)   2 €/h
    = Akkordrichtsatz: **12 €/h**

(b) Akkordsatz = $\dfrac{12 \text{ €/h}}{4 \text{ St/h}}$ = **3 €/Stück**

(c) Akkordlohn = 5 St/h x 3 €/St = **15 €/h**

- **Zeitakkord**

Beim Zeitakkord wird eine bestimmte Zeit für die Herstellung eines Stücks gutgeschrieben. Das erarbeitete „Zeitkonto" wird dann mit einem Geldfaktor multipliziert (vgl. Gl. 6.5). Auch hier wird die Normalzeit je Leistungseinheit durch die Vorgabezeiten im Rahmen der **Zeitstudien** ermittelt.

Lohn je Zeiteinheit = Menge je Zeiteinheit * Vorgabezeit je Mengeneinheit * Minutenfaktor

$$(6.5)$$

Der Minutenfaktor wird dabei wie folgt berechnet (vgl. Gl. 6.6):

$$\text{Minutenfaktor} = \frac{\text{Akkordrichtsatz}}{60 \, \text{min}} \qquad (6.6)$$

Beispiel (identische Angaben wie beim Stückakkord):

(a)   Mindestlohn: 10 €/h
   + Akkordzuschlag (20 Prozent):   2 €/h
   = Akkordrichtsatz: **12 €/h**

(b) Minutenfaktor = 12 €/60 min = **0,20 €/min**

(c) Vorgabezeit = 4 St/h = **15 min/Stück**

(c) Akkordlohn = 5 St/h x 15 min/St x 0,20 €/min = **15 €/h**

In der Praxis ist der Zeitakkord weiter verbreitet. Dies hat verwaltungstechnische Gründe. So müssen bei **Tariflohnänderungen** im Stückakkord die Akkordsätze für jede Produktart neu berechnet werden. Beim Zeitakkord dagegen muss nur der Minutenfaktor neu berechnet werden. Alle anderen Faktoren, die zur Akkordlohnberechnung benötigt werden, bleiben gleich (vgl. Breisig 2003, S. 165).

- **Vorgabezeitenermittlung**

Vorgabezeiten werden zur Berechnung des Akkordlohns, einmal über die Bestimmung des Akkordsatzes und zum anderen als direkter Faktor im Zeitakkord, benötigt (vgl. Oechsler 2006, S. 451). Dabei bezeichnen die Vorgabezeiten die **Normalzeit,** die zur Ausführung eines Arbeitsprozesses (Erstellung eines Produktes, Bearbeitung eines Antrages etc.) notwendig ist.

Die Normalzeit für einen Prozess wird in einem dreistufigen Vorgehen ermittelt (vgl. dazu Schettgen 1996, S. 202ff.):

(1) Tätigkeitsgliederung

Zuerst wird der betrachtete Arbeitsprozess (Tätigkeit) mithilfe der **Arbeitsablaufanalyse** in verschiedene Teiltätigkeiten, so genannte **Ablaufarten**, gegliedert. Eine einfache Form einer Differenzierung nach Ablaufarten könnte z.B. eine Differenzierung in **Rüst-** und **Ausführungstätigkeiten** vorsehen. Viel sinnvoller ist aber eine weitergehende Detaillierung wie sie z.B. in der Methodik der REFA vorgeschlagen wird (vgl. REFA 1992, S. 24ff.). Hier werden Haupt-, Neben- und zusätzliche Tätigkeiten unterschieden sowie nicht zuordenbare Tätigkeiten und unterbrechungsbedingte Tätigkeiten (Störungen, Erholung etc.) berücksichtigt. Damit lassen sich später genaue Vorgabezeiten bestimmen.

(2) Zeitgliederung

Im nächsten Schritt ist eine Abkehr von der Tätigkeits- hin zur Zeitbetrachtung zu vollziehen. Zu diesem Zweck werden den Ablaufarten entsprechende **Zeitarten** zugewiesen, damit diesen anschließend Zeitwerte zugeordnet werden können. Auch hier erfolgt eine Unterteilung in verschiedene Zeitarten wie Tätigkeits-, Warte-, Erholungs-, Verteilzeit usw. (vgl. im Detail S. 33f.).

(3) Zeitermittlung

Mit der Gliederung in Zeitarten ist die Voraussetzung geschaffen, um hinreichend genau den **Zeitbedarf** für die einzelne Zeitart zu ermitteln und daraus den Gesamtzeitbedarf für die Tätigkeit abzuleiten. Dies erfolgt im Rahmen der Zeitermittlung, für die es ausgehend von der **Zeitmessung** über **Berechnungsverfahren** bis hin zur **Zeitschätzung** verschiedene Methoden gibt (vgl. REFA 1992, S. 61; Drumm 2005, S.140ff.).

6.5.3.2   Prämienlohn

Der Akkordlohn als „die" Leistungslohnform kann immer weniger genutzt werden, weil die Automatisierung der Arbeitsprozesse den Arbeitnehmern immer weniger Einflussmöglichkeiten lässt. Zudem können damit qualitative Leistungsaspekte nicht erfasst werden (vgl. Oechsler 2006, S. 454). Aus diesem Grund wird der Prämienlohn immer bedeutsamer (vgl. im Folgenden Jung 2006, S. 592ff.).

Der Prämienlohn setzt sich aus einem **Grundlohn** (anforderungsbezogener Zeitlohn) und einer **Prämie** (leistungsbezogen) zusammen. Im Gegensatz zu der subjektiven Leistungszulage (vgl. Kapitel 6.5.2.2) ist die Prämie hier objektiv feststellbar. Der Prämienlohn kommt insbesondere dann zur Anwendung, wenn es nicht um die reine Mengenleistung geht, sondern auch qualitative Faktoren wichtig sind oder keine exakten Zeitvorgaben ermittelbar sind.

Bezugsgrößen im Prämienlohn sind z.B. Menge, Qualität, Ersparnis und Nutzungsgrad. Auch kombinierte Prämien, bei denen mehrere Kriterien zur

Berechnung miteinander verbunden werden, kommen zum Einsatz (vgl. Femppel u.a. 2002, S. 57).

Die Festlegung der Prämie erfolgt wie in Abb. 36 dargestellt in drei Schritten (vgl. Olfert 2006, S. 336ff.). Zuerst wird der **prämienpflichtige Einflussbereich** festgelegt. Dazu werden der Anfangs- und der Endpunkt der jeweiligen Bezugsgröße (z.B. Stückzahl oder Umsatz) definiert. Hierbei ist zu überlegen, welche Mehrleistung überhaupt wünschenswert ist. Zu hohe Leistungen können z.B. zu Maschinenschäden führen. Danach wird die **Prämienspannweite**, d.h. die maximal erreichbare Prämie, festgelegt. Im letzten Schritt ist der Verlauf der **Prämienlohnlinie** festzulegen. Die Prämienlohnlinie bestimmt, in welcher Form die beiden Faktoren Leistung und Prämie miteinander verbunden werden. Durch ihre Ausgestaltung wird das Leistungsverhalten der Mitarbeiter gesteuert.

Abb. 36: Zusammensetzung Prämienlohn

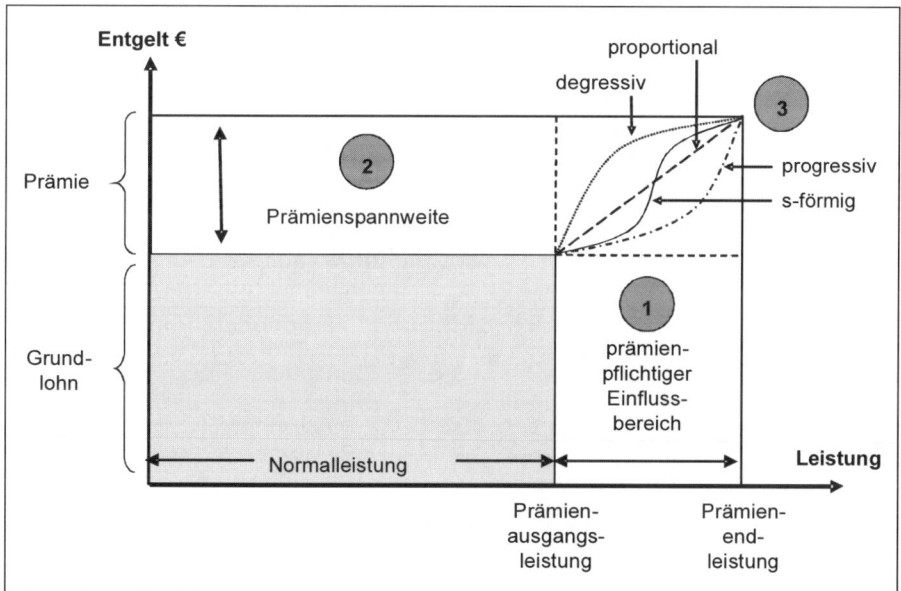

Quelle: in Anlehnung an Femppel u.a. (2002, S. 58); modifiziert.

Typische Prämienverläufe sind der proportionale, der degressive, der progressive sowie der s-förmige Verlauf (vgl. Gmür/Thommen 2006, S. 132; Jung 2006, S. 595):

- Der **proportionale** Verlauf sagt aus, dass für jede mehr geleistete Einheit das Entgelt in konstanten Schritten steigt. Dies fördert bei den Arbeitnehmern einen gleichmäßigen, kontinuierlichen Leistungseinsatz. Es besteht aber auch die Gefahr, dass andere Aspekte wie Qualität etc. vernachlässigt werden. Dieser Verlauf ist sinnvoll, wenn quantitative Maximierungen die Qualität etc. nicht beeinträchtigen können.

- Der **degressive** Verlauf führt dazu, dass jede mehr geleistete Einheit direkt nach Übertreffen der Normalleistung stärker entlohnt wird, als nach dem Erreichen des Kurvenwendepunktes. Der Leistungsanreiz nimmt mit zunehmender Leistungsmenge ab, da der Grenznutzen für jede weitere Mengeneinheit sinkt. Eine Leistungsmaximierung lohnt sich für den Arbeitnehmer nicht und einer Überlastung wird damit vorgebeugt. Weiter bietet diese Lohnlinie die Möglichkeit Quantität und Qualität parallel zu beeinflussen.

- Der **progressive** Verlauf dient dazu, die Arbeitnehmer zu maximaler Leistung anzuregen. Spitzenleistungen, die deutlich oberhalb der Normalleistung liegen, sollen damit besonders honoriert werden. Nur wenige Mitarbeiter, die Top-Performer, kommen in den Genuss hoher Prämien. Aufgrund des zunehmenden Grenznutzens je zusätzlich bearbeiteter bzw. verkaufter Mengeneinheit führt dieser Verlauf zu einer sehr hohen Leistungsmotivation bei den Mitarbeitern.

- Mit dem **s-förmigen** Verlauf soll erreicht werden, dass jeder Arbeitnehmer in den Genuss einer Prämie kommt, die im Wendepunkt des Prämienverlaufs liegt. Schlechtleister oder Top-Leister sollen nicht besonders honoriert werden, um im ersten Fall nicht „Mitläufer" zu honorieren und im zweiten Fall die dysfunktionalen Effekte einer extremen Leistungsmotivation zu vermeiden.

6.5.3.3   Pensumlohn

Der Pensumlohn unterscheidet sich hauptsächlich dadurch, dass er sich auf **künftig erwartete Leistungen** und nicht auf in der Vergangenheit bereits erbrachte Leistungen bezieht (vgl. Jung 2006, S. 596; Oechsler 2006, S. 456). Auch der Pensumlohn besteht aus anforderungsbezogenem Grundlohn und leistungsbezogenem **Pensumanteil**. Der Pensumanteil wird für das in der kommenden Periode über die Normalleistung hinaus zu erbringende Arbeitsvolumen bezahlt. Die Ausgestaltung erfolgt als **periodenfixes Pensumentgelt**, d.h. leichte Leistungsabweichungen bleiben unberücksichtigt und haben keinen Einfluss auf das Pensumentgelt. Dauerhafte Abweichungen werden in der Folgeperiode durch die Planung des Pensumanteils berücksichtigt. Je länger die Planperiode des Pensumlohns ist, desto mehr gleicht er sich dem Zeitlohn an.

6.5.3.4   Leistungsbezogene Vergütung für Führungskräfte

Die Vergütung für AT-Mitarbeiter setzt sich wie aus Abb. 37 ersichtlich oftmals aus Fixgehalt und **leistungsabhängigen** und/oder **erfolgsabhängigen** Bestandteilen zusammen (vgl. Bühner 2005, S. 170ff.; Berthel/Becker 2007, S. 477ff.).

Das Fixgehalt, das nicht mehr in Entgeltgruppen geregelt ist, muss innerbetrieblich entsprechend der Struktur der **Aufbauorganisation** (hierarchische Einordnung), anhand der **Anforderungen** der Stelle (Arbeitsbewertung), entsprechend der **marktüblichen Gehälter** oder durch im Rahmen einer Betriebsvereinbarung **festgelegte Entgeltgruppen** für AT-Mitarbeiter (nach §87 Abs. 1 Nr. 10 BetrVG mitbestimmungspflichtig) definiert werden (vgl. zur Arbeitsbewertung im außertariflichen Bereich Jung 2006, S. 582ff.).

Führungskräfte als Entscheidungsträger im Unternehmen sollen motiviert werden, sich besonders stark für das Unternehmen einzusetzen. Zu diesem Zweck existieren variable Vergütungsmodelle, welche die individuelle Leistung und den realisierten Erfolg von Führungskräften honorieren. Bezeichnet werden diese Vergütungsbestandteile in Abhängigkeit von ihrer zeitlichen Orientierung üblicherweise als Short-Term- oder Long-Term-Incentives.

Abb. 37: Vergütungsbestandteile für AT-Kräfte

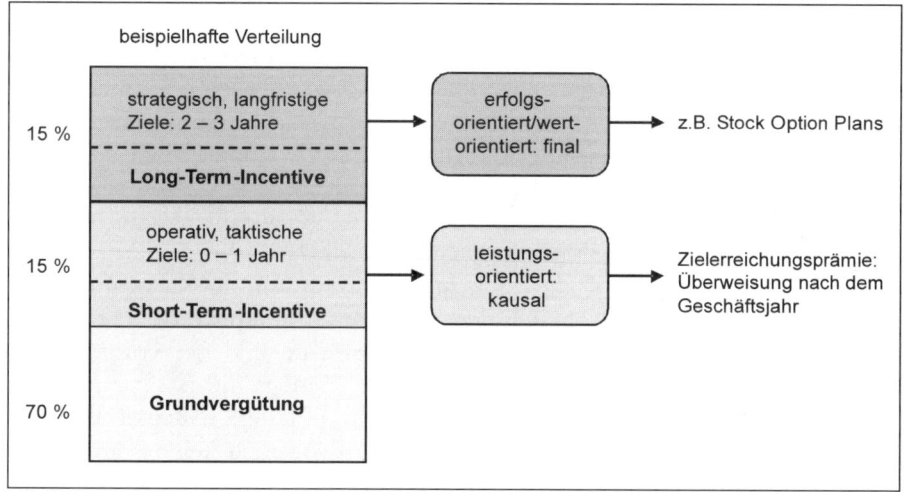

Quelle: eigene Darstellung.

Wenn eine leistungsorientierte Vergütung für Führungskräfte eingeführt wird, sollten verschiedene Leitfragen bzw. -aspekte berücksichtigt werden (vgl. Becker/Kramarsch 2006, S. 27):

- Leistungs- und/oder erfolgsorientiert?
- Verhältnis von fixem und variablem Entgelt? (90 : 10, 70 : 30 usw.). Um Steuerungswirkung zu entfalten, muss der variable Anteil einen relevanten Umfang besitzen.
- Anzahl der Bemessungsgrundlagen? Je mehr Grundlagen aufgenommen werden, umso genauer ist eine Steuerung möglich. Allerdings verliert die einzelne Grundlage an Motivationswirkung.
- Ebene der Zielmessung? Individual-, Team-, Bereichs- oder Unternehmenszielebene?
- Kalibrierung der Zielwerte (Anspruchsniveau)?
- Vergütungskurve und Bandbreite?

- **Short-Term-Incentives**

Im Bereich der kurzfristigen Leistungsorientierung wird meist auf das **Führen durch Zielvereinbarungen** und die damit erreichbaren Zielerreichungsprämien zurückgegriffen. Diese als **Management by objectives** bezeichnete Führungstechnik (vgl. Odiorne 1967, S. 102; Femppel u.a. 2002, S. 63) nimmt als Basis die Unternehmensziele für das kommende Geschäftsjahr. Für diese übergeordneten Ziele vereinbart der jeweilige Vorgesetzte mit seinen unterstellten Führungskräften bzw. Mitarbeitern abgeleitete Ziele für deren Verantwortungsbereiche (so genannte **Zielkaskadierung**). Diese Zielvorgaben werden durch den Mitarbeiter während des laufenden Geschäftsjahres selbstständig abgearbeitet. Bedarfsbezogen können Zwischenstandsgespräche mit dem Vorgesetzten geführt werden. Aufgrund der Umfelddynamik kann es vorkommen, dass Ziele ausgesondert werden müssen. Grundsätzlich kann sich der Mitarbeiter durch den Vergleich von Zielvorgabe und aktuell erreichtem Zielerreichungsgrad selbst regulieren und seinen Arbeitsvollzug entsprechend anpassen (vgl. zum Zielprozess Femppel/Böhm 2007, S. 19ff.).

Je nach dem **Grad der Zielerreichung** bestimmt sich im Nachgang an die Geschäftsperiode die Auszahlung der **Zielerreichungsprämie**. Diese wird ausgehend von einer zuvor definierten **Basisprämie** und der vorgesehenen optionalen **Auszahlungsbandbreite** bestimmt. Beträgt die Basisprämie z.B. 10.000 € und die Auszahlungsbandbreite 50 bis 150 Prozent bedeutet dies, dass in Abhängigkeit von dem Zielerreichungsgrad entweder gar keine Prämie (Ziele zwischen 0 Prozent und 50 Prozent erreicht) oder das 1,5-fache der Basisprämie (Ziele zu 150 Prozent erreicht) ausbezahlt wird (vgl. Abb. 38).

Die beiden Extrempunkte, 0 Prozent und 150 Prozent, sind eher unübliche Werte, weil im ersten Fall der Mitarbeiter vermutlich gar nicht in der Lage war, die Ziele zu beeinflussen, und im zweiten Fall offensichtlich die Ziele zu wenig anspruchsvoll formuliert waren.

Abb. 38: Zusammenhang zwischen Performance und Bonusverlauf

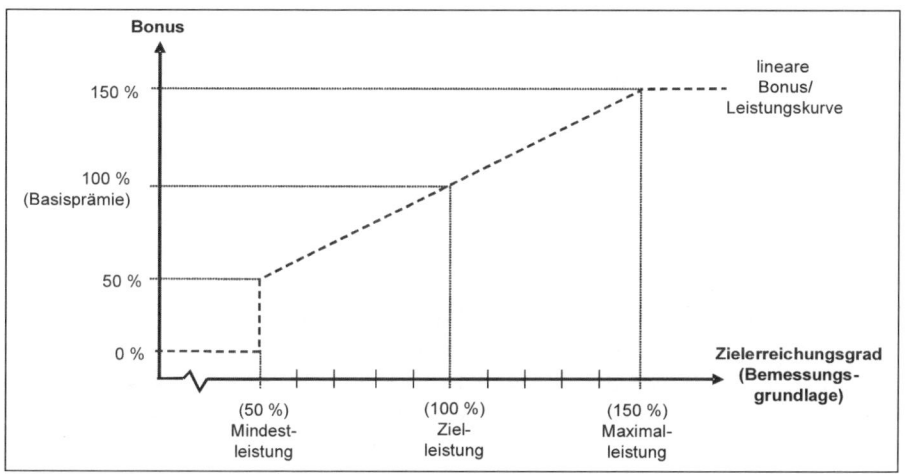

Quelle: in Anlehnung an Bühner (2005, S. 172); Becker/Kramarsch (2006, S. 39); modifiziert.

In Zielvereinbarungssystemen können neben **Individual-**, auch **Team-** oder **Unternehmensziele** aufgenommen werden, die additiv bzw. multiplikativ miteinander verknüpft werden (vgl. Eyer/Haussmann 2005, S.86ff.)

Gerade bei der Zielformulierung muss sehr sorgfältig vorgegangen werden. Ein Ziel ist die Beschreibung eines in der Zukunft erreichten Zustandes. Ziele müssen entsprechend der **SMART-Regel** (vgl. Eyer/Haussmann 2005, S. 33ff.; Femppel/Böhm 2007, S. 24ff.) formuliert sein, damit es bei der Feststellung des Zielerreichungsgrades nicht zu Unstimmigkeiten zwischen Vorgesetztem und Mitarbeiter kommt und sich die damit erhoffte Motivationswirkung entfalten kann:

- **S**pezifisch
- **M**essbar (Quantität, Qualität, Kosten, Gewinn…)
- **A**ktiv beeinflussbar
- **R**ealistisch und herausfordernd
- **T**erminiert

- **Long-Term-Incentives**

Ziel der langfristigen variablen Vergütung ist es, die Führungskräfte auf einen **nachhaltigen Unternehmenserfolg** hin auszurichten (vgl. im Folgenden Becker/Kramarsch 2006, S. 43ff.). Grundsätzlich lassen sich hier **aktien-** und **kennzahlenbasierte Konzepte** unterscheiden. Beiden Varianten liegt das gleiche Steuerungsprinzip zugrunde. Die Führungskräfte sollen die langfristige **Wertsteigerung** des Unternehmens forcieren.

Bei **aktienbasierten** Long-Term-Incentives erfolgt die Ausrichtung an der Zielgröße **Aktienwert** (vgl. Femppel u.a. 2002, S. 97ff.). Dies eignet sich aber nur für börsennotierte Aktiengesellschaften. Gleichzeitig stellt die Zielgröße auch den Anreizfaktor dar. Den Führungskräften soll durch die Möglichkeit des Miteigentums am Unternehmensvermögen ein Anreiz zur Kurswertsteigerung gegeben werden. So erhalten die Führungskräfte z.B. **Aktienoptionen**, d.h. das Recht nach einer bestimmten Frist (in Deutschland beträgt die vorgeschriebene gesetzliche Mindesthaltefrist zwei Jahre) eine definierte Anzahl von Aktien des Unternehmens zu einem festgelegten Preis (meist heutiger Kurs) zu erwerben. Ist es der Führungskraft gelungen, den Aktienkurs zu steigern, so liegt der persönliche Anreiz und letztlich der Gewinn in der Differenz zwischen ehemaligem und aktuellem Kurswert (vgl. zu Problemen im Optionsmodell Drumm 2005, S. 645f.; Bühner 2005, S. 175f.). Eine andere Ausgestaltung, mit gleichem Grundprinzip, stellen so genannte „**Performance Shares**" dar. Hier werden Aktien an die Führungskräfte ausgegeben, allerdings erst dann, wenn ein vorher definierter Zielkurs erreicht wurde.

Für nicht börsennotierte Unternehmen eignen sich **kennzahlenbasierte** Anreizsysteme (vgl. Femppel u.a. 2002, S. 103ff.). Hier werden zur Bestimmung des Managementerfolgs **Unternehmenswertkennzahlen** wie z.B. Marktanteil, Umsatz usw. herangezogen. In Abhängigkeit des Erreichens dieser Erfolgskennzahlen erhalten die Top-Führungskräfte dann ihre Tantiemen. Es können hierfür auch „**Phantomaktien**" genutzt werden (vgl. Bühner 2005, S. 175). Diese basieren auf dem gleichen Grundsatz wie die Aktienoptionspläne oder die Performance Shares. Allerdings muss zuerst der **Unternehmenswert** nach einem bestimmten Verfahren ermittelt und dann durch eine fiktive Aktienanzahl geteilt werden. Wird dies im jährlichen Rhythmus wiederholt, lässt sich die Wertsteigerung des Unternehmens anhand fiktiver Aktienkurse nachvollziehen.

Praxis   **Das Lufthansa Bonusmodell**

„LH-Bonus" ist das leistungsorientierte Vergütungssystem der Deutschen Lufthansa AG und ist für Führungskräfte sowie außertarifliche Mitarbeiter verfügbar.

Kern ist ein additives Zielsystem, das Zielgrößen aus den Bereichen Konzern-, Geschäftsfeld- und Bereichsebene sowie individueller Leistung beinhaltet. Das Konzernziel bestimmt sich auf Basis des Cash-Value-Added (CVA), der den absoluten Wertbeitrag anzeigt, der in einer Periode geschaffen wird. Im Geschäftsfeldziel wird der CVA des jeweiligen Geschäftsfeldes zu mindestens 60 Prozent einbezogen. Ergänzend können hier zu maximal 40 Prozent weitere Geschäftsfeldziele, wie z.B. Pünktlichkeit der Flotte, Kundenzufriedenheit etc., herangezogen werden.

Die Bereichsziele sind aus übergeordneten Einheiten abzuleiten und repräsentieren in der Regel die Ziele des direkten Vorgesetzten. Die individuellen Ziele, maximal fünf, beziehen sich auf die Kategorien Finanzen, Kunden, Mitarbeiter und Qualität. Ein Ziel aus dem Bereich Mitarbeiter ist verbindlich zu definieren. Durch die Struktur des individuellen Zielbereichs ist eine Verknüpfung zu bestehenden Balanced Scorecards möglich.

Auf die persönliche Leistung wird im LH-Bonusmodell großer Wert gelegt. Sollten in einem Jahr die Konzern- und Geschäftsfeldziele nicht erreicht werden, kann bei individuell guter Performance trotzdem eine Leistungsprämie gezahlt werden; es gilt aber auch, dass bei einem Erreichen der individuellen Ziele von unter 50 Prozent nicht nur der individuelle Bonusanteil, sondern die gesamte Zahlung wegfällt. Je höher die hierarchische Position einer Führungskraft ist, desto höher werden die Konzern- und Geschäftsfeldziele gegenüber den individuellen Zielen gewichtet.

Im LH-Bonus-Modell wird in Abhängigkeit von der Leitungsebene ein fester Prozentsatz der Grundvergütung am Jahresanfang als Zielbonus festgelegt. Werden die Ziele voll, d.h. zu 100 Prozent erreicht, wird der volle Bonus gezahlt (Target-Performer). Bei Mindererreichung kann die Bonuszahlung im Extremfall auf Null sinken (Weak-Performer), bei Übererreichung auf das Doppelte steigen (Outstanding-Performer).

Quelle: Lang (2003, S. 42ff.); Deutsche Lufthansa AG (2007, S. 27).

6.6   Mitarbeiterbeteiligung

Unter dem Begriff der entgeltbezogenen Mitarbeiterbeteiligung ist insbesondere die Beteiligung der Mitarbeiter an **materiellen Rechten** wie Erfolg und Eigentum der Unternehmung zu verstehen, die über die regelmäßig gezahlten Entgelte hinausgehen (vgl. im Folgenden Jung 2006, S. 609ff.; Schneider u.a. 2007). Ziele der Mitarbeiterbeteiligung sind u.a. (vgl. Femppel u.a. 2002, S. 79):

- Motivation der Mitarbeiter
- Finanzierung: Verbesserung der Liquidität der Unternehmung
- Koppelung von Unternehmens- und Mitarbeiterzielen
- Mitarbeiterbindung und Reduzierung der Fluktuation
- Verbesserung des internen und externen Arbeitgeberimage

Grundsätzlich ist zwischen einer Erfolgsbeteiligung und einer Kapitalbeteiligung zu unterscheiden.

6.6.1   Erfolgsbeteiligung

Bei der Erfolgsbeteiligung wird zusätzlich zum Entgelt auf der Grundlage einer betrieblichen Erfolgsgröße ein **Bonus** gezahlt. (vgl. auch Kapitel 6.5.3.4 speziell für Führungskräfte sowie grundsätzlich Schneider u.a. 2007, S. 67ff.). Dabei richtet sich diese Beteiligung nicht nach dem individuellen Beitrag, sondern nach dem **kollektiven Gesamterfolg** (finale Entgeltfindung). Es handelt sich somit um eine variable Vergütung; auch als „atmende Vergütung" bezeichnet, da sie sich an der Leistungsfähigkeit des Unternehmens ausrichtet und in guten Zeiten umfangreicher ausfällt, während sie in Zeiten mit weniger Erfolg in geringerem Maße bezahlt wird. Nach dem IAB-Betriebspanel 2005 kommen rund neun Prozent der deutschen Arbeitnehmer in den Genuss einer Erfolgsbeteiligung (vgl. Bellmann/Möller 2006, S. 3).

6.6.1.1   Bemessungsgrundlagen

Im Gegensatz zum tätigkeitsbezogenen Gehalt (kausale Entgeltfindung) ist die Verteilungsmenge ex ante kaum bestimmbar. Welche Bemessungsgrundlage für eine Erfolgsbeteiligung gewählt wird, hängt von verschiedenen Überlegungen ab (vgl. Femppel u.a. 2002, S. 79ff.; Drumm 2005, S. 638ff.):

* Bei geringer Beeinflussbarkeit des Marktes kann eine Konzentration auf interne Prozesse sinnvoll sein (Leistungsbeteiligung), was durch eine Produktions-, Produktivitäts- oder Ersparnisbeteiligung erreicht wird. Problem: Erfolgsbeteiligung ist auch im Verlustfall fällig.
* Sollen sich auch Einflüsse des Marktes auswirken, ist die Ertragsbeteiligung (Umsatz, Roh- und Nettoertrag, Wertschöpfung) geeignet. Problem: Umsatz kann auch mit überproportionalen Kosten erreicht werden.
* Die Gewinnbeteiligung verbindet innerbetriebliche und marktliche Aspekte und bietet damit eine umfassende Bemessungsgrundlage. Vorteil: Erfolgsbeteiligung nur bei Gewinn.

Je weiter sich die Bemessungsgrundlage von der Zurechenbarkeit auf die individuelle Leistung entfernt, wird sie zur reinen finalen Entgeltfindung.

6.6.1.2   Entscheidungsbaum der Erfolgsbeteiligung

Nach Festlegung der grundsätzlichen Bemessungsgrundlage sowie der **Beteiligungsquote** der Belegschaft am Unternehmenserfolg, sind die Kriterien für die **Individualverteilung** unter den Arbeitnehmern zu bestimmen (vgl. Drumm 2005, S. 640ff.). Dies kann prozentual zum Entgelt, anhand definierter Leistungs- oder Sozialkriterien, abhängig von der hierarchischen Einordnung der Stellen usw. erfolgen (vgl. Abb. 39).

Abb. 39: Entscheidungsbaum Mitarbeiterbeteiligung

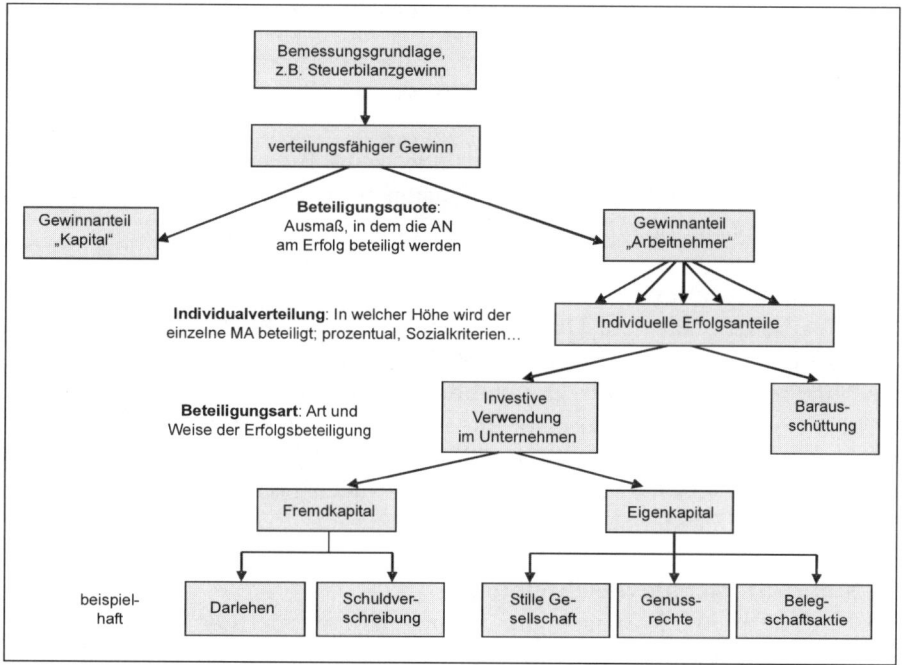

Quelle: eigene Darstellung.

Bevor die individuellen Erfolgsanteile ausgeschüttet werden, ist zu klären, in welcher Form dies geschehen soll. Dies hängt wiederum von der beabsichtigten Steuerungswirkung ab. Grundsätzlich möglich sind die **Barausschüttung** von Erfolgsprämien an die Mitarbeiter oder die investive Beteiligung am Unternehmensvermögen (**Kapitalbeteiligung durch Investivlohn**) (vgl. Drumm 2005, S. 647f.). Hier werden die Erfolgsanteile nicht ausbezahlt, sondern für die Arbeitnehmer „rentierend" im Unternehmen belassen. Zu unterscheiden ist dabei die Beteiligung am Fremd- oder Eigenkapital.

6.6.2   Kapitalbeteiligung

Arbeitnehmer werden dauerhaft **Anteilseigner** der Unternehmung – mit allen damit verbundenen Mitwirkungs-, Informations- und Kontrollrechten (vgl. im Folgenden Schneider u.a. 2007, S. 145ff.). Dies kann durch eine partielle Umwidmung des Entgeltes oder den mit Eigenmitteln finanzierten Kauf von Unternehmensanteilen erfolgen. Die Erfolgsbeteiligung kann somit der Kapitalbeteiligung vorauslaufen und mit dieser kombiniert werden (vgl. Oechsler 2006, S. 439). Bei der Kapitalbeteiligung sind Beteiligungen der Mitarbeiter am Fremd- oder Eigenkapital der Unternehmung zu unterscheiden. Nach dem

IAB-Betriebspanel von 2005 sind rund zwei Prozent der deutschen Arbeitnehmer am Kapital ihrer Unternehmen beteiligt (vgl. Bellmann/Möller 2006,
S. 3).

6.6.2.1   Fremdkapitalbeteiligung

Die Beteiligung am Fremdkapital begründet keine Informations- oder Mitwir-
kungsrechte und ist relativ einfach unabhängig von Rechtsform und Größe der
Unternehmung zu organisieren. Typische Varianten hierbei sind:

(1) Mitarbeiterdarlehen
Der Mitarbeiter stellt dem Unternehmen für einen vereinbarten Zeitraum einen Geldbetrag zur Verfügung. Nach Ablauf des Überlassungszeitraums erhält
der Mitarbeiter den um die **Zinszahlung** erhöhten Geldbetrag zurück. Die
Vertragsmodalitäten können in Bezug auf Höhe und Zeitpunkt der Rückzah-
lungen sowie der Zinshöhe frei gestaltet werden. Der Zinssatz kann sich dabei
an den Marktgegebenheiten orientieren, aber auch höher ausfallen (vgl. Jung
2006, S. 613; Schneider u.a. 2007, S. 157ff.).

(2) Mitarbeiterschuldverschreibung
Für Unternehmen mit Zugang zum Kapitalmarkt existiert die Möglichkeit Mit-
arbeiterschuldverschreibungen auszugeben. Dabei handelt es sich um **festver-
zinsliche Wertpapiere**, die von den Mitarbeitern zu einem bestimmten Kurswert erworben werden können. Zinssatz und -termin sowie Emissionskurs
können sich nach dem Kapitalmarkt richten; es können aber auch günstigere
Konditionen vereinbart werden (vgl. Drumm 2005, S. 653).

6.6.2.2   Eigenkapitalbeteiligung

Im Rahmen der Eigenkapitalbeteiligung werden die Arbeitnehmer zu Miteigen-
tümern des Unternehmens. Abhängig von der Rechtsform der Unternehmung
sind u.a. folgende Beteiligungen gängig. Dabei werden die ersten beiden auch
als **mezzanine Beteiligungen** bezeichnet, da sie im engen Maßstab zwischen
Eigen- und Fremdkapitalbeteiligung anzusiedeln sind (vgl. im Folgenden
Schneider u.a. 2007, S. 199ff.).

(1) Stille Beteiligung
Sie entsteht dadurch, dass sich der Arbeitnehmer an dem Unternehmen mit ei-
ner Vermögenseinlage beteiligt, ohne dabei nach außen sichtbar zu werden.
Der **stille Gesellschafter** nimmt am Verlust bis zur Höhe seiner Einlage teil.
Oft wird die Verlustbeteiligung im Gesellschaftsvertrag ausgeschlossen. Für die
Überlassung der Einlage ist der stille Gesellschafter am Gewinn der Unter-
nehmung zu beteiligen. Dem typischen stillen Gesellschafter stehen nur die

Kontrollrechte nach §233 Abs. 1 und 3 HGB zu (Mitteilung des Jahresabschlusses und Kontrolle seiner Richtigkeit unter Einsicht der Bücher).

(2) Genussrechte

Auf der Basis eines Genussrechtsvertrages erhalten Mitarbeiter Vermögensrechte am arbeitgebenden Unternehmen. Mit dem Genussrecht erwerben sie Gläubigerrechte, d.h. einen Anspruch auf Gewinnbeteiligung. Die Ausgestaltung der Genussrechte ist gesetzlich wenig geregelt und damit sehr flexibel. Mitgliedschaftsrechte (Information und Mitbestimmung) gibt es nicht.

Praxis   **Hoppecke Kapitalbeteiligung durch Genussrechte**

Die Hoppecke Unternehmensgruppe, ein Hersteller von Industriebatterien mit einem Umsatz von rund 200 Mio. € und rund 1.000 Mitarbeitern in 2006, verfügt über eine mehr als 35-jährige Tradition im Bereich Mitarbeiterbeteiligung.

Die aktuelle Mitarbeiter-Kapitalbeteiligung bei Hoppecke basiert auf Genussrechten im Nennwert von 50 €. Es gibt zwei Arten von Genussrechten. Genussrechte vom Typ A: Kaufpreis liegt infolge eines Arbeitgeberzuschusses unter dem Nennwert (50 €), die Sperrfrist beträgt sechs Jahre, Gewinn- und Verlustbeteiligung bis max. 25 Prozent vom Nennwert. Genussrechte vom Typ B: Kaufpreis = Nennwert = 50 €, die Sperrfrist beträgt zwei Jahre, Gewinnbeteiligung bis max. 25 Prozent vom Nennwert – keine Verlustbeteiligung. Finanziert werden die Genussrechte im Grundsatz durch die Mitarbeiter im Rahmen der jährlichen Zeichnungsaktion. Dabei können einmal im Jahr (jeweils zum 01.10.) in begrenzter Anzahl Genussrechte (GR) gekauft werden (in der Regel 15 GR vom Typ A und 40 vom Typ B). Für den Kauf von GR des Typs B gibt es noch spezielle Sonderformen:

- Umwandlung der jährlichen Gewinnausschüttung in neue GR
- In den September vorgezogene Auszahlungen von Teilen der tariflichen Sonderzahlungen (Weihnachtsgeld) für den Erwerb von GR
- Prämien für Verbesserungsvorschläge in Form von GR
- Sonderzahlungen aus verschiedensten Anlässen in Form von GR

In 2006 erhielten die Genussrechtsinhaber eine Verzinsung in Höhe von 5,6 Prozent auf den Nennwert eines Genussrechts; insgesamt wurden 109.044 € ausgeschüttet. Zusätzlich erhielten die Mitarbeiter einen Arbeitgeberzuschuss in Höhe von 135 € für den Kauf von 15 Genussrechten vom Typ A. Die Zeichnungsaktion für das Jahr 2007 erbrachte neues Genussrechtskapital in Höhe von 148.500 €, womit der Gesamtbestand an Genussrechtskapital auf über 2 Mio. € gestiegen ist.

Quelle: Beele u.a. (2006, S. 29); Hoppecke (2007).

(3) Belegschaftsaktien

Für Aktiengesellschaften und Kommanditgesellschaften auf Aktien besteht die Möglichkeit Aktien zu **Vorzugspreisen** an Mitarbeiter zu verkaufen (vgl. grundsätzlich Schneider u.a. 2007, S. 213ff.). Dabei handelt es sich um Belegschaftsaktien (vgl. Drumm 2005, S. 655ff.). Die Mitarbeiter sind in Höhe ihres investierten Kapitals haftbar, können aber anteilig am Unternehmenserfolg partizipieren.

Beteiligungen als Gesellschafter an einer GmbH oder OHG sowie als Kommanditist an einer KG bringen erhebliche rechtliche und organisatorische Aufwände mit sich. Aus diesem Grund sind dieses Beteiligungsformen in der Praxis nicht sehr verbreitet (vgl. zur GmbH Myritz 2007, S. 38).

6.7   Markt- und qualifikationsbezogene Entlohnung

Je höher der **Arbeitsmarktwert** einer Person mit ihren Qualifikationen und Motivationen ist, umso größer soll ihr Belohungsanteil an der betrieblichen Wertschöpfung sein. Im Marktwert kommen die Leistungspotenziale des Arbeitnehmers zum Ausdruck, die das Unternehmen für sich nutzen kann.

Die Marktgerechtigkeit orientiert sich an der Knappheit spezifischer Qualifikationen auf dem Arbeitsmarkt (vgl. Gmür/Thommen 2006, S. 128f.) und spielt im Bereich von Spezialqualifikationen und von Führungskräften eine wesentliche Rolle. **Vergütungsstudien** (z.B. Kienbaum oder DGFP) schaffen hier für den Arbeitgeber die notwendige Markttransparenz. Die Marktgerechtigkeit ist von dem Arbeitgeber kaum zu beeinflussen, sondern ergibt sich durch das Zusammenspiel von Angebot und Nachfrage am Arbeitsmarkt.

Eine systematische Fortsetzung findet die marktgerechte Entlohnung von Qualifikationen im betrieblichen System der **qualifikationsabhängigen Entgeltdifferenzierung** (vgl. hierzu Drumm 2005, S. 602ff.; Holtbrügge 2005, S. 157f.). Dieser liegt die Annahme zugrunde, dass unternehmerischer Erfolg maßgeblich auf dem vorhandenen Humankapital basiert. Dieser Gerechtigkeitsfaktor stellt somit nicht auf stellenspezifische Anforderungen und Leistungserwartungen ab, sondern bezieht sich auf die betriebsnotwendigen bzw. noch enger auf die tätigkeitsspezifischen Qualifikationen der Mitarbeiter. Dieses Gerechtigkeitspostulat wird häufig als Polyvalenz-, Potenzial- oder Qualifikationslohn bezeichnet. Qualifikationsgerechtigkeit ist demgemäß gegeben, wenn die verschiedenen Qualifikationen (Polyvalenz) und damit die Vielseitigkeit eines Mitarbeiters vergütet werden – immer unter der Voraussetzung des tätigkeitsspezifischen Bedarfs. Voraussetzung für die qualifikationsabhängige Entgeltdifferenzierung ist die Erfassung und Zuordnung von Qualifikationen zu Entgeltgruppen. Hierbei sind insbesondere die Entwicklung einer Qualifikationssystematik und die Zuordnung der Mitarbeiter zu den **Qualifikations-**

gruppen problematisch. Als Orientierung können z.b. formale Zertifikate wie Facharbeiterbrief, Meisterprüfung, Hochschulzeugnisse etc. dienen.

Die qualifikationsbezogene Lohngerechtigkeit ist ein teilweise umstrittenes Kriterium, zumal es partiell über die Anforderungs-, Leistungs- und Marktgerechtigkeit implizit abgedeckt ist.

6.8   Betriebliche Sozialpolitik

Unternehmen bezahlen ihren Mitarbeitern nicht nur Entgelte für erbrachte Arbeitsleistung. Vielmehr gibt es darüber hinaus finanzielle Leistungen, bei denen der Grundsatz „ohne Leistung kein Lohn" bewusst durchbrochen ist (**„Soziallöhne"**). Je nachdem, ob es sich dabei um vom Gesetzgeber vorgeschriebene, von den Tarifvertragsparteien ausgehandelte oder vom Arbeitgeber auf betrieblicher Ebene freiwillig veranlasste Zahlungen handelt, wird in gesetzliche, tarifliche und freiwillige Sozialleistungen unterschieden. Die zielgerichtete Kombination dieser Sozialleistungen ergibt im Kern die **betriebliche Sozialpolitik**, zu der weiter die Themen Arbeitsschutz und Gesundheitsmanagement zu rechnen sind, und in der die Sozialgerechtigkeit in der Lohnfindung ihre Umsetzung findet. Ziele der betrieblichen Sozialpolitik sind u.a. (vgl. Drumm 2005, S. 610f.)

*   Mitarbeiter an das Unternehmen zu binden,
*   Abfluss von Kompetenzen zu vermeiden,
*   Aufrechterhaltung der Leistungsfähigkeit der Mitarbeiter sowie
*   die Arbeitszufriedenheit der Mitarbeiter zu steigern.

6.8.1   Gesetzliche Sozialleistungen

Die gesetzlichen Sozialleistungen sind dafür eingerichtet, zentrale **Lebensrisiken** der in abhängiger Beschäftigung tätigen Arbeitnehmer abzusichern (vgl. im Folgenden Jung 2006, S. 603ff.). Die gesetzlichen Sozialleistungen können unter dem Begriff der Sozialversicherung zusammengefasst werden.

Bei der Sozialversicherung handelt es sich um eine **öffentlich-rechtliche Pflichtversicherung**, die der Arbeitgeber weitestgehend paritätisch (Renten-, Arbeitslosen-, Kranken- und Pflegeversicherung), bzw. ganz (Unfallversicherung) finanzieren muss.

In der **Krankenversicherung** (Satz ist abhängig von der Krankenkasse; ca. zwischen 12,7 und 15,5 Prozent des Bruttolohns) ist seit dem 01.07.2005 ein Zusatzbeitrag in Höhe von 0,9 Prozent allein vom Arbeitnehmer zu bezahlen. Dafür sind Zahnersatz und Krankengeld weiter im Leistungskatalog der Krankenkassen enthalten. Im Rahmen der **Gesundheitsreform 2007** wurde bestimmt, dass ab dem 01.01.2009 alle Mitglieder einer gesetzlichen Krankenkasse den gleichen, prozentualen Beitrag in den dann neu geschaffenen Gesundheitsfonds einzahlen (vgl. grundsätzlich zur Gesundheitsreform 2007 Bundesministerium für Gesundheit 2007). Als Bemessungsgrundlage für den Beitrag zur Krankenversicherung ist das Bruttoeinkommen heranzuziehen, welches bis zur **Beitragsbemessungsgrenze** (2007: 3.562,5 €) zu verbeitragen ist. Darüber hinaus gehende Gehaltsteile werden nicht in der Krankenversicherung berücksichtigt. Die BBG wird ggf. jährlich an die allgemeine Lohn- und Gehaltsentwicklung aller Versicherten angepasst. Ein Wechsel in die private Krankenversicherung ist bei Überschreitung der **Jahresarbeitsentgeltgrenze** in drei aufeinander folgenden Jahren möglich (Jahresarbeitsentgeltgrenze 2007: 47.700 €).

Der Beitrag zur **Pflegeversicherung** (seit 1995) umfasst 1,7 Prozent des Bruttolohns bei einer BBG analog zur Krankenversicherung. Für Kinderlose ab dem 24. Lebensjahr ist ein Zuschlag von 0,25 Prozent-Punkten zu entrichten; dies führt zu einer Belastung bei Kinderlosen in Höhe von 1,1 Prozent (= 0,85 Prozent + 0,25 Prozent), da der Kinderzuschlag nur vom Arbeitnehmer zu tragen ist.

Der Beitragssatz in der **Rentenversicherung** beträgt in 2007 19,9 Prozent des Bruttolohns bei einer BBG in Höhe von 5.250 €. Der Beitragssatz in der **Arbeitslosenversicherung** beträgt in 2007 4,2 Prozent des Bruttolohns bei gleicher BBG wie in der Rentenversicherung. Die Beitragssätze in der Renten- und Arbeitslosenversicherung werden ggf. jährlich angepasst.

Die Kosten für die **Unfallversicherung** trägt der AG zu 100 Prozent. Der Beitrag zur Unfallversicherung wird als nachgelagertes Umlageverfahren in Abhängigkeit der in der Vorperiode tatsächlich erbrachten Versicherungsleistung, der Entgeltsumme im Unternehmen und der Gefahrenklasse des Unternehmens berechnet. Mit der Unfallversicherung sind Wege- und Arbeitsunfälle sowie die Behandlung von Berufskrankheiten abgedeckt. Träger der gesetzlichen Unfallversicherung sind die Berufsgenossenschaften.

Zu den gesetzlichen Sozialleistungen gehören noch weitere verbindliche Leistungen, die alleine durch den Arbeitgeber zu finanzieren sind. So z.B.

- die Entgeltfortzahlung im Krankheitsfall oder
- das Bezahlen eines Urlaubsentgeltes nach Bundesurlaubsgesetz.

6.8.2 Tarifliche Sozialleistungen

Tarifliche Sozialleistungen werden von den Tarifvertragsparteien einer Branche (Gewerkschaft und Arbeitgeberverband) ausgehandelt und sind für alle tarifgebundenen Arbeitgeber und Arbeitnehmer verbindlich. Typische, entgeltbezogene tarifliche Sozialleistungen sind z.B.

- Urlaubsgeld (zusätzlich zum eigentlichen Urlaubsentgelt),
- Weihnachtsgeld,
- Vermögenswirksame Leistungen oder
- Entgeltfortzahlung im Krankheitsfall über den gesetzlichen Zeitraum von sechs Wochen hinaus.

6.8.3 Freiwillige Sozialleistungen

Bei den freiwilligen Sozialleistungen hat der Arbeitgeber einen Gestaltungs-spielraum (vgl. Bühner 2005, S. 178f.). Hier steht es ihm offen, derartige Leis-tungen anzubieten und zu bezahlen. Damit eröffnet sich ein **Differenzie-rungsspielraum** gegenüber anderen Mitbewerbern am Arbeitsmarkt durch die Schaffung eines positiven Arbeitgeberimages. Beispielhafte freiwillige Sozial-leistungen sind u.a.

- Essenszuschuss,
- Kontoführungsgebühren,
- Gratifikationen: Firmenjubiläum, Jubilarzahlungen,
- (übertarifliches) Urlaubsgeld und
- Bereitstellen begünstigter Werkswohnungen.

Hervorzuheben in diesem Bereich ist eine optional gewährte, arbeitgeberseitig finanzierte **betriebliche Altersversorgung**, die im §1 Abs. 1 S. 1 BetrAVG als vom Arbeitgeber zugesagte Versorgungsleistung geregelt ist. Einen Rechtsan-spruch im Rahmen der betrieblichen Alterversorgung haben die Arbeitnehmer ansonsten nur auf die Entgeltumwandlung, d.h. auf die aus dem Bruttoentgelt eigenfinanzierte Altersvorsorge in Höhe von vier Prozent der BBG der gesetz-lichen Rentenversicherung (vgl. zur betrieblichen Altersvorsorge und zur „De-ferred Compensation" Drumm 2005, S. 617ff.).

6.9 Flexible Entgeltgestaltung – Cafeteria-System

Mitarbeiter haben verschiedene Bedürfnisse und sind entsprechend über unter-schiedliche Anreize motivierbar. Dieser Tatsache trägt ein flexibilisiertes Ent-geltsystem Rechnung, das neben der reinen Barauszahlung weitere **Entgeltop-tionen** beinhaltet. Solche flexiblen Entgeltsysteme werden als Cafeteria-Systeme bezeichnet, da sich der Arbeitnehmer ähnlich wie in einer Cafeteria sein Essen, hier sein Entgelt individuell zusammenstellen kann (vgl. Jung 2006, S. 901ff.; grundsätzlich Wagner u.a. 1993). Die Höhe der Gesamtvergütung än-dert sich dadurch nicht. Kennzeichnend für Cafeteria-Modelle sind:

- eine Individualisierung von Entgeltbestandteilen,
- eine periodisch wiederkehrende Wahlmöglichkeit für die Mitarbeiter,
- ein Wahlangebot mit mehreren Alternativen.

Im Cafeteria-Modell steht nicht die Erhöhung der Vergütung, sondern ihre optimale Ausgestaltung im Vordergrund. Dadurch kann für den Mitarbeiter ein höherer **Nettonutzen** aufgrund einer spezifischen Bedürfnisbefriedigung erreicht werden, ohne dass der **Bruttoaufwand** für den Arbeitgeber steigt. Beispiele für Cafeteria-Optionen (Wahlmöglichkeiten) sind:

- Entgeltumwandlung: Altersvorsorge statt Auszahlung
- Dienstwagen: Mobilität statt Auszahlung
- Überstunden: Lebensarbeitszeitkonto statt Auszahlung
- Risikoabsicherung: Abschluss einer privaten Krankenzusatzversicherung über das Unternehmen anstatt Auszahlung.

Problematisch ist in der praktischen Umsetzung allerdings, dass Cafeteria-Systeme eine höhere **Systemkomplexität** im Entgeltbereich begründen, einen höheren Verwaltungsaufwand erfordern und sowohl zur Konstruktion als auch zur Umsetzung notwendiges Spezialistenwissen erforderlich machen. Dadurch ist die Kostenneutralität oftmals nicht realisierbar.

6.10   Rechtliche Aspekte

Der Bereich des betrieblichen Entgeltmanagements wird durch eine Vielzahl verschiedener Rechtsquellen unterschiedlicher Hierarchieebenen, ausgehend von der **Europäischen Rechtssprechung** und dem **Grundgesetz der Bundesrepublik Deutschland,** beeinflusst.

Auch auf Ebene der einfachen **Gesetze** gibt es eine Fülle rechtlicher Grundlagen zum Bereich des Entgeltmanagements. Den Ausgangspunkt stellt §611 BGB dar, der die Hauptleistungspflichten im Arbeitsverhältnis regelt. Auch das Bundesurlaubsgesetz, das Entgeltfortzahlungsgesetz im Krankheitsfall, das „Betriebsrentengesetz", das Handelsgesetzbuch, das Arbeitnehmererfindungsgesetz usw. enthalten Regelungen zum Entgelt. Eine besondere Bedeutung kommt dem Betriebsverfassungsgesetz von 1972 zu, dass in §87 Abs. 1 Nr. 4, 6, 10 und 11 echte Mitbestimmungssachverhalte im Zusammenhang mit der betrieblichen Entgeltgestaltung definiert.

In **Tarifverträgen** werden zentrale Bestimmungen für das Entgelt in den Branchen festgelegt. Zu unterscheiden sind dabei Manteltarifverträge (MTV) und Entgelttarifverträge (ETV). In Manteltarifverträgen werden die längerfristig gültigen Sachverhalte fixiert. So z.B. Grundlagen zur Arbeitsbewertung,

Mehrarbeitszuschläge, Lohnzahlungen im Krankheitsfall usw. In Entgelttarif-verträgen werden dagegen die kurzfristiger gültigen Lohnsätze geregelt. Typi-scherweise haben Entgelttarifverträge eine 12- bis 24-monatige Laufzeit.

In **Betriebsvereinbarungen** können Sachverhalte zum Entgelt geregelt werden, soweit diese nicht bereits gesetzlich oder tariflich fixiert sind. Ein-schlägig ist hier der §87 Abs. 1 BetrVG. Nach Nr. 10 hat der Betriebsrat bei der Festlegung von Entlohnungsgrundsätzen mitzubestimmen. Hierzu gehören z.B. die Wahl der jeweiligen Entgeltform, das Verhältnis von fixen Entgeltbe-standteilen zu variablen Prämienanteilen oder die Verteilungsgrundlagen von Prämien. In Nr. 11 ist zum Schutz der Arbeitnehmer bei leistungsbezogener Vergütung das Mitbestimmungsrecht ausgeweitet. Der Betriebsrat hat hier di-rekten Einfluss auf die Vergütung durch Mitbestimmung der Akkordsätze (Geldmenge je Stück) oder der Geldfaktoren (Geldmenge je Minute).

Auch in den **Arbeitsverträgen** selbst finden sich verschiedene Regelungen zum Entgelt. Diese müssen konform zu den Regelungen höherer Rechtsquel-len sein, bzw. dürfen nur zum Vorteil der Mitarbeiter von den höheren Rege-lungen abweichen (Günstigkeitsprinzip). In Arbeitsverträgen ist z.B. die Art und Höhe des Entgeltes, die Fälligkeit usw. geregelt.

Im Zusammenhang mit dem Arbeitsverhältnis ist auch die **betriebliche Übung** zu beachten. Aus dieser kann sich ein Rechtsanspruch auf ursprüng-lich freiwillige Leistungen des Arbeitgebers infolge des Gewohnheitsrechts er-geben. Soll dies vermieden werden, muss ausdrücklich auf Freiwilligkeit und Einmaligkeit der Zahlung hingewiesen werden (so genannter Vorbehalt).

6.11 Zusammenfassung

Das betriebliche **Entgeltmanagement** ist ein zentrales Instrument, um Mitar-beiter zu führen und zu motivieren. Als Teil des **Anreizsystems** trägt es zur Bedürfnisbefriedigung und damit zur Verhaltenssteuerung der Mitarbeiter bei. Damit sich die gewünschten motivatorischen Effekte entfalten können, ist dar-auf zu achten, dass der Lohn im Rahmen der **gesetzlichen Rahmenbedin-gungen** gerecht gestaltet wird.

Dabei ist die relative **innerbetriebliche Lohngerechtigkeit** von verschie-denen Einflussfaktoren abhängig. So muss das Entgeltsystem die **Arbeitsan-forderungen** der verschiedenen Arbeitsplätze widerspiegeln. Um die Schwie-rigkeit von Arbeitsaufgaben erfassen zu können, existieren Verfahren der **Arbeitsbewertung**. Auch das **Leistungsverhalten** der Arbeitnehmer soll nach Möglichkeit die Höhe des Entgeltes differenzieren. Dies kann durch den Einsatz unterschiedlicher **Lohnformen** erreicht werden, wobei der Akkord-lohn die am stärksten leistungsorientierte Variante darstellt. Von den Unter-nehmen kaum zu steuern sind die am **Arbeitsmarkt** ermittelten Entgelte für knappe Arbeitnehmerqualifikationen. Der **Markt** beeinflusst damit den betrieblichen gerechten Lohn. Vor diesem Hintergrund stellen einzelne Unternehmen ergänzend zu den anforderungsbezogenen Gerechtigkeitsüberlegungen grundsätzlich stärker auf die vorhandenen **Qualifikationen der Mitarbeiter** ab. Weiterhin können Unternehmen im Rahmen der Entgeltfindung überlegen, ob Sie Mitarbeiter am **Erfolg und/oder am Kapital** des Unternehmens **beteiligen** wollen. Solche Bestandteile im Entgeltsystem stärken die Motivation und die Bindungsbereitschaft der Mitarbeiter. Abschließend fließen in ein gerechtes Entgeltsystem auch soziale Überlegungen ein. Dies wird mit den betrieblichen **Sozialleistungen**, die teilweise gesetzlich und tariflich vorgeschrieben sind, umgesetzt. Die Sozialleistungen ergeben zusammen mit den Kosten für Weiterbildung, Gesundheitsschutz usw. die so genannten **Personalnebenkosten**, die sich im Durchschnitt auf ca. 70 bis 80 Prozent der Personalbasiskosten (**Direktentgelt**) summieren können. Dies bedeutet, dass die Arbeitgeber für je 100 €, die sie einem Mitarbeiter bezahlen, nochmals 70 bis 80 € zusätzlich an Nebenkosten aufwenden müssen.

Aufgrund ihrer Bedeutung für den Unternehmenserfolg werden für Führungskräfte oftmals speziell ausgestaltete, **leistungs- und erfolgsorientierte Vergütungssysteme** konzipiert. Damit soll diese Zielgruppe zu besonderen Anstrengungen für den Unternehmenserfolg motiviert werden.

Um durch das Entgelt die Mitarbeiter aller Ebenen effektiv motivieren zu können, ist es sinnvoll die entgeltlichen Leistungen an die Bedürfnisse der einzelnen Mitarbeiter anzupassen. Zu diesem Zweck können **flexible Entgeltsysteme** eingeführt werden, welche verschiedene Lohnkomponenten beinhalten, die von den Mitarbeitern frei gewählt werden können ohne dass sich die Gesamthöhe der Bezüge ändert. Solche Modelle werden als **Cafeteria-Systeme** bezeichnet.

6.12   Kontrollfragen

Aufgabe 6.1 (Lohnkonflikt): Nennen Sie die sechs Gerechtigkeitspostulate des betrieblichen Entgelts.

Aufgabe 6.2 (Anforderungsbezogene Entlohnung): Markieren Sie, ob die folgenden Aussagen richtig oder falsch sind!

Das Rangreihenverfahren ist ein summarisches Verfahren nach dem Prinzip der Reihung.   Richtig ☐   Falsch ☐

Das Lohngruppenverfahren ist in den Entgelttarifverträgen verwirklicht.
                                                             Richtig ☐   Falsch ☐

Das Genfer-Schema unterteilt sich in die Anforderungsarten: geistige Anforderungen, körperliche Anforderungen, Verantwortung, Arbeitsbedingungen.

Richtig □   Falsch □

Die Schwierigkeit bei der Übersetzung von Arbeitswerten nach dem Rangfolgeverfahren besteht darin, dass die Abstände nur metrisch skaliert sind.

Richtig □   Falsch □

Unter gebundener Gewichtung bei Anforderungsarten wird die Multiplikation eines Teilarbeitswertes mit einem zuvor festgelegten Gewichtungsfaktor verstanden.

Richtig □   Falsch □

Das Stufenwertzahlverfahren definiert für jede Anforderungsart mehrere Belastungsstufen, welche durch Richtbeispiele erläutert und mit einer Wertzahl versehen sind.

Richtig □   Falsch □

Aufgabe 6.3 (Lohnformen):
a) Nennen Sie drei Argumente, warum es sinnvoll ist, den reinen Zeitlohn als Lohnform einzusetzen, obwohl er doch wenig Leistungsanreize bietet.

b) In Ihrem Unternehmen ist geplant eine leistungsabhängige Vergütung einzuführen. Aufbauend auf einem fixen Grundlohn sollen die Mitarbeiter im Fertigungsbereich in Abhängigkeit von der produzierten Stückzahl halbjährlich eine Prämie ausbezahlt bekommen.
Welche Prämienlohnlinie würden Sie empfehlen, wenn Sie folgende Fakten berücksichtigen: der Maschinenpark ist relativ alt, Ersatzinvestitionen sind aktuell nicht machbar; das Unternehmen ist seit vielen Jahren bekannt für sein ausgezeichnetes Gesundheitsmanagement, das es seinen Mitarbeitern anbietet; es ist relativ schwierig die als „Normalleistung" vorgegebene Produktionsmenge zu übertreffen und in den prämienrelevanten Bereich zu kommen.

c) In der Motoren AG gilt eine Arbeitszeit von 35 h/Woche bei Gleichverteilung auf alle fünf Wochentage. Die Vorgabezeit zur Bearbeitung der Vergaserklappen beträgt 15 min je Stück, der Mindestlohn beträgt € 13,00. Es wird ein Akkordzuschlag in Höhe von 15 Prozent gezahlt.
Ermitteln Sie den Akkordrichtsatz, den Minutenfaktor, den Stundenlohn bei 5 in der Stunde bearbeiteten Vergaserklappen sowie den wöchentlichen Leistungsgrad bei über die gesamte Woche konstanter Leistungsintensität.

d) Füllen Sie die Lücken im Text mit den entsprechenden Begriffen aus.

Neben dem Stückakkord tritt die Akkordentlohnung noch in der Variante des........................ auf.

Die........................ bezeichnet im Rahmen der Einführung einer Akkordentlohnung den Sachverhalt, dass der Arbeitsablauf keine Mängel hat und von dem Mitarbeiter nach einer Einarbeitung beherrscht werden kann.
Bei der Entwicklung eines Prämienlohnsystems ist zuerst der ...., dann die............................. und zuletzt die .... festzulegen.

Die Berücksichtigung der dauerhaften Wertsteigerung eines Unternehmens innerhalb der leistungsbezogenen Vergütung durch einschlägige Bonuszahlungen gehört in den Bereich der ....

Die........................bestimmt in welchem Umfang die Zielerreichungsprämie bei einem gegebenen Zielerreichungsgrad ausgeschüttet wird.

Aufgabe 6.4 (Mitarbeiterbeteiligung): Nennen Sie in der richtigen Reihenfolge die zentralen Schritte zur Einführung eines erfolgsbasierten Investivlohn-Modells.

Aufgabe 6.5 (Betriebliche Sozialpolitik): Markieren Sie, ob die folgenden Aussagen richtig oder falsch sind!

Als Soziallöhne werden finanzielle Leistungen des Arbeitgebers verstanden, bei denen der Grundsatz „ohne Arbeit kein Lohn" durchbrochen ist.
Richtig □   Falsch □

Das System der gesetzlichen Sozialversicherung besteht aus Kranken-, Renten-, Arbeitslosen- und Unfallversicherung.   Richtig □   Falsch □

Die Mitarbeiter haben einen Rechtsanspruch auf eine betriebliche Alterversorgung im Rahmen der Entgeltumwandlung.   Richtig □   Falsch □

Die Beitragsbemessungsgrenze definiert das monatliche Bruttoeinkommen, das erreicht sein muss, damit Arbeitnehmer in die private Krankenversicherung wechseln dürfen.   Richtig □   Falsch □

Die Fortzahlung des Entgeltes durch den Arbeitgeber in den ersten sechs Wochen einer Krankheit ist eine freiwillige Sozialleistung.
Richtig □   Falsch □

7 Personalentwicklung

- was unter Personalentwicklung zu verstehen ist,
- welche grundsätzlichen Erfolgsdeterminanten bei der Gestaltung von PE-Systemen zu beachten sind,
- wie eine strategische Personalentwicklungsplanung zu betreiben ist,
- wie sich die Interventionsfelder der Personalentwicklung ausgestalten lassen,
- wie Bildungscontrolling umgesetzt werden kann.

7.1 Einordnung der Personalentwicklung

Die Personalentwicklung stellt eine zentrale Funktion innerhalb des betrieblichen Personalmanagements dar. Sie dient zum einen dazu, die qualifikatorische Einsetzbarkeit der Mitarbeiter im Kontext einer sich permanent verändernden Arbeitswelt sicherzustellen (vgl. Kapitel 2). Zum anderen hilft sie durch eine gezielte Personalförderung den Bedarf an Fach- und Führungskräften im Unternehmen zu decken. Neben diesen Kernfunktionen trägt eine systematische Personalentwicklung zur Bindung von Mitarbeitern und zur Entwicklung eines positiven Images am Arbeitsmarkt bei.

7.2 Grundlagen der Personalentwicklung

Soll eine effektive und effiziente Personalentwicklung im Unternehmen eingeführt und umgesetzt werden, sind verschiedene Voraussetzungen zu beachten. Kenntnisse über das unternehmerische Zielsystem sowie über die grundlegenden Erfolgsfaktoren der Personalentwicklung sind unabdingbar. Auch sind ohne eine Einbindung der notwendigen Interessensgruppen und Kompetenzträger im Unternehmen nur unzureichende Personalentwicklungskonzeptionen denkbar.

7.2.1   Verständnis und Abgrenzung zur Organisationsentwicklung

In Abhängigkeit der wissenschaftlichen Perspektive von Personalentwicklung existiert eine Vielzahl von Definitionen (vgl. u.a. Becker 2002, S. 5). Im Weiteren wird ein Verständnis von Personalentwicklung zugrunde gelegt, das darauf ausgerichtet ist, den betriebswirtschaftlichen Erfolg von Unternehmen durch eine Ausrichtung an den Organisationszielen zu unterstützen und somit als **strategieorientierte Personalentwicklung** bezeichnet werden kann (vgl. Solga u.a. 2005, S. 17ff.).

Personalentwicklung ist die Gesamtheit aller Maßnahmen in Organisationen zur **zweckgerichteten Förderung** der arbeitsbezogenen **Kompetenzen** und **Einstellungen** der Mitarbeiter, um die **Effizienz** und **Effektivität** der Organisationen zu steigern. Personalentwicklung ist Teil einer umfassenderen **Organisationsentwicklung.**

Dabei beschreibt die zweckgerichtete Ausgestaltung, dass ein Bezug zu den unternehmerischen Zielen herzustellen ist. Nur so kann ein Beitrag zur betrieblichen **Wertschöpfung** erzielt werden. Die Entwicklung von **Kompetenzen** fokussiert darauf, dass es in Unternehmen auf die Anwendung erworbenen Wissens und entwickelter Fähigkeiten in offenen Situationen ankommt (vgl. zum Kompetenzbegriff Schirmer 2006, S. 62ff.; Kapitel 7.4.2.1). Mitarbeiter müssen **handlungskompetent** agieren können. Der Nachweis einer Qualifikation ist dafür zwar notwendig aber keinesfalls hinreichend. Würden nur Kompetenzen entwickelt, würde dies zu kurz greifen, da es für ein kompetentes Handeln weiter auf das Wollen, das u.a. von der notwendigen Einstellung abhängt, ankommt. Übergreifendes Ziel der Personalentwicklung ist es, die Erreichung der Unternehmensziele zu unterstützen (Effektivität) und die Organisation zu befähigen, dies mit einem möglichst verschwendungsfreien Einsatz vorhandener Ressourcen zu realisieren (Effizienz).

Als umfassendes Konzept befasst sich Organisationsentwicklung mit der ganzheitlichen Veränderung von Organisationen, d.h. mit dem Wandel von Strukturen, Strategien, Prozessen, Kulturen und **Menschen.** Es handelt sich um eine Entwicklung im Sinne höherer Wirksamkeit der Organisation und größerer Arbeitszufriedenheit der beteiligten Menschen (vgl. Gebert 2004, S. 601). An der **personalen Schnittstelle** erfolgt die Integration der Personal- in die Organisationsentwicklung; insbesondere wenn es darum geht, Kompetenzen von Mitarbeitern zu entwickeln sowie notwendige Veränderungen im Arbeitssystem als Voraussetzung zur Kompetenzanwendung zu realisieren. Personalentwicklung ist eine notwendige Bedingung für die Organisationsentwicklung (vgl. Drumm 2005, S. 429; Müller-Vorbrüggen 2006, S. 12f.).

In der Personalentwicklung sind wie in Abb. 40 dargestellt drei Bereiche zu unterscheiden.

Abb. 40: Teilbereiche der Personalentwicklung

Personalbildung	Personalförderung	Organisations-entwicklung
§1 BBiG: • Ausbildungsvorbereitung • Ausbildung • Fortbildung • Umschulung	• Diagnostik (Leistungs- und Potenzialbeurteilung), • Fördermaßnahmen und -programme • Karriereplanung...	• Gestaltung des organisatorischen Wandels auf personaler Ebene
Mindestaufgabe der PE	Kernaufgabe der PE	Erweiterter Anwendungs-bereich der PE
Personalentwicklung im engeren Sinn		
Personalentwicklung		
Personalentwicklung im weiteren Sinn		

Quelle: in Anlehnung an Olfert (2006, S. 376); modifiziert.

Innerhalb der Personalbildung geht es darum, benötigte Qualifikationen und Kompetenzen bei den Mitarbeitern zu entwickeln. Mit Personalförderung werden die Identifikation von Potenzialträgern sowie deren systematische Karriereförderung bezeichnet. Als Teil der Organisationsentwicklung hilft Personalentwicklung Unternehmen zu verändern.

7.2.2   Ziele moderner Personalentwicklung

Unternehmen investieren aus vielfältigen Überlegungen in Maßnahmen der betrieblichen Personalentwicklung (vgl. Jung 2006, S. 252f.; Drumm 2005, S. 400f.). U.a. geht es darum

- die Mitarbeiterkompetenzen an die veränderte Arbeitswelt anzupassen,
- die Flexibilität und Leistungsfähigkeit der Mitarbeiter zu verbessern,
- die Selbstorganisationsfähigkeit der Mitarbeiter zu entwickeln,
- den Bedarf an Fach- und Führungskräften zu sichern,
- Mitarbeiter zu binden und das Arbeitgeberimage zu verbessern,
- die Organisationseffizienz zu steigern,
- den Wertschöpfungsprozess im Unternehmen zu optimieren und
- die Erreichung der Unternehmensziele zu unterstützen.

Auch Mitarbeiter verbinden mit der Personalentwicklung verschiedene Erwartungen (vgl. Berthel/Becker 2007, S. 313f.). Sind diese inkongruent mit den Unternehmenszielen, erweisen sich einschlägige Interventionen wie Seminarbesuche etc. oftmals als wirkungslos, da die motivationale Komponente im individuellen Lernprozess fehlt. Der **Lernerfolg** ist abhängig von der Situation, der Intelligenz, aber eben auch von der Motivation der Lernenden (vgl. Schirmer 1997, S. 4; Becker 2002, S. 183ff.). Im Kern wollen Mitarbeiter

- ihre persönliche Entwicklung und Karriere vorantreiben,
- Einkommenssicherung und -optimierung betreiben sowie
- die Optimierung ihrer Arbeitskraft (Employability) sicherstellen.

7.2.3   Kernprozess der Personalentwicklung

Personalentwicklung erfolgt im Grundsatz in einem dreigliedrigen Prozess (vgl. Abb. 41), der sowohl auf strategischer als auch auf operativer Ebene zu bearbeiten ist. Dabei handelt es sich um den **„BIC"-Prozess**: Bedarfsanalyse, Intervention und Controlling (vgl. zu einer weitergehenden Differenzierung der drei Grundschritte z.B. Becker 2005, S. 17ff.).

Abb. 41: Prozessmodell der Personalentwicklung

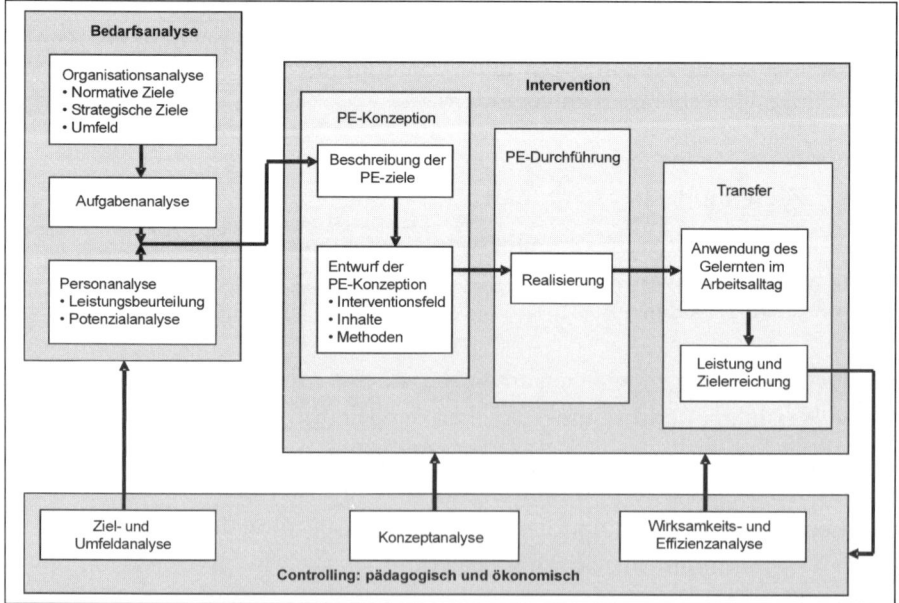

Quelle: in Anlehnung an Solga u.a. (2005, S. 21); modifiziert.

Den Beginn der Personalentwicklung bildet die **strategische Bedarfsanalyse**, welche als Bindeglied zwischen Unternehmensstrategie und Personalentwicklung fungiert (vgl. im Folgenden Solga u.a. 2005, S. 20ff.). Aus ihr werden grundsätzliche Rahmenbedingungen und Zielvorgaben im Hinblick auf notwendig zu implementierende Instrumente und zu vermittelnde Kompetenzen abgeleitet. Ergänzend dazu sind auf taktisch-operativer Ebene im Rahmen der **Aufgabenanalyse** die personellen Leistungsanforderungen zu ermitteln, die zur Erfüllung der Anforderungen in den Organisationseinheiten vor dem Hintergrund der Unternehmensstrategie notwendig sind. Für die spätere operative Ausgestaltung notwendiger Personalentwicklungsinstrumente, wie Trainings oder Nachfolgeplanungen, sind die aktuellen Kompetenzprofile der Mitarbeiter im Rahmen der **Personanalyse** zu erheben. Der konkrete Personalentwicklungsbedarf eines Unternehmens bzw. seiner Mitarbeiter ergibt sich aus dem Soll-Ist-Abgleich der strategisch induzierten Leistungsanforderungen und den vorhandenen personalen Kompetenzen.

In Abhängigkeit von den identifizierten Bedarfen sind die **Interventionsfelder** zu bestimmen, die in die Personalentwicklungskonzeption aufzunehmen sind. Hierzu gehören z.B. die betriebliche Berufsausbildung, die Einführung neuer Mitarbeiter, die betriebliche Fortbildung usw. Das Personalentwicklungskonzept ist mit konkreten Inhalten und Maßnahmen zu operationalisieren, welche anschließend realisiert werden müssen. Dabei ist es wichtig, den **Transfer der Inhalte** in den Arbeitsalltag sicher zu stellen.

Sämtliche Maßnahmen sowie die strategische Ausrichtung der Personalentwicklung sind durch ein **Controlling** bzgl. Effizienz und Effektivität zu überwachen und zu steuern. Das Controlling kann sich dabei auf pädagogische oder ökonomische Zielwerte beziehen sowie prozessbegleitend oder ergebnisbezogen organisiert werden. Grundsätzlich spielt die monetäre Bewertung des Nutzens von Interventionsmaßnahmen als Teil der Wirtschaftlichkeitsbetrachtung der Personalentwicklung eine große Rolle.

7.2.4   Träger der Personalentwicklung

Für die Umsetzung einer Personalentwicklung sind verschiedene Gruppen im Unternehmen notwendig.

Zur Bestimmung strategischer Schwerpunkte und zur Budgetfreigabe ist die **Unternehmensleitung** unverzichtbar. Die **Personalabteilung**, ggf. mit spezialisierten Funktionen, ist Kompetenzträger für die Konzeption, Einführung und Umsetzung der Personalentwicklung. Der **Betriebsrat** ist gemäß Betriebsverfassungsgesetz in die Entscheidungen, ob eine Personalentwicklung eingeführt und wie sie ausgestaltet werden soll, einzubinden. Weiter sind die **Führungskräfte** und die teilnehmenden **Mitarbeiter** zu integrieren, da diese in Bezug auf ihre Verantwortungsbereiche am besten wissen, welche Kompetenzen weiter ausgebaut werden sollen bzw. welche Optimierungsbedarfe zu reduzieren sind.

7.2.5   Erfolgsdeterminanten betrieblicher Personalentwicklung

Damit Personalentwicklung erfolgreich sein kann, sind neben der strategischen Einbindung weitere Faktoren wichtig. Notwendige Kompetenzen lassen sich bei Mitarbeitern dann entwickeln, wenn eingesetzte Instrumente akzeptiert und von den Führungskräften unterstützt werden. Daraus leitet sich ab, dass eine erfolgreiche Personalentwicklung auch die Unternehmenskultur als situative Randbedingung im Sinne einer **Lernkultur** reflektieren muss. Darüber hinaus ist darauf zu achten, dass

- die Instrumente der Personalentwicklung ganzheitlich zu einem System integriert sind. Einzelinstrumente im Sinne voneinander unabhängiger Insellösungen sind zu vermeiden. Dies birgt die Gefahr, dass sich Instrumente inhaltlich nicht unterstützen oder sogar gegenseitig behindern.
- eine Durchgängigkeit über alle Phasen der beruflichen Entwicklung angestrebt wird. Ideal ist ein Personalentwicklungssystem dann, wenn es die Mitarbeiter in allen Stufen der beruflichen Entwicklung, von der Ausbildung bis zur Übernahme von Führungsverantwortung, unterstützen kann.
- selbstorganisiertes Lernen in Ergänzung zum betrieblichen Personalentwicklungsangebot aufgenommen wird. Infolge der hohen Umweltdynamik können Unternehmen nicht alleine das notwendige Wissen vermitteln. Die Mitarbeiter müssen durch eigene Entwicklungsanstrengungen einen Beitrag zur Kompetenzaneignung leisten (vgl. zur Förderung von Selbstentwicklung Berthel/Becker 2007, S. 320ff.).
- das gesamte Personalentwicklungssystem einfach und transparent gestaltet ist. Erst wenn die Instrumente praktikabel und durchschaubar konstruiert sind, werden diese von Mitarbeitern und Führungskräften genutzt.
- Personalentwicklungskonzepte ein positives Kosten-Nutzen-Verhältnis realisieren, mithin das Wirtschaftlichkeitsprinzip beachten. Gerade in Zeiten hoher Kostensensibilität wird neben der Effektivität von Fördermaßnahmen auch deren Effizienz immer bedeutsamer.

7.3   Strategische Bedarfsanalyse in der Personalentwicklung

Gegenstand der strategischen Planung ist es, die Personalentwicklung an den Unternehmenszielen auszurichten. Zwei Vorgehensweisen werden hierfür in der Praxis häufig angewandt: die offene Analyse einschlägiger **Planungsdokumente** und die **Balanced Scorecard**. Auch die Ableitung einschlägiger

Kompetenzkataloge aus den strategischen Geschäftsprozessen, den Aufbau-strukturen usw. im Rahmen eines systematischen **Kompetenzmanagements** findet zunehmend Verbreitung, soll hier aber als weiterführendes Konzept nicht thematisiert werden (vgl. zum Kompetenzmanagement North/Reinhardt 2005; Grote u.a. 2006).

7.3.1   Analyse normativer Grundsätze und strategischer Pläne

In vielen Unternehmen gibt es im Bereich der normativen Fundierung eine schriftlich fixierte **Unternehmensphilosophie**, bestehend aus Werthaltungen, Grundsätzen der Zusammenarbeit etc. Diese Dokumente sind dahingehend zu analysieren, welche konzeptionellen und inhaltlichen Ableitungen sich daraus für die strategieorientierte Personalentwicklung ergeben (vgl. zu dabei relevan-ten Fragestellungen Müller-Vorbrüggen 2006, S. 10f.). Finden sich in einschlä-gigen Unternehmensgrundsätzen z.B. Aussagen der Art, dass Konflikte als Chance zur Weiterentwicklung gesehen werden, folgt daraus für die Personal-entwicklung, eine entsprechende Konfliktkultur zu entwickeln und angepasste Konflikttrainings anzubieten.

Strategische Planungsgrundlagen können weiter wichtige Hinweise für inhaltliche Schwerpunkte enthalten. Die Aussage in der Unternehmensstrate-gie, dass der Wettbewerb künftig durch eine Qualitätsführerschaft bestritten wird, definiert z.B. eine Fokussierung auf Trainings im Qualitätsmanagement.

7.3.2   Balanced Scorecard

Eine weitere Möglichkeit zur strategischen Bedarfsanalyse stellt das metho-disch strenger reglementierte Vorgehen der **Balanced Scorecard** dar (vgl. grundsätzlich Kaplan/Norton 1997; Kapitel 9.2.1.2 in diesem Buch). Inner-halb der Personalentwicklung bildet sie den Rahmen zur Umsetzung der Visi-on und Strategie in operative Maßnahmen (vgl. zum Einsatz der BSC in der Personalentwicklung bei BASF und der AOK Hessen Türk 2001, S. 121ff. und Bröske u.a. 2001, S. 134ff.).

In der Balanced Scorecard werden die vier zentralen Erfolgsdimensionen eines Unternehmens miteinander verknüpft und ausgewogen gesteuert:

- Finanzielle Perspektive: Die finanzwirtschaftlichen Ziele geben die zentrale Ausrichtung für alle anderen BSC-Perspektiven vor.
- Kundenperspektive: Konsequente Kundenorientierung aller Unterneh-mensprozesse als Vorbedingung für Markterfolg.
- Interne Prozessperspektive: Konzentration auf die Prozesse und das Equipment, welches die Leistung für den Kunden erst ermöglicht.

- Lern- und Entwicklungsperspektive: Bezeichnet die Kompetenzen und die Infrastruktur, die geschaffen werden müssen, um die Ziele der anderen Ebenen zu erreichen.

Zur Konstruktion einer unternehmensspezifischen BSC (vgl. Abb. 42) sind aus der Vision mittels eines **Ursachen-Wirkungs-Modells** die strategischen Ziele für die oben dargestellten vier Perspektiven in einem Top-down-Prozess zu entwickeln (vgl. Horváth u.a. 2004, S. 58ff.). Dabei wird zuerst für die Finanzebene ein strategisches Ziel aus der Vision abgeleitet und dann für die Kundenperspektive geklärt, welches Ziel dort erreicht werden muss, damit dieses als Ursache für das Erreichen der Finanzziele dienen kann. Dieses Vorgehen wird über die Prozessebene bis zur Lern- und Entwicklungsebene fortgesetzt. Die erarbeiteten Ziele werden anschließend durch geeignete Messgrößen und konkrete Zielzahlen (Kennzahlen) überprüfbar formuliert. Operative Umsetzungsmaßnahmen, welche die Erreichung der Zielwerte unterjährig sicherstellen sollen, schließen die Entwicklung der BSC ab.

Abb. 42: Beispielhafte Ursachen-Wirkungskette und PE-Scorecard in der BSC

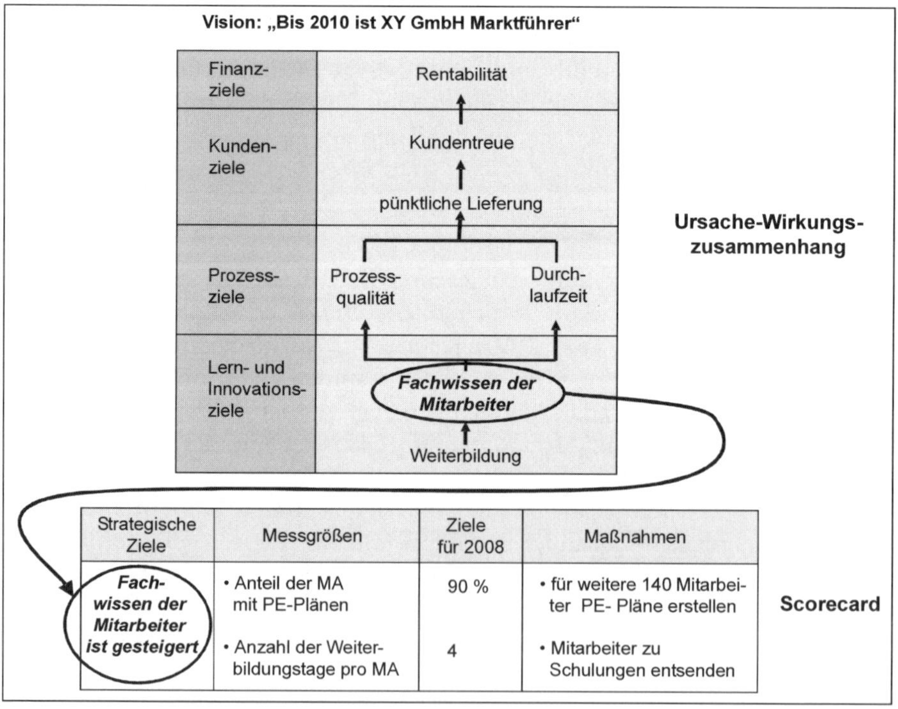

Vision: „Bis 2010 ist XY GmbH Marktführer"

Finanzziele — Rentabilität

Kundenziele — Kundentreue — pünktliche Lieferung

Prozessziele — Prozessqualität — Durchlaufzeit

Lern- und Innovationsziele — *Fachwissen der Mitarbeiter* — Weiterbildung

Ursache-Wirkungszusammenhang

Strategische Ziele	Messgrößen	Ziele für 2008	Maßnahmen
Fachwissen der Mitarbeiter ist gesteigert	• Anteil der MA mit PE-Plänen	90 %	• für weitere 140 Mitarbeiter PE- Pläne erstellen
	• Anzahl der Weiterbildungstage pro MA	4	• Mitarbeiter zu Schulungen entsenden

Scorecard

Quelle: eigene Darstellung.

Mit der Entwicklung einer Balanced Scorecard lassen sich somit aus der Unternehmensvision für den Bereich der Lern- und Innovationsperspektive (Mitarbeiterebene) strategisch bedeutsame Handlungsfelder und inhaltliche Schwerpunkte der Personalentwicklung definieren.

7.4   Interventionsfelder der Personalentwicklung

Durch die strategische Planung werden die konzeptionell zu bearbeitenden **Interventionsbereiche** festgelegt, die weiter zu operationalisieren sind.

7.4.1   Berufsausbildung im dualen System

Die Berufsausbildung erfolgt in Deutschland im dualen System als Funktionsteilung zwischen staatlicher und unternehmerischer Berufsqualifizierung (vgl. Drumm 2005, S. 383ff.) und dient im Regelfall einer beruflichen Erstausbildung (vgl. im Folgenden Becker 2002, S. 126ff.; Olfert 2006, S. 379ff.).

7.4.1.1   Ziel und Gegenstand der Berufsausbildung

Ziel der Berufsausbildung ist es nach §1 Abs. 3 BBiG die für die Ausübung einer qualifizierten beruflichen Tätigkeit in einer sich wandelnden Arbeitswelt notwendigen beruflichen Fertigkeiten, Kenntnisse und Fähigkeiten (**berufliche Handlungsfähigkeit**) in einem geordneten Ausbildungsgang zu vermitteln. Dazu gehören auch die erforderlichen **Berufserfahrungen**.

Gegenstand der Berufsausbildung sind neben allgemein bildenden und fachbezogenen Theorieinhalten auch praxisgestützte Wissenselemente und Erfahrungslernen. Dem Zweck diese beiden Bereiche gleichwertig vermitteln zu können, dient das duale System der Berufsausbildung, in dem zwei grundsätzlich verschiedene Lernorte didaktisch miteinander verbunden werden (vgl. Münch 1995, S. 57). Die theoretischen Kenntnisse werden unter staatlicher Verantwortung an der jeweiligen Berufsschule in **Unterrichtsform** vermittelt, während die praktischen Fertigkeiten und Fähigkeiten in den Unternehmen **arbeitsintegriert** geübt werden (vgl. zu den Anforderungen an das Ausbildungspersonal Dietl/Speck 2003, S. 165ff.). Theorie und Praxis bilden die Basis für die **berufliche Handlungskompetenz**. Dabei unterliegen die Ausbildungsunternehmen den Regelungen des Berufsbildungsgesetzes und damit der staatlichen Aufsicht. Innerhalb der gesetzlichen Grenzen bestehen aber Freiräume zur betrieblich angepassten Ausgestaltung der Ausbildung.

Die detaillierten Inhalte im jeweiligen Ausbildungsberuf sind für die Ausbildungsunternehmen in den **Ausbildungsordnungen** geregelt. Nach §5 Abs. 1 BBiG sind darin die Bezeichnung des Ausbildungsberufs, die Ausbildungsdauer, das Ausbildungsberufsbild sowie der Ausbildungsrahmenplan als zeitliche und sachliche Gliederung der zu vermittelnden Inhalte fixiert. Weiter sind in den Ausbildungsordnungen die Prüfungsanforderungen vorgegeben. Die Inhalte des Berufsschulunterrichts werden durch die einzelnen Bundesländer in Form von Rahmenlehrplänen geregelt.

Die Prüfungen werden ebenfalls dual durchgeführt. Die Kontrolle der praxisbezogenen Fertigkeiten und Fähigkeiten werden durch die **zuständigen Stellen**, d.h. durch die IHKs und HWKs, durchgeführt. Die theoretischen Inhalte werden durch die **Berufsschule** geprüft.

7.4.1.2   Beteiligte der dualen Berufsausbildung

Für die Durchführung der Berufsausbildung im dualen System sind verschiedene Personengruppen notwendig. Auf betrieblicher Seite sind dafür

- der Ausbildende (Arbeitgeber),
- der Ausbildungsleiter,
- der Ausbilder (ggf. Meister),
- nebenamtliche Ausbilder,
- Fachkräfte,
- Betriebsrat sowie die
- Jugend- und Auszubildendenvertreter zuständig.

Auf schulischer Seite sind neben dem Schuldirektor, die Berufsschullehrer und die Lehrer für Fachpraxis zuständig. Hinzu kommen in außerbetrieblichen Ausbildungsstätten bzw. bei den IHKs und HWKs noch Ausbilder, Sozialpädagogen und Ausbildungsberater.

7.4.1.3   Planung und Durchführung der Ausbildung

Die Ausbildung im betrieblichen Lernort ist entsprechend der Ausbildungsordnung unter Berücksichtigung der betrieblichen Besonderheiten zu organisieren. Dazu ist aus dem **Ausbildungsrahmenplan** ein betrieblicher Ausbildungsplan zu entwickeln, der regelt, wann in welcher Abteilung die geforderten Fähigkeiten und Kenntnisse vermittelt werden. Dabei ist darauf zu achten, dass für die einzelnen Ausbildungsstationen eine Lernzielplanung, eine Stoffplanung sowie eine Zeitplanung durchgeführt werden.

Können nicht alle geforderten Inhalte durch den Ausbildungsbetrieb vermittelt werden, können diese durch außerbetriebliche Bildungsstätten, z.B. in Trägerschaft der zuständigen Stellen, oder durch die Kooperation mit anderen Firmen in Form eines **Ausbildungsverbundes** vermittelt werden.

| Hintergrund | **Klassische Formen der Verbundausbildung** |

1. Ausbildungsverbund mit Leitbetrieb
Ein freiwilliger Verbund verschiedener Unternehmen, die gemeinsam ausbilden möchten. Ein Unternehmen, der so genannte Leitbetrieb, schließt die Ausbildungsverträge in eigenem Namen mit den Auszubildenden ab und trägt die Ausbildungsvergütungen. Die Ausbildung erfolgt vor allem im Leitbetrieb. Ausbildungsteile, die dort nicht erbracht werden können, können von den Partnerbetrieben übernommen werden. Diese steigern dadurch ihre Chance, aus den qualifizierten Fachkräften ihren Nachwuchsbedarf decken zu können.

2. Konsortium von Ausbildungsbetrieben
Ein Zusammenschluss von Unternehmen hilft sich in der Ausbildung gegenseitig. Jedes Unternehmen stellt seine eigenen Auszubildenden ein und trägt dafür die Personalkosten. Ausbildungsteile, die nicht erbracht werden können, werden von den Partnerunternehmen übernommen.

3. Ausbildungsverein
Die an dem Verbund beteiligten Firmen gründen dazu eine Ausbildungsgesellschaft, z.B. in Form einer GmbH oder eines Vereins. Über diese Gesellschaft sind die Rechte und Pflichten der beteiligten Unternehmen verbindlich und dauerhaft geregelt. Der Geschäftsführer des Ausbildungsvereins bzw. der Ausbildungsgesellschaft ist meist hauptberuflich angestellt und übernimmt alle organisatorischen und administrativen Aufgaben. Die Kostenerstattung erfolgt durch festgelegte Mitgliedsbeiträge und anteilig umgelegte Ausbildungsaufwendungen.

4. Auftragsausbildung
Ein Unternehmen, das nicht alle Ausbildungsteile erbringen kann, kauft „Ausbildungsleistung" bei einem anderen Unternehmen zu. Dafür bezahlt es, weitere Verbindungen bestehen nicht.

Quelle: Schlottau (2003, S. 10ff.).

Aus dem betrieblichen Ausbildungsplan kann anschließend ein **Belegplan** der betrieblichen Lernorte abgeleitet werden, der darüber informiert, wann Auszubildende welche Abteilung durchlaufen. Weiterführend lassen sich für die Abteilungen detaillierte **Teilausbildungspläne** erstellen, die spezifisch beschreiben, welche Inhalte, anhand welcher Aufgaben etc. zu vermitteln sind. Aus diesen Vorgaben lassen sich dann der **Gesamtversetzungsplan** und die individuellen **Versetzungspläne** konstruieren.

Bei der Ausbildung in den Abteilungen sind zentrale didaktische Prinzipien zu beachten, um den Lernerfolg zu gewährleisten (vgl. weiterführend zu pädagogischen Anforderungen an Lernarbeitsplätze Schirmer 1997, S. 115ff.):

- **Keine Überforderung:** gerade zu Beginn der Ausbildung
- **Anschauung:** Werkzeuge etc. zeigen, um Vorstellung zu steigern
- **Praxisnähe:** möglichst nahe am Arbeitsprozess
- **Selbstorganisation:** zum selbst organisierten Lernen befähigen
- **Handlungsorientierung:** Tun als Basis für Handlungskompetenz
- **Arbeitsorientierung:** Mitarbeit an realen Arbeitsaufträgen
- **Erfolgssicherung:** Teilzielplanung und Erfolgskontrolle

Grundsätzlich sollen die mit der Ausbildung beauftragten Fachkräfte das Leistungsniveau der Auszubildenden überwachen und beurteilen. Die Leistungen sind mit den Auszubildenden im Rahmen von **Beurteilungsgesprächen** und häufigen Feedbacks zu erörtern. Dies bildet die Grundlage für die Auszubildenden sich einzuschätzen und Optimierungsbedarfe zu erkennen.

Die Ausbildung endet nach §21 Abs. 1 BBiG mit dem Ablauf der vereinbarten Ausbildungszeit (**Zeitbefristung**). Bestehen Auszubildende die Abschlussprüfung vor dem Prüfungsausschuss der IHK bzw. HWK vor dem Ende der Ausbildungszeit, so endet das Ausbildungsverhältnis gemäß §21 Abs. 2 BBiG mit der Bekanntgabe des Ergebnisses durch den Prüfungsausschuss (**Zweckbefristung**).

7.4.2   Fort- und Weiterbildung

Eine der wichtigsten Aufgaben innerhalb der Personalentwicklung ist die Fort- und Weiterbildung der Mitarbeiter. Bei der **Fortbildung** steht die weiterführende Qualifizierung innerhalb eines Berufsfeldes im Vordergrund (vgl. Hentze/Kamel 2001, S. 366), während die **Weiterbildung** Qualifizierungen außerhalb der ursprünglichen Basisqualifikation bezeichnet (vgl. Berthel/Becker 2007, S. 346f.). Im Folgenden werden die Begriffe synonym verwandt.

7.4.2.1   Ziele der Weiterbildung

Im Zentrum betrieblicher Weiterbildung steht die Entwicklung handlungskompetenter Mitarbeiter. **Handlungskompetenz** ist die Fähigkeit eines Menschen, auf der Grundlage subjektiv bewerteter Situationsanforderungen, eigener Fähigkeiten und Kenntnisse, alleine oder im Zusammenwirken mit anderen, ein zweckmäßiges Handlungsprogramm zum Erreichen von Handlungszielen zu entwerfen, umzusetzen und zu kontrollieren. Handlungskompetenz beinhaltet Selbstorganisationsfähigkeit (vgl. Schirmer 2006, S. 65).

Handlungskompetenz basiert wie in Abb. 43 dargestellt auf dem Zusammenwirken unterschiedlicher Teilkompetenzen (vgl. North/Reinhardt 2005, S. 42ff.). Dabei bezeichnet **Fachkompetenz** die fachlichen Fähigkeiten, Kenntnisse und Fertigkeiten, die zur inhaltlichen Ausführung einer Aufgabe notwendig sind. **Sozialkompetenz** definiert die Fähigkeit zur Zusammenarbeit mit anderen Menschen, z.B. durch Kommunikations-, Team- und Konfliktfähigkeit. **Methodenkompetenz** umschreibt die Fähigkeit zur Planung und zur systematischen Problemlösung anhand entsprechender Arbeits- und Managementmethoden. Hierunter fällt auch die als **persönliche Kompetenz** bezeichnete Fähigkeit zur Selbstorganisation, z.B. anhand von Zeitmanagement und persönlichen Arbeitstechniken.

Abb. 43: Ziele der Weiterbildung

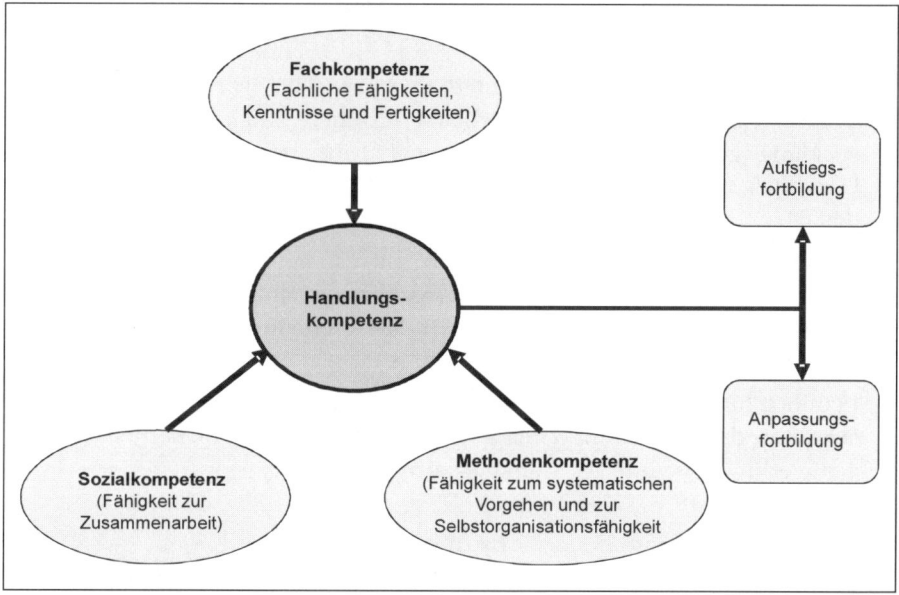

Quelle: eigene Darstellung.

Dienen Bildungsmaßnahmen dazu, die Kompetenzen der Mitarbeiter an die sich dynamisch verändernden Arbeitsbedingungen anzugleichen, wird dies als **Anpassungsqualifizierung** bezeichnet. Werden Mitarbeiter dagegen durch Qualifizierungen auf weiterführende, meist hierarchisch höherwertige Aufgaben wie Führungspositionen vorbereitet, stellt dies eine **Aufstiegsqualifizierung** dar (vgl. Becker 2002, S. 155; Wilms 2006, S. 414).

7.4.2.2   Operative Bildungsbedarfsanalyse

Ausgerichtet an den strategischen Vorgaben sind die konkreten Bildungsbedarfe für einzelne Mitarbeiter oder Organisationsbereiche zu erheben.

- **Quantitative Bildungsbedarfsermittlung**

Ein wesentlicher Aspekt der betrieblichen Weiterbildung ist die Planung des **Mengengerüstes**, d.h. der Anzahl von Mitarbeitern, die an einschlägigen Qualifizierungsmaßnahmen teilnehmen werden. Diese Frage bestimmt maßgeblich die Höhe des **Bildungsbudgets** für die folgende Planperiode. Auch ergeben sich daraus Konsequenzen für die Ausgestaltung der Maßnahmen. So lässt sich z.B. eine große Zahl von Arbeitnehmern evtl. effizienter durch ein E-Learning-Programm als durch trainergestützte Seminare qualifizieren.

Der quantitative Schulungsbedarf wird üblicherweise auf drei Wegen ermittelt:

(1) Im Rahmen der jährlichen Mitarbeitergespräche werden die Bildungsbedarfe für die einzelnen Mitarbeiter erhoben und an die Personalentwicklung gemeldet. Über ein Personalinformationssystem ist dann ein Überblick zum quantitativen Bedarf, differenziert nach Themen, vorhanden.

(2) Neben diesen Individualschulungen ist es immer wieder notwendig, Trainingsprogramme für ganze Organisationseinheiten durchzuführen. Derartige Maßnahmen werden bedarfsorientiert durch die Bereichsleitung oder die direkt verantwortlichen Kostenstellenleiter beauftragt.

(3) Darüber hinaus kann es Pflichtprogramme geben, zu denen die Personalabteilung die Teilnehmer einlädt. Hierzu gehören z.B. Sicherheitsschulungen, verbindliche interne Trainings zur Führung etc.

- **Qualitative Bildungsbedarfsermittlung**

Die qualitative Bildungsbedarfsanalyse dient der exakten Bestimmung der zu vermittelnden Trainingsinhalte (vgl. im Folgenden Hentze/Kamel 2001, S. 373ff.; Klug 2005, S. 43ff.). Dafür ist zuerst zu definieren, welche Anforderungen ein Mitarbeiter erfüllen muss (vgl. Abb. 44). Hier ist darauf zu achten, dass nicht nur **aktuelle Anforderungen** berücksichtigt werden, sondern dass bereits vorausschauend **künftige Arbeitsinhalte** in die Analyse einbezogen werden (vgl. hierzu auch Kapitel 3.2.2.1.1f.). Für die Ermittlung des Anforderungsprofils sind eine Aufgaben- und Verhaltensanalyse durchzuführen. Ist das „Soll" bestimmt, sind die aktuellen Kompetenzen der Arbeitnehmer bzw. der Teams usw. zu erfassen. Die Differenz aus Anforderungs- und Kompetenzprofil stellt den Bildungsbedarf dar. Dieser muss sich nicht als **Qualifikationslücke** zeigen, sondern kann bei einem Übertreffen vorhandener Qualifikationen über die Anforderungen auch in eine **Anforderungslücke** münden. Hier ist dann z.B. ein adäquater Arbeitsplatz zu suchen, damit der Mitarbeiter seine Potenziale nutzbringend einsetzen kann. Auch die Übereinstimmung von Anforderung und Qualifikation, die **Passung**, ist möglich.

Zur Ableitung der fachlichen und methodischen Anforderungen werden im Rahmen der Aufgabenanalyse zuerst die Arbeitsinhalte erfasst und beschrieben. Dies erfolgt mittels verschiedener Erhebungsmethoden, wie z.B.

- Einsatz von **Task Inventories** (vgl. Schüpbach/Zölch 2004, S. 211ff.),
- offene Befragung des Stelleninhabers und des direkten Vorgesetzten,
- Auswertung von Stellenbeschreibungen oder
- Beobachtung (Arbeitsplatzanalysen).

Abb. 44: Qualitative Bildungsbedarfsanalyse

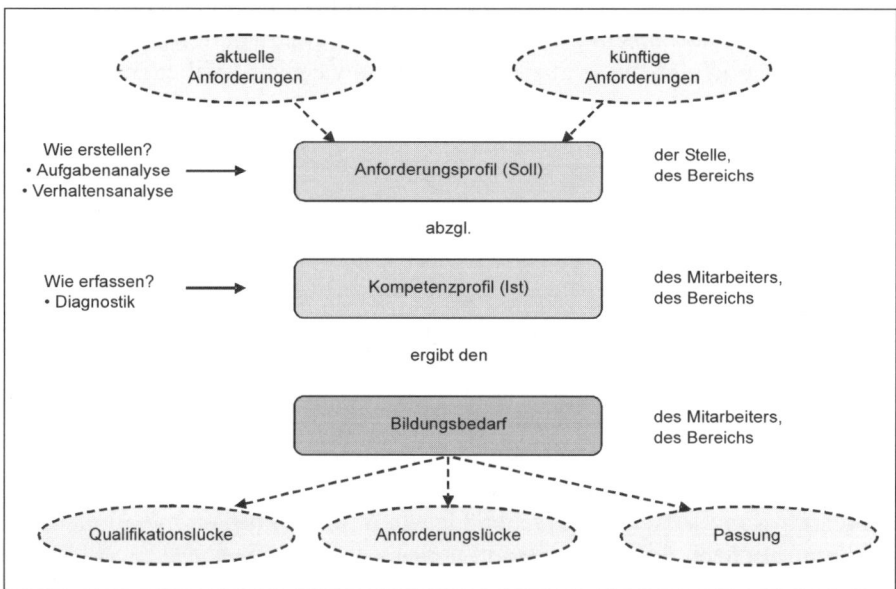

Quelle: eigene Darstellung.

Für die Erfassung künftiger Arbeitsinhalte können Expertenbefragungen, Zukunftsworkshops oder die Szenariotechnik eingesetzt werden. Aus der Arbeitsbeschreibung werden anschließend die fachlichen und methodischen Anforderungen des Arbeitsplatzes bzw. des Bereiches abgeleitet, welche die Basis für die zu vermittelnden Fach- und Methodenkompetenzen darstellen.

Die **Verhaltensanalyse** dient dazu die überfachlichen Anforderungen eines Arbeitsplatzes bzw. Bereiches zu definieren. Dazu werden in einem ersten Schritt erfolgskritische Verhaltensweisen erfasst. Dies kann z.B. mittels

- Brainstorming,
- Befragung des Stelleninhabers und des direkten Vorgesetzten,

- Beobachtung (Arbeitsplatzanalysen) oder dem Einsatz
- der **Critical Incident Technique** (vgl. Klug 2005, S. 53ff.) erfolgen.

Daraus werden anschließend die notwendigen sozialen, persönlichen und methodischen Anforderungen bestimmt, aus welchen sich die benötigten Sozial- und Methodenkompetenzen ableiten.

Die Ergebnisse der Aufgaben- und Verhaltensanalyse werden in **Anforderungsprofilen** zusammengefasst. Diese geben eine komprimierte Übersicht über die notwendig zu erfüllenden Anforderungen und sind idealerweise mit Skalierungen in Bezug auf den notwendigen Ausprägungsgrad versehen.

Zur Erfassung des aktuellen **Kompetenzprofils** eines Mitarbeiters oder Bereichs kann u.a. auf Leistungsbeurteilungen, 360°-Beurteilungen, Potenzialeinschätzungen und Zeugnisse zurückgegriffen sowie die Mitarbeiter selbst und deren Vorgesetzte befragt werden (vgl. Olfert 2006, S. 389f.).

7.4.2.3   Bedarfsdeckung

Die Bedarfe sind durch angepasste Lernkonzepte zu decken. Dazu gehören u.a. die Definition der Lernziele und die Auswahl der Lernmethoden.

7.4.2.3.1   *Lernzielbereiche*

Zur Bestimmung geeigneter Lernmethoden, sind die **Lernziele** klar zu benennen. Ein Lernziel bezeichnet ein angestrebtes Lernergebnis. Grundsätzlich sind drei Lernzielbereiche zu differenzieren (vgl. Jung 2006, S. 275):

- **Kognitiver Lernzielbereich:** Lernziele, bei denen es auf den Erwerb von Kenntnissen (Wissen) und Denkfähigkeiten (intellektuelle Operationen) ankommt. Bereich des Wissens und Denkens.
- **Psychomotorischer Lernzielbereich:** Lernziele, bei denen es auf das Erlernen von komplizierten Bewegungsabläufen ankommt. Bereich der Fertigkeiten.
- **Affektiver Lernzielbereich:** Lernziele, bei denen es auf die Förderung von Einstellungen, Sichtweisen, Neigungen, Wertschätzungen etc. ankommt. Bereich der Einstellungen und Gefühle.

Lernmethoden (aus der Perspektive des Lernenden) bzw. Lehrmethoden (aus der Perspektive des Lehrenden) sind in unterschiedlicher Weise für die verschiedenen Lernzielbereiche geeignet.

7.4.2.3.2   *On the job-Lernmethoden*

Arbeitsintegrierte Methoden haben den Vorteil, dass die so genannte **Transferproblematik**, d.h. der Übertrag aus dem künstlichen Trainingsfeld in das reale Aufgabenfeld, weitestgehend reduziert wird. Die Inhalte werden stattdessen möglichst nahe oder integriert in den Arbeitsprozess vermittelt. Je nach Ausmaß der Einbettung in den Arbeitsprozess können arbeitsintegrierte oder arbeitsplatznahe Lernmethoden unterschieden werden (vgl. zu einer weitergehenden Differenzierung z.B. Jung 2006, S. 281). Ausgewählte Methoden aus diesem Bereich sind nachfolgend dargestellt (vgl. zu weiteren Lernmethoden u.a. Berthel/Becker 2007, S. 390ff.).

(1) Kategorie: Planmäßige Unterweisung
Diese Methoden eignen sich zur systematischen, methodisch strukturierten Vermittlung von abgrenzbaren Inhalten und Erfahrungen.

- Vier-Stufen-Methode der Unterweisung
Die gestufte Unterweisung ist im Bereich der **Erstausbildung** verbreitet und gliedert sich in vier Schritte (vgl. Berthel/Becker 2007, S. 394). Vorbereitung: Der Arbeitsplatz wird vorbereitet, der Lernende wird eingewiesen und seine Lernmotivation aktiviert. Vormachen: Der Vorgesetzte zeigt die zu erlernende Tätigkeit und erklärt diese. Nachmachen: Der Lernende wiederholt die Tätigkeit und erläutert verbalisiert sein Tun. Dadurch kann die Führungskraft erkennen, ob die Inhalte verstanden wurden. Abschluss und Übung: Der Mitarbeiter führt die Tätigkeit selbstständig aus, bis sich Routine einstellt.

- Leitfragen- und Leittextmethode
Die **Leitfragenmethode** gehört zum **selbstorganisierten Lernen** (vgl. hierzu grundsätzlich Greif/Kurtz 1996; Gessler 2006, S. 195ff.). Dieser Lernform liegt die Überlegung zugrunde, dass eigenaktiv angeeignete Inhalte besser behalten werden.
Der Lernende wird anhand von Leitfragen durch das zu vermittelnde Themengebiet geführt und dadurch systematisch angeregt, sich notwendige Inhalte zu erschließen. Der Lernprozess erfolgt im Kern ohne den Eingriff des Vorgesetzten; speziell in der Kontrollphase überprüft der Trainer, ob die wesentlichen Inhalte richtig erarbeitet wurden.
Eine Weiterentwicklung der Leitfragenmethode ist die **Leittextmethode** (vgl. grundsätzlich Rottluff 1992). Dabei werden die Lernenden dazu angehalten, sich auch mit vertiefender Literatur und beigefügten Aufgaben weiterführende Fähigkeiten anzueignen. Hieraus entstehen ganze Leittext-Mappen (vgl. Berthel/Becker 2007, S. 395). Anhand eines integrierten Kontrollbogens können die Lernenden ihre Ergebnisse selbst überprüfen.

(2) Kategorie: Anleitung/Beratung

Diese Lernmethoden sind gut geeignet, um im Rahmen eines reflexiven, partnerschaftlichen Lernprozesses Fortschritte insbesondere im Bereich der Sozial-, Methoden- und Persönlichkeitskompetenzen zu generieren.

• Coaching

Coaching ist eine Beratungsbeziehung, die durch gegenseitiges Vertrauen geprägt ist. Ziel ist es, Fragen zu klären, vergangene Situationen zu reflektieren, alternative Handlungsoptionen zu diskutieren usw. Dabei gibt der **Coach** keine Lösungen vor, sondern unterstützt den Coachee im Rahmen der **Prozessberatung**, eigene Lösungen zu entwickeln (vgl. Rauen 2003, S. 2ff.).

• Mentoring

Mentoring bezeichnet eine **Patenschaft** zwischen einem jungen Mitarbeiter und einer erfahrenen Führungskraft (vgl. Krämer 2007, S. 58; Hilb 1997). Die Führungskraft gibt dabei im informellen Bereich organisationales Wissen in Form von Werten, Normen und Ritualen weiter. Im karriereorientierten Bereich versucht sie den Aufstieg des **Mentee** zu fördern, indem sie Kontakte vermittelt, ihn positiv bei anderen Führungskräften platziert usw. Im Gegensatz zum partnerschaftlichen Coaching existiert im Rahmen des Mentoring ein hierarchisches Verhältnis (vgl. Rauen 2003, S. 8ff).

(3) Kategorie: Übertragung begrenzter Verantwortung

Kompetenzen und Erfahrungen können dadurch entwickelt werden, dass die Mitarbeiter die realen Aufgaben zeitlich begrenzt übertragen bekommen.

• Stellvertretung

Hier wird ein Mitarbeiter formal als Stellvertreter einer Führungskraft benannt (vgl. Krämer 2007, S. 61). Ist der Vorgesetzte nicht anwesend, ist der Stellvertreter Ansprechpartner und im Rahmen festgelegter Vollmachten entscheidungsbefugt. Stellvertreterregelungen führen dazu, dass der Vorgesetzte diesen Mitarbeiter in alle wichtigen Vorgänge involviert, ihn zu wichtigen Besprechungen mitnimmt und Vorgänge mit ihm diskutiert.

• Teilprojekt-/Projektleitung

Bei einem Projekt handelt es sich um eine neuartige, zeitlich begrenzte Aufgabe, die Chancen und Risiken beinhaltet und nicht in der Linie abgearbeitet werden kann (vgl. hierzu Berthel/Becker 2007, S. 397ff.). Dem zu qualifizierenden Mitarbeiter kann die Leitung des Gesamtprojektes bzw. eines Teilprojektes übertragen werden, um die Methoden zur Planung, Steuerung und Kontrolle eines Projektes zu erlernen. Dabei erhält er gleichzeitig vertiefte Kenntnisse zum thematischen Gegenstand des Projektes.

(4) Kategorie: Aufgabenerweiterung
Hierbei handelt es sich um Methoden, die darauf basieren, dass der zu qualifizierende Mitarbeiter weitere Aufgaben dauerhaft übertragen bekommt (vgl. ausführlich Kapitel 5.3.2).

• Job Enrichment
Bei der **vertikalen Aufgabenbereicherung** werden dem Mitarbeiter aus der Wertschöpfungskette vor- und nachgelagerte Prozesse zusätzlich zu seinen bisherigen Tätigkeiten übertragen (vgl. Holtbrügge 2005, S. 123).

• Job Enlargement
Bei der **horizontalen Aufgabenerweiterung** werden einem Arbeitnehmer zusätzliche Aufgaben auf der gleichen Wertschöpfungsstufe, typischerweise ausführende Handlungen, zugeordnet.

(5) Kategorie: Geplanter Arbeitsplatzwechsel
Hierbei handelt es sich um Methoden, die das vorübergehende Einnehmen eines anderen Arbeitsplatzes als konstitutives Lernelement beinhalten.

• Job Rotation
Durch den geplanten Arbeitsplatzwechsel erweitern Mitarbeiter ihre Qualifikationen (vgl. Jung 2006, S. 286f.). Der damit verbundene Einsatz in neuen Teams wirkt sich positiv auf die Sozialkompetenz aus. Weitere Lerneffekte sind der Abbau von Ressortdenken und Mobilitätsschranken sowie die Förderung von Flexibilität und Selbstorganisation.

• Trainee-Programm
Trainee-Programme stellen Qualifizierungsprogramme für Hochschulabsolventen dar, in denen diesen notwendige berufspraktische Erfahrungen und Kenntnisse vermittelt werden (Jung 2006, S. 289). Derartige Programme dauern zwischen sechs und achtzehn Monaten. Inhaltlich können sie bereichsspezifisch, z.B. speziell für das Personalmanagement, oder offen, z.B. für den kaufmännischen Bereich, ausgestaltet sein. In internationalen Konzernen kann auch ein befristeter Auslandsaufenthalt integriert sein.

• Auslandseinsatz
Ein Mitarbeiter wird zum Erlernen von Fremdsprachen und interkulturellen Kompetenzen befristet in eine ausländische Tochtergesellschaft entsandt (vgl. Krämer 2007, S. 54 und zum Auslandseinsatz grundsätzlich Kapitel 5.4.2).

(6) Kategorie: Parallele Unternehmensführung

Bei diesen Lernmethoden steht die Simulation bzw. Nachahmung realer Entscheidungs- und Geschäftsprozesse im Vordergrund.

- Übungs- und Juniorenfirma

In **Übungsfirmen** bilden die Teilnehmer eine Unternehmung ab und simulieren alle innerhalb einer Firma anfallenden Prozesse (vgl. grundsätzlich Dippl u.a. 2004). Durch die ganzheitliche Darstellung betriebswirtschaftlicher Abläufe ergeben sich für die Lernenden hervorragende Einblicke in die Gesamtzusammenhänge einer Unternehmung. Durch die notwendigen Abstimmungs- und Koordinationsprozesse werden zudem die methodischen und sozialen Kompetenzen gefördert.

Das Lernkonzept der **Juniorenfirma** basiert auf den gleichen Überlegungen wie die Übungsfirma. Der Unterschied besteht darin, dass es sich bei der Juniorenfirma um eine reale Unternehmung handelt, die von den Auszubildenden selbstständig geführt wird.

Praxis	**Juniorenbahnhöfe bei der Deutschen Bahn AG**

Seit 1997 bildet die Deutsche Bahn Kaufleute für Verkehrsservice aus. In diesem stark serviceorientierten Beruf werden junge Leute für den Einsatz in Zügen, in DB ReiseZentren und an ServicePoints in den Bahnhöfen geschult – teilweise auch im Ausland. In der Ausbildung werden die Jugendlichen früh für den eigenverantwortlichen Einsatz in der Praxis trainiert. In dem 2003 eingerichteten Juniorbahnhof Berlin-Lichtenberg beispielsweise haben die Azubis sogar komplett das Sagen: Von der Zugansage über den Verkauf von Tickets bis hin zum Bahnhofsmanagement liegt die komplette Organisation eines Bahnhofs in den Händen eines Azubi-Teams. Beratend steht den Auszubildenden der Projektleiter zur Seite. Alle drei Wochen stehen vier Tage Berufsschule auf dem Programm. Die Ausbildung ist eine gute Basis, um später Bahnhofsmanager zu werden. Aktuell betreibt die Deutsche Bahn AG vier solcher Ausbildungsbahnhöfe. Der erste Juniorbahnhof wurde bereits 1995 in Bad Schussenried eröffnet.

Quelle: Berliner Zeitung (1996, S. 17); Deutsche Bahn AG (2005, S. 17f.).

- Juniorboard

Beim Juniorboard (**"Junior-Vorstand"**) bilden Nachwuchsführungskräfte die reale Geschäftsleitung nach (vgl. Berthel/Becker 2007, S. 397). Zu ausgewählten Entscheidungsproblemen erhalten die Nachwuchsführungskräfte die gleichen Informationen wie die reale Geschäftsleitung und treffen auf dieser Basis Entscheidungen zu wichtigen Fragestellungen. Im Anschluss werden die Entscheidungen der Nachwuchskräfte und der erfahrenen Geschäftsführer verglichen und Abweichungen im Ergebnis diskutiert und analysiert.

7.4.2.3.3   Off the job-Lernmethoden

Lernmethoden außerhalb des Arbeitsprozesses besitzen den Nachteil der **Transferproblematik** (vgl. Berthel/Becker 2007, S. 402f.), eignen sich aber zur Vermittlung von Inhalten gerade dann, wenn der Lernprozess aufgrund der Komplexität der Inhalte oder aufgrund von Unfallgefahren nicht direkt in den Arbeitsprozess integriert werden kann.

(1) Kategorie: Kognitive Methoden
Diese Methoden eignen sich zur Vermittlung von Wissensinhalten.

• Lehrgespräch
Im Lehrgespräch gibt der Vorgesetzte Impulse an den Lernenden weiter und reflektiert dessen Antworten (vgl. Olfert 2006, S. 402f.). Durch systematische Fragen führt er den Lernenden bis zur Musterlösung. Wichtig ist, dass in dem Lehrgespräch ein **echter Dialog** entsteht und die Inhalte nicht monologisierend dargeboten werden.

• Fallstudien (Case Study)
In Fallstudien erhalten die Lernenden eine **umfassende Problemstellung** aus dem beruflichen Alltag und müssen diese selbstständig bearbeiten (vgl. Jung 2006, S. 293). Anschließend sind die Ergebnisse der Bearbeitung in einer Präsentation darzustellen und zu begründen. Fallstudien, die in Gruppenarbeit durchgeführt werden, fördern den Erfahrungsaustausch, die Teamfähigkeit, die Fähigkeit zur Analyse und systematischen Problemlösung. Zudem werden dadurch fachliche Inhalte vertieft und in ihrem praktischen Anwendungszusammenhang durch den Einzelnen reflektiert.

(2) Kategorie: Verhaltensorientierte Methoden
Diese Methoden eignen sich, um affektive Lernziele zu verwirklichen.

• Rollenspiele
Rollenspiele gehören zu den simulierenden Lernmethoden (vgl. Jung 2006, S. 294). Die Lernenden übernehmen dabei verschiedene Rollen und durchspielen sehr realitätsnah typische Berufssituationen. Im Anschluss wird das Agieren der Rollenspieler besprochen und die Teilnehmer erhalten ein ausführliches Feedback. Gefördert wird dadurch die Sozialkompetenz, das Verständnis für andere Rollenmuster und generell die Empathie.

- Sensitivitätstrainings

Diese Trainings dienen dazu, die Teilnehmer für die Wirkung ihres eigenen Verhaltens zu sensibilisieren (vgl. Berthel/Becker 2007, S. 409ff.). Im Vordergrund steht dabei die Konzentration auf die momentane Kommunikationssituation, auf das „Hier und Jetzt". Zu einem vorgegebenen Thema müssen die Teilnehmer miteinander diskutieren. Das gesamte Gesprächsverhalten, verbal und nonverbal, wird anschließend reflektiert. So erhalten die Mitarbeiter eine ausführliche Rückmeldung darüber, wie ihr Verhalten auf andere Menschen gewirkt hat, welche Emotionen sie damit erzeugt haben usw.

(3) Kategorie: Electronic Learning

Das E-Learning ist primär für kognitive Lerninhalte geeignet (vgl. grundsätzlich Allmendinger 2005, S. 146ff.).

- CBT und WBT

Beim CBT (Computer Based Training) handelt es sich um Lernprogramme, die auf CD-Rom verfügbar sind (vgl. zu Sprach-CBTs Schirmer 2001, S. 42ff.). Die jeweiligen Inhalte können vom Lernenden bei entsprechender Hardware-Ausstattung zeit- und ortunabhängig bearbeitet werden. Ein weiterer Vorteil liegt in der Anpassung an das **individuelle Lerntempo**. Ein großer Nachteil dieser Methode ist vor allem die soziale **Isolation des Lernenden**.

Das WBT (Web Based Training) ist dem CBT vergleichbar. Der Unterschied besteht in der zentralen Verankerung der Lerninhalte, die von einem Content-Anbieter im Internet abgerufen werden. Das WBT wird dann eingesetzt, wenn eine größere Zahl von Mitarbeitern qualifiziert werden soll.

- Blended Learning und New Blended Learning mit Web 2.0

Beim Blended Learning werden die Vorteile des E-Learnings und des trainergestützten Lernens miteinander kombiniert, um damit die Problematiken des reinen E-Learnings zu reduzieren (vgl. Krämer 2007, S. 55). Die Teilnehmer erarbeiten sich in einem definierten Zeitraum selbstständig Inhalte anhand eines E-Learning-Programms. In einer Präsenzeinheit wird gemeinsam mit den anderen Teilnehmern und einem Trainer der Wissensstand überprüft, das Gelernte eingeübt und Fragen geklärt. Auch während der Selbstlernphasen werden die Teilnehmer durch Trainer, dann in der Funktion eines **Teletutors**, durch das Zusenden von Übungsaufgaben etc. zum Lernen motiviert.

Im New Blended Learning mit Web 2.0 wird das klassische Blended Learning um **selbstorganisiertes Netzwerklernen** erweitert (vgl. Erpenbeck/Sauter 2007, S. 42ff.). Hier kommunizieren die Lernenden zusätzlich über Web 2.0 miteinander und erarbeiten in Foren etc. gemeinsam Lösungen zu Problemstellungen und tauschen Wissen zu relevanten Themen aus. In der gemeinsamen Kommunikation der Netzwerkpartner wird so Wissen generiert.

- Virtuelles Klassenzimmer

Im virtuellen Klassenzimmer wird wie in einem Klassenverband gelernt. Alle Teilnehmer sind räumlich dezentral an ihren Wohn- oder Arbeitsorten angesiedelt (**Distance Learning**). Zu festen Zeiten nehmen Sie über Internet und Videokamera an dem Fernunterricht teil. Dabei trägt ein Dozent die Inhalte vor und jeder Lernende kann Fragen an den Dozenten stellen. Diese werden für alle Teilnehmer nachvollziehbar beantwortet. Der Vorteil liegt somit in der dynamischen Visualisierung und in dem dialogorientierten Aufbau.

(4) Kategorie: Teamentwicklung

Diese Methoden sind besonders geeignet, die Zusammenarbeit in Arbeitsgruppen zu fördern (vgl. grundsätzlich Schmidt u.a. 2005, S. 159ff.).

- Outdoortraining (Wilderness, Hochseilgarten)

Outdoortrainings sind eine Methode, um die Teamentwicklung zu unterstützen. In der Variante des **Wilderness-Trainings** werden Arbeitsgruppen in der Natur mit verschiedenen Übungen konfrontiert. Typische Aufgaben sind z.B. Orientierungsläufe, das Erstellen eines Floßes zur Bachüberquerung usw. Zentrale Konstruktionsmerkmale all dieser Übungen sind, dass diese nur gemeinsam gelöst werden können und dass häufig ein enger Kontakt, d.h. ein gegenseitiges Halten bzw. Heben erforderlich ist. Dadurch wird erzwungenermaßen die zwischenmenschliche Komfortabstandszone überwunden und unbewusst eine Vertrautheit suggeriert. Durch diese Trainings werden die Zusammenarbeit, die Kommunikation und die Konfliktfähigkeit gefördert. Für Outdoortrainings gibt es spezielle **Höhenparcours** (Hochseilgärten).

- Teamentwicklungsseminare

Teamentwicklungsseminare können auch Indoor durchgeführt werden. Diese Variante bietet gerade solchen Teammitgliedern die Möglichkeit sich positiv zu integrieren, die nicht besonders sportlich veranlagt sind. Auch hier liegen den Übungen die gleichen Konstruktionsprinzipien zugrunde.

7.4.2.3.4   Interne und externe Fortbildung

Ist die Frage der geeigneten Lernmethoden geklärt, ist zu entscheiden, ob die Bildungsmaßnahme als externe Veranstaltung oder als Inhouseschulung durchgeführt werden soll.

Für eine **externe Durchführung** sprechen unter anderem folgende Gründe: meist zeitnah realisierbar, unternehmensübergreifender Austausch mit Teilnehmern anderer Firmen, Kennen lernen von grundsätzlichen Ideallösungen unabhängig von betrieblichen Zwängen. Die Nachteile liegen vor allem in den hohen Kosten (Teilnehmergebühren, Reise- und Übernachtungskosten) sowie der Transferproblematik. Allgemeingültige, offene Seminare sind nicht spezifisch an die Situation im eigenen Unternehmen angepasst und somit nicht einfach übertragbar. Ein großer Teil der Inhalte ist oftmals überhaupt nicht transferierbar, so dass hier die „Streuverluste" relativ hoch sind.

Für eine **interne Durchführung** spricht vor allem die Kostenersparnis, da nur der Trainer zu bezahlen ist, aber mehrere Mitarbeiter die Inhouse-Veranstaltung besuchen können. Ein weiterer Vorteil ist gerade die Nähe zur betrieblichen Realität. So kann mit dem externen Trainer vereinbart werden, das Seminar unternehmensspezifisch zu modifizieren, wodurch die Transferproblematik verringert wird. Als Nachteil dieser Durchführungsform ist der geringere Innovationsgrad auf Basis des Erfahrungsaustausches mit anderen Firmenvertretern zu nennen. Auch die Tatsache, dass in der Realität Inhouse-Seminare oftmals durch „dringende" Abrufe von Teilnehmern in die Fachabteilungen gestört werden, ist nicht zu unterschätzen.

Grundsätzlich lässt sich die Entscheidung für eine externe oder interne Durchführung nicht allgemein, sondern nur situativ treffen.

7.4.2.3.5   Auswahl externer Trainer und Institute

Der **Bildungsmarkt** in Deutschland ist durch eine unüberschaubare Anzahl von Bildungsanbietern geprägt, die sich in Bezug auf die inhaltliche Ausrichtung, die eingesetzten Methoden sowie die Größe (vom Einzelreferenten bis zum international tätigen Bildungsinstitut) unterscheiden. Die Qualität der offerierten Leistung ist von außen abschließend kaum zu beurteilen.

Folgende Fragen und Hinweise können die Auswahl des passenden Trainers bzw. Institutes unterstützen (vgl. Olesch/Hohlbaum 2004, S. 158f.; Howe 2005):

- Erkundigungen und Referenzen einholen.
- Ist die Teilnahme an einem Probeseminar möglich?
- Kann der Referent Inhalte „fesselnd" darbieten?
- Kennt der Seminaranbieter die Branche bzw. das Unternehmen?
- Eingesetzte Methodik: handlungsorientiert, praxisbezogen...
- Bei größeren Anbietern: die Person des Trainers vertraglich fixierbar?
- Entwicklung spezifischer Seminare anstatt Standardangeboten möglich?
- Welche Kontrollmaßnahmen sind vorgesehen?
- Welche Kosten entstehen? Tagessatz, Reisekosten, Materialkosten...
- Qualität in Weiterbildungstests bei „Stiftung Warentest" recherchieren.

7.4.2.3.6   Konzeption eigener Seminare

Inhouse-Schulungen müssen nicht von externen Trainern durchgeführt, sondern können auch durch geeignete Mitarbeiter abgehalten werden. Bei der

Konzipierung von Seminaren sind verschiedene Aspekte zu beachten (vgl. Berthel/Becker 2007, S. 351f.).

Zu Beginn ist die **Zielgruppe** zu bestimmen, die anhand des Seminars trainiert werden soll. Parallel ist deren Kompetenzstand im Trainingsfeld zu erfassen. Hier ist darauf zu achten, dass es sich um eine möglichst homogene Teilnehmergruppe handelt, da es bei einer zu weiten Kenntnisdifferenzierung im Seminar zu hohen Streuverlusten und Ineffizienzen kommen kann.

In einem zweiten Schritt sind die zu vermittelnden **Lernziele** anhand einer qualitativen Bildungsbedarfsanalyse festzulegen (vgl. Kapitel 7.4.2.2). Dabei sind sowohl die Lernzielbereiche als auch die Grob- und Feinlernziele zu bestimmen. Dadurch ist erst ein stringenter Aufbau des gesamten Seminars möglich.

Anschließend sind die notwendigen **Lerninhalte** zu fixieren, welche den Teilnehmern konkret vermittelt werden sollen. Daran angepasst können die geeigneten **Lernmethoden** ausgewählt werden, mit denen die kognitiven, affektiven oder psychomotorischen Inhalte trainiert werden. Zu den Lernmethoden müssen auch die passenden **Lernmedien** ausgewählt werden. Hier geht es letztlich um den Einsatz von Beamern, White-Boards, Tageslichtprojektoren, Pinnwänden usw. Wichtig ist in diesem Zusammenhang, dass ein kombinierter und abwechslungsreicher Medieneinsatz in vielfältiger Weise die menschlichen Lernkanäle wie Sehen, Hören, Tun und Fühlen anspricht und damit die Behaltensquote aufgenommener Inhalte erhöht.

Zum Abschluss sind die organisatorischen **Rahmenbedingungen** (Ort, Raum, Zeit, Bestuhlung etc.) zu klären sowie Dauer und Pausen der Schulung in Abhängigkeit des menschlichen Bio-Rhythmus zu bestimmen.

7.4.3 Personalförderung

Die Personalförderung befasst sich mit der Identifikation und gezielten Entwicklung von **Potenzialträgern** (vgl. Becker 2002, S. 247f.). Dabei handelt es sich primär um solche Mitarbeiter, denen das Potenzial für weiterführende Funktionen innerhalb der Führungshierarchie und der Fachkräftelaufbahnen zugesprochen wird. Neben der Potenzialidentifikation und -analyse umfasst Förderung auch Bildung, geht aber erheblich darüber hinaus. Hinzu kommen weiter die **Karriereplanung** und standardisierte **Förderprogramme** (vgl. zur Karriere und Karriereplanung Berthel/Becker 2007, S. 372ff. und zur Personalförderung Nikut 2006, S. 351ff.). Im Folgenden wird fokussiert die hierarchisch ausgerichtete Führungskräfteförderung betrachtet.

7.4.3.1 Prozess der Personalförderung

Abb. 45 zeigt, wie die Personalförderung idealtypisch von der vorläufigen Potenzialidentifikation im jährlichen Mitarbeitergespräch über die detaillierte Potenzialanalyse und Förderung durch Programme und Einzelmaßnahmen bis hin zum Controlling des Förderprozesses verläuft.

Abb. 45: Prozess der Personalförderung

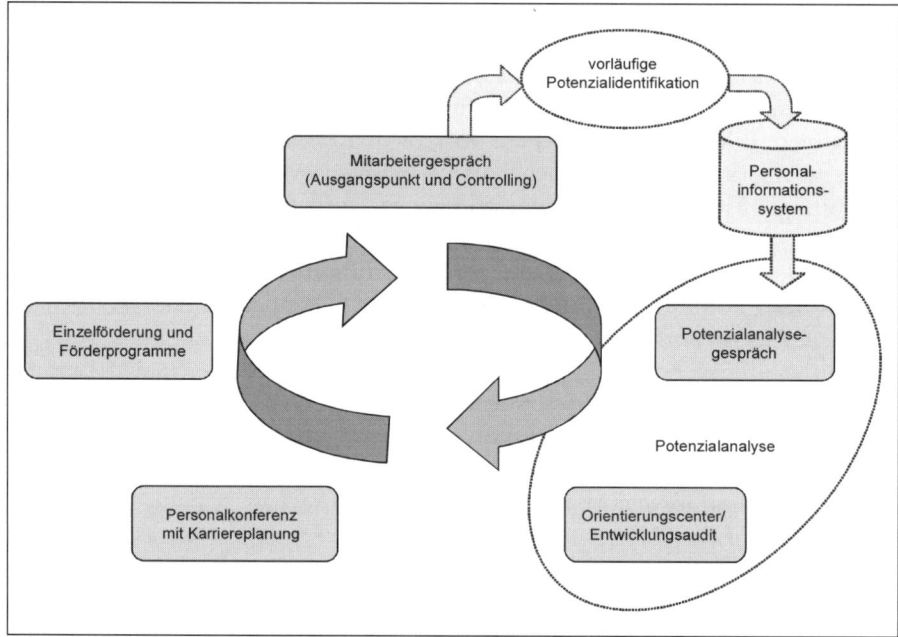

Quelle: eigene Darstellung.

7.4.3.1.1   *Fördergespräch*

Das zukunftsbezogene Fördergespräch als Bestandteil des jährlichen Mitarbeitergespräches kann als Ausgangspunkt zur Identifikation von Potenzialträgern genutzt werden (vgl. Olfert 2006, S. 411). Hier können Vorgesetzte fragebogengestützt mit den Mitarbeitern besprechen, ob diese mit der aktuellen Stelle zufrieden sind, oder in den nächsten ein bis zwei Jahren eine andere Stelle übernehmen möchten. Auch können hier Mobilitätsbereitschaft und Sprachkenntnisse erfragt werden. Am Ende des Gesprächs sollten der Vorgesetzte und der Mitarbeiter anhand einer vorgegebenen Skala zu einer Einschätzung der **Entwicklungsmöglichkeit**, d.h. des Potenzials, des Arbeitnehmers kommen. Dabei kann zwischen der **sequentiellen** und der **absoluten Potenzialanalyse** unterschieden werden (Jung 2006, S. 739). Bei ersterer wird versucht das Potenzial des Mitarbeiters für die nächste Hierarchieebene abzuschätzen. Bei der zweiten Variante geht es um die Feststellung der grundsätzlich möglichen Entwicklungsstufe des Mitarbeiters. Die Potenzialanalyse wird insbesondere eingesetzt, um die Eignung von Mitarbeitern und Bewerbern für Führungsfunktionen zu diagnostizieren.

Eine **Potenzialskalierung** könnte beispielhaft wie folgt definiert sein:

- Der Mitarbeiter verfügt über Potenzial um weiterführende Stellen auf der übernächsten Führungsebene übernehmen zu können (High Potential).
- Der Mitarbeiter verfügt aktuell über Potenzial um weiterführende Stellen auf der nächsten Führungsebene übernehmen zu können (Potenzialträger).
- Der Mitarbeiter verfügt über Potenzial für weiterführende Tätigkeiten, benötigt aber noch ein bis zwei Jahre Entwicklungszeit vor Übernahme weiterführender Funktionen.
- Der Mitarbeiter ist auf der aktuellen Stelle richtig eingesetzt. Potenzial für weiterführende Stellen ist aktuell nicht erkennbar.

Die erste **Potenzialeinschätzung** ist als vorläufig anzusehen, da sie primär auf der Einschätzung des jeweiligen Vorgesetzten beruht. Diese Bewertung erfolgt aber oftmals nicht ohne Grund, sondern verfolgt evtl. bereichsegoistische Ziele. So ist denkbar, dass Vorgesetzte hervorragende Mitarbeiter in der Abteilung behalten möchten und deshalb schlechter einstufen, als diese tatsächlich sind. Auch umgekehrt kann es vorkommen, dass Führungskräfte Low Performer erheblich besser bewerten, um diese weg zu loben.

Die Informationen aus dem Fördergespräch werden innerhalb der Personalabteilung erfasst und gespeichert. Wird dann z.B. ein neuer **Nachwuchsförderkreis** gestartet, können schnell grundsätzlich geeignete Kandidaten anhand formaler Auswahlkriterien, wie z.B. Alter, Studium, Betriebszugehörigkeit etc., und der erforderlichen Potenzialeinschätzung aus dem Personalinformationssystem zusammengestellt werden.

Kommt es zur Förderung eines Mitarbeiters fungiert das Fördergespräch in der nächsten Periode als **Controllinginstrument**. Dann kann dort geklärt werden, ob eingeleitete Maßnahmen wirksam sind, ergänzende Hilfen organisiert werden sollen und ob sich Performance-Fortschritte feststellen lassen. Damit wird der Förderprozess zu einem **Regelkreislauf**.

7.4.3.1.2 *Potenzialanalyse*

Als Korrektiv zu der Potenzialeinschätzung durch den Vorgesetzten wird bei den Mitarbeitern, die für eine weiterführende Stelle vorgesehen sind, das Potenzial detaillierter erhoben (vgl. im Folgenden Krämer 2007, S. 175ff.). Hierfür gibt es verschiedene Potenzialanalyseverfahren. Typische Methoden, die dabei zum Einsatz kommen, sind **Potenzial-Fragebogen** und **(Potenzial)-Orientierungscenter**. Wichtig ist, dass diese Verfahren den Gütekriterien der klassischen Testtheorie, Validität, Reliabilität und Objektivität, genügen (vgl. Moser 2004, S. 106ff.; S. 71 in diesem Buch). Weiter müssen sie sozial valide (vgl. Schuler/Stehle 1983, S. 33ff.), wirtschaftlich und geeignet sein, die geforderten Informationen über die Personen zu generieren.

Diagnostikinstrumente sind dann als gut zu bewerten, wenn sie

- ein breites Spektrum verschiedener Kriterien abdecken,
- Auskunft über besonders stabile Merkmale geben (kognitive Fähigkeiten oder Charaktereigenschaften),
- einen differenzierten methodischen Zugang zu den Kriterien erlauben,
- verhaltensorientierte Indikatoren und
- ergebnisorientierte Indikatoren berücksichtigen (vgl. Gmür/Thommen 2006, S. 247ff.).

Fragebögen zur Potenzialeinschätzung betrachten oftmals die für weiterführende Stellen benötigten Kompetenzfelder. Diese Fragebögen sollten von dem Vorgesetzten (Fremdbild) und dem Mitarbeiter (Selbstbild) unabhängig voneinander ausgefüllt werden. Im darauf folgenden Potenzialgespräch werden dann die einzelnen **Kompetenzdimensionen** diskutiert und dabei Fremd- und Selbstbild abgeglichen. An Stellen mit signifikant unterschiedlichen Einschätzungen, kann intensiv hinterfragt werden, wodurch diese unterschiedlichen Bewertungen entstanden sind. Ziel ist es, ein differenzierteres Bild zu den Entwicklungsmöglichkeiten des Mitarbeiters zu erhalten, als dies bei der **summarischen Potenzialeinschätzung** durch den Vorgesetzten im Rahmen des Fördergespräches der Fall war.

Ist das Ergebnis des Potenzialfragebogens dahingehend ausgefallen, dass der Kandidat als förderungswürdig eingestuft wurde, kann ein **Potenzial-OC** durchgeführt werden. Hierbei handelt es sich methodisch um einen **Assessment Center** (vgl. zum AC grundsätzlich Kleinmann 2003 und Kapitel 4.3.5.3 in diesem Buch), bei dem allerdings nicht der Auswahlaspekt im Vordergrund steht, sondern die Erarbeitung eines differenzierten **Stärken- und Schwächenprofils** des jeweiligen Mitarbeiters. Um den selektiven Charakter der AC-Methodik zu reduzieren wird bewusst von einem OC gesprochen. Die Übungen innerhalb des OC müssen im Unterschied zu einem Auswahl-AC durchgängig auf künftige Arbeitssituationen ausgerichtet sein. Diagnostisches Ziel ist es, eine Aussage zu treffen, ob die Kandidaten in der Lage sind, die Herausforderungen weiterführender Funktionen zu bewältigen.

Auch das **OC** ist im Standard ein **Gruppenprüfverfahren**, bei dem ebenfalls die in Kapitel 4.3.5.3 beschriebenen **Methoden** des AC zum Einsatz kommen (vgl. weiterführend zu Übungen Kleinmann 2003, S. 27ff.).

Für Mitarbeiter, die bereits Führungspositionen auf einer höheren Ebene innehaben, kommen üblicherweise Einzelverfahren zum Einsatz. Diese werden als **Management Audit** (vgl. grundsätzlich Samland 2001) oder **Management Appraisal** bezeichnet. Der Hauptunterschied im Gegensatz zu dem OC-Verfahren liegt darin, dass hier nicht eine Gruppe von Kandidaten diagnostisch analysiert wird, sondern nur eine einzelne Person. Top-Führungskräften ist es kaum zuzumuten, vor anderen Führungskräften ihre Stärken und Schwächen darzulegen, wenn im Anschluss mit diesen Kollegen wieder um Sachentscheidungen oder knappe Budgets gerungen werden muss.

7.4.3.1.3 Personalkonferenz

Zweck der anschließenden Personalkonferenz ist es, die Bewertung der Kandidaten in einem hochrangig besetzten Entscheidungsgremium abschließend zu besprechen. Einer derartigen **Personal- oder Führungskonferenz** gehören je nach Unternehmensgröße die Geschäftsführer bzw. Vorstände, Bereichsleiter und der Personalleiter und Leiter Personalentwicklung an.

In der Personalkonferenz werden die Potenzialergebnisse für die einzelnen Kandidaten sowie eine Portfolio-Übersicht über alle Kandidaten dargestellt. Ein verbreitetes Instrument stellt das **Humanressourcen-Portfolio** dar, welches Mitarbeiter nach den Dimensionen Performance und Potenzial in vier Kategorien systematisiert (vgl. Odiorne 1984, S. 65ff.). Auf Basis dieser Informationen wird dann entschieden, welcher Kandidat, welche Förderung bekommt. Oftmals unterscheidet sich die Frage der Förderung dahingehend, ob ein **Standardförderprogramm** in einer Gruppe, z.B. Nachwuchsförderkreis, oder ein **individuelles Programm** absolviert werden soll. Denkbar ist auch, dass das Top-Management im Sinne eines Veto-Rechts Kandidaten trotz knapper, aber unzureichender Potenzialbewertungen in den Förderkreis beruft, bzw. Kandidaten mit positiver Potenzialeinschätzung, aber aufgrund ungünstiger Erfahrungen und Kontakte in der Vergangenheit, von einer umfassenden Förderung ausschließt. Ein derartiges Vorgehen führt aber fast immer zu Unstimmigkeiten (Motivation, innere Kündigung) bei den Kandidaten und entwertet mittelfristig die eingesetzten Diagnostikverfahren und damit die Akzeptanz der Personalförderung im Unternehmen.

Festgelegt werden in der Personalkonferenz auch Karrierewege einzelner Förderkandidaten (vgl. dazu Olfert 2006, S. 413f.). Für Führungsnachwuchskräfte wird oftmals eine **potenzialorientierte Karriereplanung** vorgesehen, d.h. Mitarbeiter erhalten eine grundsätzliche Förderung, die allgemein für Funktionen auf der nächst höheren Ebene vorbereitet – unabhängig von der inhaltlichen Ausrichtung. In der Praxis wird diese Förderung auch als **„Goldfischteich-Verfahren"** bezeichnet, da hier alle Nachwuchsführungskräfte gleichsam in einem Goldfischteich umher schwimmen und bei Bedarf ein geeigneter Kandidat für eine Führungsposition „herausgefischt" wird.

Für ausgewählte Führungskräfte wird dagegen eine **stellenorientierte Karriereplanung** definiert. Dabei wird eine klar definierte Zielposition mit dem Zeitpunkt der Übernahme festgelegt. Anschließend werden notwendige Unterstützungsmaßnahmen auf dem Weg dorthin, wie z.B. Auslandsaufenthalte, Seminarbesuche, Stellvertreterregelungen etc., fixiert.

7.4.3.1.4   Fördermaßnahmen

Für Nachwuchsführungskräfte erfolgt die Förderung häufig durch ein Standardprogramm, das um individuelle Maßnahmen ergänzt wird (vgl. Abb. 46):

Abb. 46: Förderprogramm für Nachwuchsführungskräfte

Abendgespräche mit Vorstand (flexibel)

Strategisches Management	Finanzen/ Controlling	Kommunikation/ Konflikt-management	Effizientes Arbeiten im Team	Abschluss-veran-staltung
September	November	März	Mai	

Training und Reflektion

Bearbeitung eines Vorstandsprojektes

Dezember

Projektstart	Projektsitzungen/Arbeitsgruppen	Projektabschluss
Januar		November

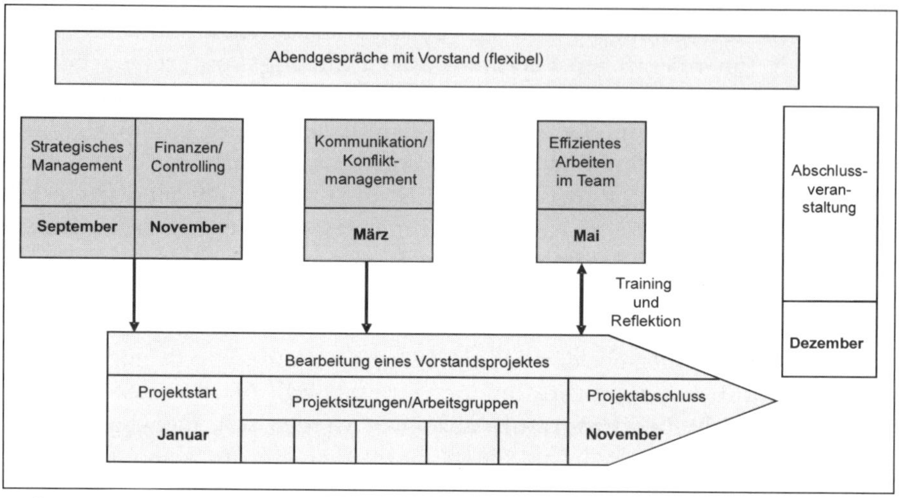

Quelle: eigene Darstellung.

Den zentralen Teil bildet ein unternehmensspezifisches **Seminarprogramm**, oftmals mit Schulungen zur Unternehmensführung und zur Zusammenarbeit im Team bzw. zu Führungsinhalten. Weiterhin bearbeiten die künftigen Führungskräfte entweder ein **reales Projekt** oder stehen als **Inhouse-Consultants** den verschiedenen Bereichen zur Verfügung, um dort Beratungsprojekte durchzuführen. Ziel ist es, dass die Förderkandidaten lernen, Projekte zu planen, zu steuern und erfolgreich abzuschließen. Um den Kontakt zwischen den Nachwuchskräften und den Top-Entscheidern im Unternehmen herzustellen, werden so genannte **„Kamingespräche"** im Anschluss an die Seminare durchgeführt, bei denen Vertreter der Geschäftsführung hinzu kommen, um die Kandidaten kennen zu lernen.

Für Führungskräfte gibt es im Rahmen des **Management Developments** ebenfalls Förderprogramme, die sich meist aus verbindlichen Seminarbausteinen in Abhängigkeit der Zielposition sowie weiterer individuell notwendigen Trainings und Coachings zusammensetzen. Große Unternehmen führen die Seminare oftmals in eigenen Führungsakademien oder so genannten **Corporate Universities** durch (vgl. hierzu Seufert 2006, S. 213ff.). Auf spezielle Projektarbeiten wird aufgrund der hohen zeitlichen Belastung der Führungskräfte oftmals verzichtet.

Für Top-Führungskräfte wird in Vorbereitung auf Führungspositionen wie z.B. Bereichs- oder Geschäftsleitungen der Besuch eines **General Management Seminars** an einer **Business School** vorgesehen. Hier existiert ein vielfältiges Angebot, so dass die Schwierigkeit in der Auswahl der Business School und des passenden Programms besteht. Kriterien sind z.B. die inhaltliche Schwerpunktsetzung, internationale Ausrichtung und Dauer des Programms sowie Anzahl der Präsenzphasen, Akkreditierung und Kosten.

| Praxis | **Personalförderung in der ZF Sachs AG** |

In der ZF-Sachs-Gruppe existiert ein durchgängiges System der Personalförderung mit dem Namen proFILE. Ziel ist es, die Förder- und Besetzungspolitik sowie Nachfolgeplanung im Management in der ZF-Sachs Gruppe einheitlich zu regeln. Kernstück des Programms ist ein Kompetenzmodell zur Potenzialeinschätzung mit insgesamt sechs Kernkompetenzen: Fach-, Sozial-, Führungs-, Veränderungs-, unternehmerische und interkulturelle Kompetenz.

Damit die verantwortlichen Führungskräfte proFILE nutzen, wurden praktikable Tools erstellt und ein transparenter Förderablauf festgelegt. Ist ein Mitarbeiter für eine Zielfunktion geeignet, wird dies durch den Vorgesetzten im Formular „Potenzialeinschätzung" dokumentiert. In einer jährlich stattfindenden und vom Personalbereich moderierten „Integrationsrunde" präsentiert die Führungskraft im Leitungskollegium seine Potenzialkandidaten. Durch die Reflektion der Potenzialkandidaten soll eine höhere Validität der Potenzialaussagen erreicht werden, um die endgültigen Förderkandidaten zu bestimmen. Im Anschluss an die Integrationsrunde wird der Mitarbeiter über seine Aufnahme in den proFILE-Förderprozess informiert. In einem optionalen Orientierungsgespräch mit dem Personalbereich kann der Mitarbeiter seine Selbsteinschätzung, persönlichen Ziele und seine berufliche Entwicklung besprechen. Dies erlaubt eine differenzierte Analyse der Stärken und Optimierungsbedarfe des Mitarbeiters. Zu diesem Potenzialgespräch erhält der Mitarbeiter ein Feedback von dem Vorgesetzten und der Personalabteilung. Auf dieser Basis werden dann individuelle Entwicklungs- und Qualifizierungsmaßnahmen festgelegt und in einem Entwicklungsplan dokumentiert. Anhand des von allen Beteiligten unterzeichneten Entwicklungsplans und einem jährlichen Review des Lernfortschritts wird für Verbindlichkeit in der Personalförderung gesorgt.

Das Entwicklungssystem proFILE schafft für die jährlich durchgeführte Nachfolgeplanung die Transparenz, um mögliche Nachfolgekandidaten erkennen und damit interne Stellenbesetzungen effektiver durchführen zu können. Bis Ende 2006 wurden insgesamt 870 Potenzialkandidaten mit diesem Programm identifiziert.

Quelle: Pflanzelt u.a. (2003, S. 12ff.); ZF Friedrichshafen AG (2007, S. 25).

7.4.3.2   Rückzahlungsvereinbarungen

Infolge der hohen Kosten, die im Rahmen der Personalförderung und Weiterbildung für die Unternehmen entstehen, werden mit den einzelnen Mitarbeitern oftmals Rückzahlungsvereinbarungen geschlossen (Reinecke 2007, S.
2048ff.). Diese regeln, dass der Mitarbeiter bei einem **vorzeitigen Verlassen**
des Unternehmens infolge einer Arbeitnehmerkündigung, eines arbeitnehmerseitig initiierten Aufhebungsvertrags sowie einer verhaltens- oder außerordent-
lichen Kündigung durch den Arbeitgeber, die Kosten für die Fördermaßnahmen ganz oder anteilig zurückzahlen muss. Dadurch wird versucht, die
Mitarbeiter an das Unternehmen zu binden (vgl. Schirmer 2007, S. 49f.) und
einen Return on Investment der Förderaufwendungen zu realisieren.

Solche Vereinbarungen müssen aus arbeitsrechtlicher Sicht bestimmten Anforderungen genügen. Notwendig ist eine **ausdrückliche Vereinbarung** (Tarifvertrag, Betriebsvereinbarung oder Einzelarbeitsvertrag). Zu beachten ist
auch, dass der BR bei der Regelung von Kostenfragen nach §98 Abs. 1
BetrVG mitzubestimmen hat. Grundsätzlich muss dem Arbeitnehmer aus der
Förderung überhaupt ein **beruflicher Vorteil** erwachsen, der in einem ange-
messenen Verhältnis zur **Bindungsdauer** steht. Die Bindungsdauer muss dem
Grundsatz der Verhältnismäßigkeit nach Art. 12 II GG und §242 BGB genügen, d.h. die Bindungsdauer muss der Fortbildungsdauer angemessen sein. Die
Bindungsdauer ist somit abhängig von der

- Dauer der Fortbildung,
- der Höhe der Kosten,
- einer möglichen Freistellung und
- der Höhe des zufließenden Vorteils.

Dabei kann die Bindungsdauer analog zu §624 BGB maximal 5 Jahre, und das
nur in absoluten Ausnahmefällen, betragen. So rechtfertigt z.B. ein zweimona-
tiger Lehrgang mit gleichzeitiger Freistellung ein Jahr Bindung, bei darüber hi-
nausgehender Lehrgangsdauer bis zu einem Jahr mit Freistellung ist eine Bindung bis zu drei Jahren gerechtfertigt (BAG 15.12.1993, DB 94, 1040,
Fortbildung zur Substitutin im Kaufhaus mit 31 Lehrgangstagen und Kosten
von wenig mehr als zwei Monatsgehältern).

Generell nicht zulässig ist die Vereinbarung von Bindungsklauseln für die
berufliche Erstausbildung nach §12 Abs. 1 und 2 BBiG.

7.4.3.3   Gewinner- und Verliererproblematik

Ein besonderer, oftmals nicht berücksichtigter Problempunkt innerhalb der
Personalförderung besteht in der so genannten **Gewinner- und Verliererproblematik** (vgl. grundsätzlich Schirmer 2005, S. 56ff.). Diese entsteht zum

einen dadurch, dass Mitarbeiter, denen im Rahmen des Personalförderprozesses kein Potenzial für weiterführende Aufgaben zugesprochen wird, für sich keine Karrieremöglichkeit mehr in dem Unternehmen sehen und infolgedessen innerlich emigrieren (**innere Kündigung**) bzw. das Unternehmen kurz- bis mittelfristig verlassen. Dies ist für das Unternehmen nachteilig, da es sich bei diesen Mitarbeitern um Leistungsträger gehandelt hat, deren Kompetenz und Engagement für die Organisation sehr wichtig waren. Auf der anderen Seite ist aber auch beobachtbar, dass Mitarbeiter, denen Potenzial für eine weiterführende Funktion zugesprochen wurde, während des Förderprozesses und kurz danach das Unternehmen verlassen. Dies lässt sich aus dem Dilemma von hoher Potenzialeinschätzung aber **fehlender Performancemöglichkeit**, d.h. nicht vorhandener Zielposition, erklären. Sehen solche Mitarbeiter für sich in absehbarer Zeit nicht die Perspektive, eine weiterführende Stelle übernehmen zu können, bewerben sie sich oftmals auf entsprechende Stellen in anderen Unternehmen. Auch dies führt zu einem ungewollten Abfluss von Erfahrungswissen, Engagement und Kompetenz, den es zu vermeiden gilt.

Vor diesem Hintergrund sollte ein Förderprozess immer durch Instrumente zur Vermeidung der Gewinner- und Verliererproblematik unterstützt werden. Einschlägige Maßnahmen hier sind z.B. frühzeitige Interventionen zur Vermeidung eines polarisierenden Gewinner- und Verliererdenkens, eine realistische Schilderung **der Anforderungen** in der Potenzialanalyse, der Hinweis, dass ein Aufstieg nicht automatisch erfolgt, **eine** soziale Unterstützung nach der Testdurchführung und in der folgenden Reflektionsphase (vgl. hierzu Schirmer 2005, S. 61ff.). Weiterführend sind grundsätzliche Maßnahmen zur Mitarbeiterbindung zu ergreifen, d.h. ein Retentionmanagement zu organisieren (vgl. zum Retentionmanagement Schirmer 2007, S. 48ff.)

7.5   Bildungscontrolling

Alle Maßnahmen der Personalentwicklung müssen überwacht, gesteuert und optimiert werden. Dafür ist ein Personalentwicklungs- bzw. Bildungscontrolling als Teil des Personalcontrollings zu betreiben (vgl. im Folgenden Landsberg/Weiß 1995; Oechsler 2006, S. 529ff.; Berthel/Becker 2007, S. 411ff.; Lang 2006 und zum Personalcontrolling grundsätzlich Kapitel 9). Bildungscontrolling lässt sich bezüglich der inhaltlichen Ausrichtung in zwei Bereiche teilen: **pädagogisches** und **ökonomisches Bildungscontrolling**.

7.5.1   Pädagogisches Bildungscontrolling

Das pädagogische Bildungscontrolling umfasst drei Zielbereiche: das Lernstands-, das Zufriedenheits- und das Lerntransfercontrolling.

Beim **Lernstandscontrolling** geht es darum zu erfassen, ob vorgegebene Lernziele erreicht wurden. Die Überprüfung der angestrebten Lernziele erfolgt klassisch z.B. durch **Tests**, gerade im Sprachenbereich bietet sich hierfür die Teilnahme an international anerkannten Tests wie dem TOEFL-Test an. Aber auch die spontane Abfrage durch den Dozenten während der Maßnahme kann den Leistungsstand abprüfen. Wichtig ist, dass die Lernziele vorab klar definiert sind. Bei längeren Maßnahmen empfiehlt sich die Durchführung von Zwischenprüfungen mit denen Teillernziele erfasst werden können.

Beim **Zufriedenheitscontrolling** geht es darum, wie die Teilnehmer die Maßnahme beurteilen. Typische Analyseobjekte stellen z.B. die angewandten Lernmethoden, die Teilnehmeraktivierung, die abwechslungsreiche Stoffdarbietung etc. dar. Informationen zu diesen Aspekten lassen Rückschlüsse auf die Effizienz und Effektivität der Maßnahme zu. Werden diese Abfragen der Teilnehmer direkt am Ende des Seminars gestellt, sind die Ergebnisse oftmals sehr positiv – man spricht in diesem Zusammenhang auch von „**happy sheets**". Dieser Effekt entsteht dadurch, dass die Teilnehmer durch die noch wirksame gruppendynamische Begeisterung positiver urteilen, als sie dies mit etwas Abstand zu der Maßnahme tun würden. Vor diesem Hintergrund sollte eine Zufriedenheitsabfrage immer in der Kombination von „**heißer**" und „**kalter**" **Abfrage** erfolgen, d.h. einmal direkt im Anschluss an die Maßnahmen, und ein zweites mal ca. drei Monate danach. Bei der Kaltabfrage sollte der Schwerpunkt stärker auf der Verwertbarkeit der Inhalte liegen.

Das **Lerntransfercontrolling** will sicherstellen, dass die Inhalte aus dem Trainings- in das Arbeitsfeld transferiert werden (vgl. zur Transferlücke Jung 2006, S. 307ff.). Erst dann ist eine Bildungsmaßnahme wertvoll, da sich der ökonomische Nutzen in der Kompetenzanwendung konstituiert. Die Lerntransferkontrolle kann mittels Befragung der Teilnehmer und deren Vorgesetzten, durch Beobachtung oder Effizienzmessung erfolgen. Letztere ist dann möglich, wenn **quantifizierbare Kennzahlen** existieren, die plausibel durch die Bildungsmaßnahme beeinflusst werden. So lassen sich z.B. die Verkaufszahlen von Vertriebsmitarbeitern vor und nach einem Training ermitteln. Daraus lassen sich Schlüsse ziehen, in welchem Maß Inhalte in den Arbeitsalltag überführt wurden und dort zu einer **Performance-Steigerung** geführt haben.

7.5.2   Ökonomisches Bildungscontrolling

Innerhalb des ökonomischen Bildungscontrollings geht es zum einen um die Steuerung der Personalentwicklungskosten, zum anderen aber auch um die Ermittlung des Nutzens der durchgeführten Maßnahmen (vgl. Jung 2006, S. 303f.). Erst mit dem zweiten Aspekt lassen sich **Kosten-Nutzen-Bewertungen** einzelner Maßnahmen durchführen. Problematisch bei der Nutzenerfassung ist, dass dieser in vielen Fällen monetär nicht exakt bewertbar ist.

7.5.2.1   Kostencontrolling

Das Kostencontrolling dient der Steuerung von Personalentwicklungsbudgets (vgl. Hentze/Kamel 2001, S. 399ff.). Dabei werden für bestimmte Bildungsmaßnahmen Kostenziele vorgegeben. Nach der Durchführung kann ein Abgleich von **Soll- und Istkosten** vorgenommen werden. Bei negativer Abweichung, d.h. Überschreitung der Sollvorgabe, können die Ursachen analysiert und bei einer nochmaligen Durchführung beeinflusst werden. Auch lassen sich damit die Planvorgaben der nächsten Budgetrunde optimieren.

7.5.2.2   Kennzahlengestütztes Controlling

Differenzierter als bei dem reinen Kostencontrolling lässt sich die Personalentwicklung durch weitere Kennzahlen steuern (vgl. Abb. 47 und Kapitel 9.2.1). Gerade in Unternehmen mit eigenen Bildungsbereichen interessieren nicht nur **outputbezogene Ergebnisgrößen**, sondern auch **inputbezogene Größen**, die Auskunft über die Effizienz der Personalentwicklung geben.

Abb. 47: Input- und outputbezogene Kennzahlen im Bildungscontrolling

Input-Orientierung	Output-Orientierung
• Bildungsbudget gesamt • Bildungsaufwand je MA • Weiterbildungstage je MA • Teilnehmer je Seminar • Ø-Seminardauer • Lohnausfallkosten • Anteil interner/externer Dozenten • Kosten je Seminar • Anteil bestimmter Seminare	• Output/Zeiteinheit • Materialverbrauch • Ausschussquote • Wartungsaufwand • Durchlaufzeit • Stillstandszeit • Verkaufszahlen • Umsatzzahlen • Neukundengewinnnung

Quelle: in Anlehnung an Schulte (2002, S. 65).

7.5.2.3   Rentabilitätscontrolling

Zentral für die Bewertung der Personalentwicklung ist es, den **Nutzen** einzelner Aktivitäten zu erfassen, um daraus deren Rentabilität abzuleiten (vgl. Hentze/Kamel 2001, S. 399).

Der Nutzen von Personalentwicklungsmaßnahmen lässt sich wiederum dann gut bestimmen, wenn analog zur Anwendungserfolgskontrolle, Output-Kennzahlen messbar sind, die plausibel durch eine Trainingsmaßnahme beeinflusst werden. Der Wert von gesteigerten Verkaufszahlen oder von reduzierten Ausschussquoten ist **monetär bezifferbar**. Anders verhält es sich bei Maßnahmen z.B. im Soft-Skill-Bereich. Welchen Wert, in Geldeinheiten, hat z.B. ein Rhetorikseminar an dem acht Mitarbeiter aus verwaltenden Funktionen, wie Rechnungswesen, Arbeitsvorbereitung etc., teilnehmen?

Einen neueren Ansatz im Rentabilitätscontrolling stellt die Ermittlung des **Return on Investments** dar (vgl. Phillips/Schirmer 2005). Auch hier stellt sich die Problematik der monetären Nutzenbewertung und damit der Erfassung und Einbeziehung nicht quantifizierbarer Nutzeneffekte (vgl. Abb. 48).

Abb. 48: ROI-Ermittlung von Bildungsinvestitionen

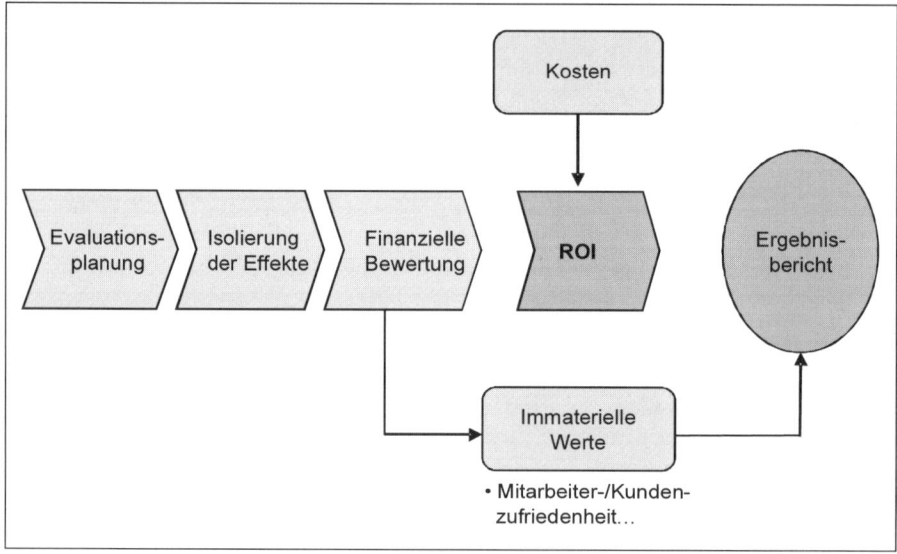

Quelle: in Anlehnung an Phillips/Schirmer (2005, S. 23); modifiziert.

Die Berechnung des ROI ist frühzeitig zu planen. Zum Nachweis der konkreten Wirkungen eines Trainings ist es notwendig, dessen **Effekte zu isolieren**. Sonst bleibt unklar, **welche Ursachen** die Verbesserungen im Zielsystem bewirkt haben. Neben der Bildungsmaßnahme kommen dafür z.B. auch konjunkturelle Einflüsse, ein überarbeitetes Produktprogramm, neue Marketingaktivitäten usw. in Frage. Die Wirkung der Personalentwicklungsmaßnahme lässt sich idealerweise anhand einer Versuchs- und einer Kontrollgruppe nachweisen. Da ein derartiger Aufwand gerade in kleineren und mittleren Unternehmen nicht betrieben werden kann, wird zur Erfassung der Trainingseffekte oftmals auf eine Befragung der Teilnehmer, Vorgesetzten und Kunden zurückgegriffen.

Wurden die Trainingseffekte isoliert, müssen Sie in **monetäre Werte transformiert** werden. Erst wenn klar ist, welchen Wert z.B. eine Steigerung der Kundenzufriedenheit um 10 Prozent hat, kann die Wirtschaftlichkeit des Programms berechnet werden. Es geht um **glaubwürdige Datenkonvertierung**, d.h. lassen sich Effekte nicht nachvollziehbar bewerten, dann werden Sie als immaterielle Werte erfasst und in den Ergebnisbericht aufgenommen. Methoden die zur Konvertierung angewandt werden können, sind z.B.

- Leistungsdaten finanziell bewerten, z.B. reduzierte Ausschusskosten,
- Arbeitszeiten finanziell bewerten, z.B. gesparte Kosten je Stunde,
- Expertenschätzungen.

Ist die monetäre Konvertierung der Trainingseffekte erfolgt, lässt sich der ROI berechnen. Dabei ist der ROI wie folgt definiert, wobei Netto-Programmnutzen = Programmnutzen – Programmkosten ist (s. Gl. 7.1):

$$ROI = \frac{\text{Netto - Programmnutzen x } 100}{\text{Programmkosten}} \qquad (7.1)$$

Ein ROI von 50 Prozent bedeutet, dass die Kosten vollständig erwirtschaftet sind und weitere 50 Prozent der Kosten als „Gewinn" zu verzeichnen sind.

Beispiel: In einem Training beträgt der Nutzen 450.000 € und die Kosten 200.000 €. Daraus folgt ein Netto-Programmnutzen von 250.000 € und somit ein ROI (= 250.000/200.000 x 100) von 125 Prozent. Der abschließende Ergebnis-Bericht könnte dann beispielhaft wie in Abb. 49 dargestellt aussehen.

Abb. 49: Beispielhafter ROI-Bericht

Programmkosten: 200.000 €

Veränderungen im Arbeitsfeld durch Training:
- Reduktion der Kundenreklamation um 20 Prozent (von 1.000 auf 800 p.a.)
- Durchlaufzeitverkürzung um 10 Prozent (von 10 h auf 9 h; 1000 h p.a.)

Finanzielle Bewertung der Veränderung:
- Kosten je Reklamation = 2.000 € x 200 = 400.000 €
- 1 h Prozesszeit = 50 € x 1.000 = 50.000 €

ROI: 125 Prozent
- NPN = 450.000 € - 200.000 € = 250.000 €
- ROI = 250.000 €/200.000 € = 1,25 x 100

Immaterielle Werte:
- Kundenzufriedenheit gesteigert

Quelle: eigene Darstellung.

Praxis	Bildungscontrolling bei der Nordland Papier GmbH

Um die Effizienz und Effektivität ihrer Weiterbildung zu steuern, hat die Nordland Papier GmbH ein durchgängiges Controllingsystem mit den Elementen Bildungs-bedarfsanalyse, Kostencontrolling, Zufriedenheitsabfrage, Transfersicherung, Lern-erfolgskontrolle und Kosten-Nutzen-Erfassung implementiert.

Der Bildungsbedarf wird im Rahmen der Personal Performance Review-Ge-spräche erfasst. Aus dem Abgleich von Ist-Kompetenzen und den auf der jeweili-gen Stelle geforderten Soll-Kompetenzen werden bedarfsorientiert Entwicklungs-maßahmen abgeleitet. Diese Informationen bilden die Grundlage für die Bildungs-budgetplanung des Folgejahres.

Zur Unterstützung des Transfererfolges wurde ein dreiphasiger Prozess etab-liert: Vier Wochen vor Durchführung einer Maßnahme werden den Teilnehmern Transferbögen zugesandt, in denen Sie mit ihren Vorgesetzten ihre Erwartungen an die Maßahmen formulieren. Diese Bögen werden ausgewertet und vorab an den Trainer gesandt. Direkt nach einer Bildungsmaßnahme erhalten die Mitarbeiter ei-nen Fragebogen zur Zufriedenheit und zur ersten Transfereinschätzung. Inhalte sind dabei u.a.: Beurteilung des Referenten, Erwartungserfüllung, Praxisbezug und Transferhindernisse. Die Auswertung fließt in die Konzeption der folgenden Se-minare ein. Die Transfersicherung schließt mit einem Fragebogen ab, den die Teil-nehmer drei Monate nach Ende des Seminars erhalten und dazu befragt werden, wie weit sie die Inhalte im Alltag anwenden können, woran dies ggf. scheitert usw.

Parallel zum Transfercontrolling wird eine Lernerfolgskontrolle durchgeführt. Hierzu werden im Vorfeld von Bildungsmaßnahmen zwischen dem Trainer und der Personalabteilung genaue Lernziele formuliert. Diese Lernziele werden mittels Multiple-Choice-Aufgaben, Lückentexten etc. überprüft. Um aussagefähige Daten zu erhalten, wird der Test zu Beginn und am Ende eines Trainings ausgefüllt.

Den letzten Schritt bildet das Ermitteln einer Kosten-Nutzen-Relation in Bezug auf die Maßnahme. Wo dies möglich ist, werden Kennzahlen, wie z.B. Reduktion des Maschinenstillstandes, in monetäre Größen konvertiert. In den überwiegenden Fällen stützt sich die Nordland Papier GmbH in Ermangelung valider Methoden auf eine Selbsteinschätzung der Teilnehmer. Diese bewerten in den Fragebögen zur Transfersicherung ihren Wissenstand vor, direkt und drei Monate nach der Maßnahme auf einer sechsstufigen Skala. Daraus werden Rückschlüsse auf den Nutzen der Maßnahme abgeleitet.

Quelle: Albers (2007, S. 356ff.).

7.6   Rechtliche Aspekte

In der Personalentwicklung sind verschiedene Gesetze bedeutsam. Für die Be-rufsausbildung ist das **Berufsbildungsgesetz** und das **Jugendarbeitsschutz-gesetz**, das spezielle Vorschriften für jugendliche Auszubildende im Alter zwi-schen 14 und 18 Jahren enthält, zu berücksichtigen.

Generell ist für die Personalentwicklung das **Betriebsverfassungsgesetz** zu beachten, das die **Mitbestimmungsrechte** des **Betriebsrates** definiert. Die zentralen Bestimmungen sind in den §§96-98 BetrVG aufgeführt.

In §96 Abs. 1 BetrVG ist die **Förderpflicht** formuliert, d.h. Arbeitgeber und Betriebsrat werden verpflichtet in Zusammenarbeit mit den zuständigen Stellen (IHK, HWK usw.), die Berufsbildung der Arbeitnehmer zu fördern.

Nach §97 Abs. 1 BetrVG hat der Betriebsrat bei der Frage, ob Maßnahmen der Berufsbildung eingeführt werden sollen, ein Beratungsrecht. Die endgültige Entscheidung liegt aber bei dem Arbeitgeber, da es sich um eine unternehmerische Entscheidung handelt. Ist die Frage zur Berufsbildung positiv entschieden, hat der Betriebsrat gemäß §98 Abs. 1 BetrVG ein echtes Mitbestimmungsrecht, wenn es um die anschließende **Ausgestaltung** geht. Dies umfasst z.B. solche Fragen, ob der Berufsschulunterricht wöchentlich oder als Blockveranstaltung durchgeführt werden soll. Nach Abs. 3 kann der Betriebsrat Arbeitnehmer für die Teilnahme an Seminaren etc. vorschlagen. Kommt zu den Themen nach §98 Abs. 1 und 3 BetrVG keine Einigung zwischen Arbeitgeber und Betriebsrat zustande, greift hier gemäß Abs. 4 das Einigungsstellenverfahren nach §76 BetrVG. Dabei ersetzt der Spruch der Einigungsstelle die Einigung zwischen Arbeitgeber und Betriebsrat.

Für den Fall, dass sich die Tätigkeit eines Arbeitnehmers durch Maßnahmen des Arbeitgebers ändert, hat der Arbeitgeber nach §81 Abs. 4 BetrVG mit dem Arbeitnehmer zu erörtern, wie dessen berufliche Kenntnisse und Fähigkeiten angepasst werden können. Korrespondierend hierzu ist das präventive Vorschlagsrecht des Betriebsrats nach §92 a Abs. 1 BetrVG. Hier kann der Betriebsrat Vorschläge machen, um die **Beschäftigung der Arbeitnehmer** zu sichern; dies umfasst auch Qualifizierungsmaßnahmen. Dieses Vorschlagsrecht wird für den Fall, dass Maßnahmen des Arbeitgebers dazu führen, dass die Kenntnisse und Fähigkeiten der Arbeitnehmer nicht mehr ausreichen, um den geänderten Anforderungen gerecht zu werden, zu einem echten Mitbestimmungsrecht. Nach §97 Abs. 2 BetrVG kann der BR in dieser Situation die Durchführung von Bildungsmaßnahmen verlangen.

Für spezielle Themenfelder der Personalentwicklung, nämlich den Bereich der **Leistungs- und Potenzialbewertung**, sind noch die §§94, 95 BetrVG zu beachten. Werden zur Potenzialanalyse Fragebogen oder Gesprächsleitfäden eingesetzt, unterliegen diese nach §94 Abs. 1 BetrVG der Mitbestimmung des Betriebsrates. Auch hier kommt ggf. wieder das Einigungsstellenverfahren zum Tragen. Nach §94 Abs. 2 BetrVG fällt unter Abs. 1 auch das Aufstellen allgemeiner Beurteilungsgrundsätze. Darunter zählt nach h.M. der Einsatz von Assessment Centern. Nach §95 Abs. 1 BetrVG unterliegen Auswahlrichtlinien für die Umgruppierung, und damit auch für den Bereich der Aufstiegsqualifizierung, ebenfalls der Mitbestimmung des Betriebsrats.

7.7   Zusammenfassung

Infolge des zunehmenden Fachkräftemangels und der ständig steigenden Arbeitsanforderungen wird eine **systematische Personalentwicklung** für Unternehmen immer wichtiger. Dabei ist unter Personalentwicklung mehr zu verstehen als das Anbieten von Seminaren für den Fall, dass Mitarbeiter **akute Qualifikationsdefizite** aufweisen. Vielmehr muss die Personalentwicklung die Ziele der Organisation vorausschauend unterstützen. Eine **strategische Bedarfsanalyse** ist somit zwingend. Erst aus dem Abgleich der Unternehmensziele mit den personalen Kompetenzen wird deutlich, welche Instrumente und Inhalte eine **strategieorientierte Personalentwicklung** berücksichtigen soll. Neben der Bedarfsanalyse und dem Interventionskonzept muss ein ganzheitlicher Personalentwicklungsprozess (**BIC-Prozess**) ein Controlling umfassen. Eine erfolgreiche Personalentwicklung kann zudem nur im Zusammenwirken der relevanten Personengruppen im Unternehmen gestaltet werden.

Für die strategische Bedarfsanalyse sind verschiedene Vorgehensweisen wie die **Balanced Scorecard** oder die **Analyse normativer und strategischer Pläne** verfügbar.

Wesentliche **Interventionsbereiche** der Personalentwicklung sind die betriebliche **Berufsausbildung**, die **Weiterbildung** und die **Personalförderung**. Bei der Planung und Durchführung der Ausbildung im **dualen System** sind insbesondere die Vorgaben des **Berufsbildungsgesetzes** zu berücksichtigen. In den durch das BBiG geregelten Ausbildungsordnungen sind die notwendigen Grundlagen für den jeweiligen Ausbildungsberuf, wie z.B. der **Ausbildungsrahmenplan**, geregelt, die unternehmensspezifisch zu konkretisieren sind. Mit Maßnahmen der Weiterbildung wird die **Handlungskompetenz** der Mitarbeiter dauerhaft gesichert bzw. optimiert. Dies ist notwendig, um die Arbeitnehmer auf geänderte Arbeitsbedingungen (**Anpassungsqualifizierung**) oder auf weiterführende Fach- oder Führungsaufgaben vorzubereiten (**Aufstiegsqualifizierung**). In der Weiterbildung stehen den Unternehmen eine Vielzahl **methodischer Möglichkeiten** zur Verfügung. Vor dem Hintergrund des jeweiligen **Lernzielbereichs**, der Zahl der zu trainierenden Mitarbeiter und des vorhandenen Budgets sind die geeigneten Methoden auszuwählen. Durch eine gezielte **Personalförderung** kann gerade der Bedarf an Führungskräften sichergestellt werden. Ausgehend von der Identifikation fähiger Mitarbeiter (**Potenzialträger**), über deren Entwicklung bis hin zur systematischen **Nachfolgeplanung** ist hierfür ein ganzheitliches Konzept zu implementieren.

Alle Aktivitäten der Personalentwicklung sind durch ein **Controlling** zu überwachen und zu steuern. Dabei sind zum einen der **Lernerfolg** und der **Lerntransfer,** zum anderen die **Kosten** und der **Nutzen** einschlägiger Entwicklungsmaßnahmen zu erfassen und zu überwachen.

7.8   Kontrollfragen

Aufgabe 7.1 (Grundlagen der Personalentwicklung):
a) Benennen Sie die zentralen Schritte des Kernprozesses der Personalentwicklung in der richtigen Reihenfolge.

b) Nennen Sie fünf Erfolgsdeterminanten der Personalentwicklung.

Aufgabe 7.2 (Bedarfsanalyse in der Personalentwicklung): Beschreiben Sie die zentralen Schritte zur Erstellung einer BSC.

Aufgabe 7.3 (Interventionsfelder der Personalentwicklung):
a) Nennen Sie die verschiedenen Formen der Verbundausbildung.

b) Erläutern Sie, wie Sie den qualitativen Bildungsbedarf eines Mitarbeiters im Rahmen der operativen Bedarfsanalyse feststellen.

c) Im Zusammenhang mit der Einführung des Personalentwicklungssystems kommt ein Teamleiter auf Sie zu und bittet Sie um Rat, weil die Zusammenarbeit mit seinen Mitarbeitern nicht mehr gut verläuft: es kommt häufig zu Streitereien, Anweisungen werden nicht termingerecht ausgeführt usw. Sie möchten dem Vorgesetzten eine intensive Reflektion der Teamsituation ohne seine Mitarbeiter, aber mit professioneller Unterstützung, bieten.
Welche Methode würden Sie hier empfehlen? Erläutern Sie diese.

d) Markieren Sie, ob die folgenden Aussagen richtig oder falsch sind!

Beim „Job Enlargement" wird das Arbeitsfeld des Mitarbeiters um vor- und nachgelagerte Tätigkeiten bereichert.   Richtig ☐   Falsch ☐

Das Juniorboard dient dazu, Nachwuchsführungskräfte an strategische Entscheidungsfindungen heranzuführen.   Richtig ☐   Falsch ☐

Affektive Lernziele lassen sich am besten mit E-Learning-Programmen realisieren.   Richtig ☐   Falsch ☐

Ein Argument für die externe Durchführung von Schulungen ist insbesondere die damit verbundene Innovationsmöglichkeit durch Erfahrungsaustausch.
Richtig ☐   Falsch ☐

Beim virtuellen Klassenzimmer wechseln sich Phasen des Selbststudiums mit trainergestützten Phasen im persönlichen Face-to-Face-Kontakt ab.
Richtig ☐   Falsch ☐

Das Blended Learning ist eine moderne Weiterentwicklung des Sensitivitätstrainings.   Richtig ☐   Falsch ☐

e) Füllen Sie die Lücken im Text mit den entsprechenden Begriffen aus.

Die........................dient der Identifikation und Entwicklung von Potenzialträgern im Unternehmen.

Das........................dient der Erhebung individueller Stärken-Schwächen-
Profile der Potenzialträger. Für Mitarbeiter höherer Hierarchieebenen wird zur
Potenzialanalyse üblicherweise ein........................... angewandt.

In der..................... wird mit den Top-Entscheidern das HR-Portfolio der
Potenzialträger besprochen.

Eine Entwicklung und Unterstützung von Führungsnachwuchskräften ohne
klare Zielstelle wird als................................. bezeichnet.

Mit der Einführung der systematischen Entwicklung von Nachwuchskräften
geht oftmals die Schwierigkeit der.............................. einher.

Aufgabe 7.4 (Bildungscontrolling): Markieren Sie, ob die folgenden Aussagen richtig oder falsch sind!

Das Zufriedenheitscontrolling überprüft, ob die Seminarinhalte von den Mitarbeitern in zufrieden stellender Weise in den Arbeitsalltag übertragen werden.
                                        Richtig ☐   Falsch ☐

Die grundsätzliche Problematik im ökonomischen Bildungscontrolling besteht
in der Nutzenbewertung einschlägiger Interventionsmaßnahmen.
                                        Richtig ☐   Falsch ☐

Bei der Ermittlung des ROI von Bildungsinvestitionen nach Phillips/Schirmer
werden immaterielle Nutzeneffekte nicht berücksichtigt.
                                        Richtig ☐   Falsch ☐

Der ROI errechnet sich in dem angesprochenen Verfahren wie folgt: Pro-
grammnutzen/Programmkosten.   Richtig ☐   Falsch ☐

Das pädagogische Bildungscontrolling unterteilt sich in Kosten-, kennzahlen-
gestützes- und Rentabilitäts-Controlling. Richtig ☐   Falsch ☐

8   Personalabbau

Dieses Kapitel vermittelt,

- aus welchen Ursachen Personal freigesetzt wird und wie sich das grobe Ablaufschema hierfür gestaltet,
- welche Alternativen es zum direkten Personalabbau gibt,
- welche Formen direkten Personalabbaus sich unterscheiden lassen und welche Begleitmaßnahmen ergriffen werden können.

8.1   Anlässe und Ablauf der Personalfreisetzung

Die Ursachen für den Abbau von Personal können zum einen individuell im Mitarbeiter begründet, zum anderen in allgemeinen, vom Unternehmen oder dessen Umwelt ausgehenden Änderungen liegen. Auf **individueller** Ebene können wiederum **personenbedingte** Gründe ausschlaggebend sein (z.B. Krankheit, fehlende Kenntnisse) oder ein **Fehlverhalten** des Mitarbeiters (z.B. Vertragsverletzung, fehlerhafte Bearbeitung von Materialien, Verärgerung von Kunden) die Freisetzung auslösen. Voraussetzung dafür, einen Mitarbeiter verhaltensbedingt zu kündigen, ist dessen vorherige Abmahnung (zum Prozedere der Abmahnung vgl. Kleinebrink 2003). Handelt es sich hierbei um Einzelentlassungen, ziehen intern bzw. extern ausgelöste **Veränderungen im Unternehmen** oftmals betriebsbedingte Kündigungen in Form von Massenentlassungen nach sich: Dabei lässt sich von den Ursachen her die kurz- bis mittelfristige Ebene (z.B. Konjunktur, Börse) von der mittelfristigen bis strukturellen Ebene (z.B. Organisationsstruktur/Fusion, Technologie, Nachfrageverhalten, Wettbewerberstruktur) unterscheiden.

Diese internen und externen Faktoren werden bereits in der Personalplanung berücksichtigt und führen zu einem Personalbedarf oder zu einem Personalüberhang. Abb. 50 zeigt den **Ablauf** für letzteren Fall. Nach Feststellung eines Überhangs muss in einem zweiten Schritt überlegt werden, inwiefern der Abbau einzelner Mitarbeiter sozial zulässig und vertretbar ist und ob beispielsweise direkter Personalabbau durch reaktive (z.B. Abbau von Überstunden) oder antizipative Maßnahmen (z.B. Einstellungsstopp) verhindert bzw. abgemildert werden kann.

Die grundsätzlich in Frage kommenden Verwendungsalternativen werden ihrerseits insbesondere auf soziale Folgen, Kosten und Auszahlungswirkungen hin untersucht. Die Kündigung eines Familienvaters oder eines Mitarbeiters mit langer Betriebszugehörigkeit mag zwar rechtlich zulässig sein, die sozialen Folgen wären aber vergleichsweise hoch. Kosten können dann in höherem Ausmaß entstehen, wenn mit der Freisetzung Abfindungszahlungen verbunden sind, die kurzfristig eine hohe Liquidität binden können. Hier ist die Auszahlungswirkung zu antizipieren und zu prüfen. Im vierten und letzten Schritt ist schließlich eine personale Entscheidung zu fällen.

Abb. 50: Ablaufschema des Personalabbaus

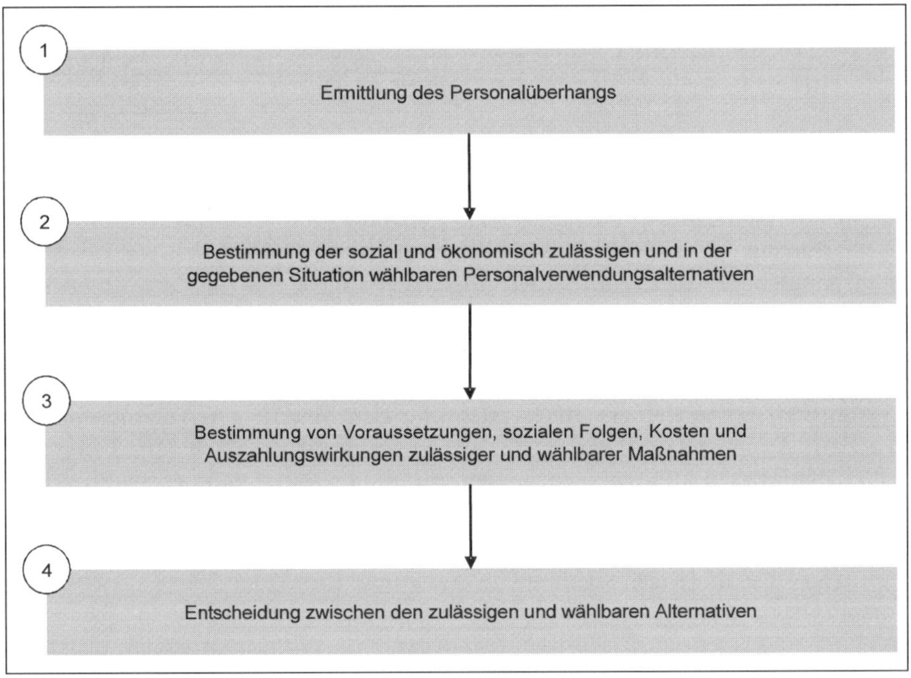

① Ermittlung des Personalüberhangs

② Bestimmung der sozial und ökonomisch zulässigen und in der gegebenen Situation wählbaren Personalverwendungsalternativen

③ Bestimmung von Voraussetzungen, sozialen Folgen, Kosten und Auszahlungswirkungen zulässiger und wählbarer Maßnahmen

④ Entscheidung zwischen den zulässigen und wählbaren Alternativen

Quelle: eigene Darstellung.

8.2   Rechtliche Grundlagen

Kündigungen und Entlassungen sowie deren möglichst weitgehende Verhinderung sind ein arbeitsrechtlich stark relevantes Thema. Dabei ist das kollektive Arbeitsrecht vom individuellen Arbeitsrecht zu unterscheiden. Abb. 51 zeigt die wesentlichen, im Betriebsverfassungsgesetz festgeschriebenen Grundlagen des **kollektiven Arbeitsrechts**. Interessenvertretung der Arbeitnehmer bildet dabei der Betriebsrat. Insbesondere von Bedeutung sind dabei §95 und §102

BetrVG, die dem Betriebsrat ein Mitbestimmungsrecht bei Richtlinien über die personelle Auswahl (z.b. bei Kündigung) einräumen sowie bei Entlassungen ein Anhörungs- und Widerspruchsrecht vorsehen.

Dagegen ist im **individuellen Arbeitsrecht** der besondere Kündigungsschutz bestimmter Arbeitnehmergruppen geregelt. Generelle Kündigungsverbote bzw. starke Einschränkungen gelten für werdende Mütter (Mutterschutzgesetz), Schwerbehinderte (SGB IX), Wehr- und Zivildienstleistende (Arbeitsplatzschutzgesetz, Zivildienstgesetz), Auszubildende (Berufsbildungsgesetz) sowie für Betriebsräte (Betriebsverfassungsgesetz, Kündigungsschutzgesetz).

Abb. 51: Wesentliche Bestimmungen des kollektiven Arbeitsrechts

Personalabbauplanung und Betriebsverfassungsgesetz			
Betr. VG	Bedeutsame Tatbestände	Zuständigkeit nach Betr.VG	Ziel der Beratungen und Verhandlungen
§90	Veränderungen in den Arbeitsbedingungen und -anforderungen	BR AG	Beratung über Konsequenzen für Arbeitsgestaltung, Personalpolitik
§92	Personalbedarfs- und -entwicklungsplanung, Fragen des Personalabbaus	BR AG	Alternativen bzw. sozial befriedigende Lösung des Personalabbaus
§106	Wirtschaftliche und technische Plandaten sowie deren personelle Auswirkungen	WA UN	Informationen und Beratungen über Auswirkungen auf die Personalplanung
§110	Unterrichtung über wirtschaftliche Lage und Entwicklung des Unternehmens	AG	AN, BR, WA	Hinweise zu geplanten Freisetzungen bei sich verschlechternder Wetterlage
§95	Auswahlrichtlinien	BR AG	Mitbestimmung bei Richtlinien über personelle Auswahl bei z.B. Kündigung
§87	Verteilung und Veränderung der Arbeitszeit	BR AG	Mitbestimmung bei Mehr-/Kurzarbeit
§97	Berufliche Weiterbildung	BR AG	Weiterbildung statt Entlassung
§99	Mitbestimmung bei personellen Einzelmaßnahmen	BR AG	Mitbestimmung bei z.B. Versetzungen
§102	Entlassungen	BR AG	Anhörungs- und Widerspruchsrecht des Betriebsrates
§112	Betriebsänderungen (§111 BetrVG) mit wesentlichen Nachteilen für die Belegschaft	BR UN	Interessenausgleich, Sozialplan (§§112, 112a, 113)
Legende: AG = Arbeitgeber, BR = Betriebsrat, UN = Unternehmer, WA = Wirtschaftsausschuss			

Quelle: eigene Darstellung.

8.3 Maßnahmen zur Verhinderung bzw. Reduktion direkten Personalabbaus

Bevor Personal via Einzel- oder Massenentlassung direkt abgebaut wird, gilt es, alternative Personalanpassungsmaßnahmen zu prüfen, um die Zahl der zu entlassenden Mitarbeiter zu minimieren. Dabei lassen sich inhaltlich Maßnahmen der Fertigungsplanung von personalplanerischen Handlungsmöglichkeiten unterscheiden, die ihrerseits quantitativ oder qualitativ geprägt sind (vgl. Abb. 52).

Abb. 52: Alternativen zum direkten Personalabbau

Produktionsplanung	←→ Personalplanung		

Produktionsplanung:
- Erweiterte Lagerhaltung
- Rücknahme von Fremdorders
- Produktdiversifizierung/ alternative Fertigung
- Veränderte Arbeitsgestaltung
- Vorgezogene Reparaturen
- Aufschub von Rationalisierungen

quantitativ ←→ qualitativ

Arbeitszeitgestaltung	Personelle Maßnahmen	Qualifizierung	Arbeitsgestaltung
• Abbau von Überstunden/ Sonderschichten	• Einstellungsstopp	• Ausbildung	• Arbeitserweiterung
• Kurzarbeit	• Auslaufen von befristeten Verträgen	• Weiterbildung	• Mehrstellenbesetzung
• Arbeitszeitverkürzung	• Abbau von Leiharbeit	• Umschulung	• Gruppenarbeit
• Freizeitausgleich für Mehrarbeit	• Umsetzungen/ Versetzungen	• Qualitätszirkel	• Fertigungsinseln
• Umwandlung von Vollzeit- in Teilzeitarbeitsplätze	• Vorruhestand/ Frühpensionierung	• Qualifizierungspool	• Qualitätsarbeit
• Sabbatjahr	• Überstellung in Beschäftigungsgesellschaft	• Teilfreistellung für Bildungsabschluss	• Umsetzung von Verbesserungsvor- schlägen
• Urlaubsplanung und -abwicklung		• Externer Einsatz	

Quelle: RKW (1996, S.208); leicht modifiziert.

- **Produktionsplanung**

Personalabbau lässt sich zumindest bei **kurzfristigen Schwankungen** über die Planung der Produktion **auffangen**. Am durchschlagskräftigsten sind eine erweiterte Lagerhaltung, die Vornahme vorgezogener Reparaturen oder der Aufschub von Rationalisierungen. Die Arbeitsgestaltung/Prozesskette zu ändern kann zu Ineffizienzen durch Neujustierung von Schnittstellen führen. Um Produkte zu diversifizieren bzw. alternativ fertigen zu können, müssen die betrieblichen Möglichkeiten und die Nachfrage am Markt gegeben sein. Am schwierigsten dürfte sich die Rücknahme von Fremdaufträgen realisieren lassen, da zumeist Abläufe mit fehlender Spezialisierung im Unternehmen bzw. Prozesse mit kleinen Quantitäten ausgelagert werden. Hier könnte man hohe ökonomische Ineffizienzen produzieren, die u.U. mittel- und langfristig betrachtet noch mehr Arbeitsplätze gefährden können.

- **Arbeitszeitgestaltung**

Die Formen der flexiblen Arbeitszeitgestaltung (vgl. zur näheren Diskussion Kapitel 5.3.4.2) lassen sich auch dafür nutzen, direkten Personalabbau zu reduzieren. Dabei ist die Flexibilisierung aus Sicht des Arbeitnehmers nicht mehr positiv kompatibel mit der eigenen Lebensplanung zu sehen, denn die Arbeitszeitreduzierung muss oftmals gezwungenermaßen in Kauf genommen werden zur Erhaltung des eigenen Arbeitsplatzes bzw. zum Erhalt von mehreren zeitlich reduzierten Arbeitsverhältnissen. Die gängigsten Praktiken bestehen in der **Arbeitszeitverkürzung** durch den Abbau von Mehrarbeit, der Verminderung der betrieblichen Arbeitszeit im Rahmen des Tarifvertrags oder der Anmeldung von Kurzarbeit (vgl. Hentze/Graf 2005, S. 375ff.). Dabei kann es Unterschiede in der Nachhaltigkeit geben. Eine dauerhafte Festschreibung einer 4-Tage-Woche hat naturgemäß mehr Durchschlagskraft als Freizeitausgleich für Mehrarbeit.

Alle Reduktionen der Arbeitszeit sind immer der **prüfenden Kritik** ausgesetzt, ob sie nicht eher dazu führen sollen, die Effizienz im Unternehmen (gleicher Output in reduzierter Zeit) zu erhöhen und Personalkosten zu sparen, als die Arbeitszeit umzuverteilen. Dies gilt insbesondere für die Diskussion der Umwandlung von Vollzeit- in Teilzeitarbeitsplätze, die vom Unternehmen mit dem Argument der höheren Lohnnebenkosten oftmals aus Effizienzgesichtspunkten nicht vorgenommen wird.

Hintergrund	**Einführung von Kurzarbeit**

Kurzarbeit ist eine Freisetzungsmaßnahme bei der zahlreiche rechtliche Grundlagen zu beachten sind und die durch das Arbeitsförderungsgesetz (AFG) geregelt wird. Zudem gilt ein uneingeschränktes Mitbestimmungsrecht des Betriebsrats in allen Fällen, in denen von der betriebsüblichen Arbeitszeit abgewichen wird.

Um den betroffenen Mitarbeitern ihre Arbeitsplätze zu erhalten, wird der Einkommensausfall der Arbeitnehmer gemäß AFG teilweise von der Agentur für Arbeit ausgeglichen. Die Höhe der Geldleistung beträgt bei einem vorübergehenden Arbeitsausfall maximal 67 Prozent des regulären Netto-Arbeitsentgelts. Es wird für einen Zeitraum von bis zu sechs Monaten, in Ausnahmefällen 24 Monate gezahlt.

Quelle: Jung (2006, S. 312); ergänzt.

- **Personelle Maßnahmen**

Personelle Maßnahmen sind davon geprägt, kein neues Personal zu rekrutieren bzw. Personalabbau zu betreiben, ohne Mitarbeiter zu entlassen. Über einen Einstellungsstopp können Kündigungen bestehender Arbeitsverhältnisse verhindert werden. Einen **Einstellungsstopp** zumindest partiell zu verhängen ist oft auch notwendige Bedingung für die Durchsetzung betriebsbedingter Kündigungen. Der **Abbau von Leiharbeit** geht in dieselbe Richtung. Personalabbau ohne Kündigung findet statt beim Auslaufen von befristeten Verträgen. Diese Art der Vertragsgestaltung erfreut sich bei Arbeitgebern u.a. aus diesem Grund wachsender Beliebtheit.

Eine **Versetzung** liegt vor bei einer Änderung des Arbeitsbereiches (Änderung der Tätigkeit) oder bei einer ortsfremden Tätigkeit, die über einen Monat dauert (Ortswechsel) oder bei einer erheblichen Änderung der Arbeitsbedingungen (Änderung der Stellung in der Betriebsorganisation). Die Versetzung ist aber nur dann wirkungsvoll, wenn die Stellen zu versetzender Mitarbeiter nicht wiederbesetzt werden müssen und die Versetzung von den Mitarbeitern akzeptiert wird. Im Gegensatz zur **Umsetzung** (Verlagerung innerhalb des bisherigen fachlichen oder räumlichen Tätigkeitsbereichs) hat der Betriebsrat bei der Versetzung ein Mitbestimmungsrecht nach §99 BetrVG.

Eine **vorzeitige Pensionierung** ist oft sozialversicherungsrechtlich sehr komplex und u.U. verbleibt dem Unternehmen in den Folgeperioden eine beträchtliche finanzielle Belastung (gesetzliche und einzelvertragliche Leistungen für den vorzeitig ausscheidenden Kollegen bei gleichzeitigem Wegfall der Arbeitskraft). Sie ist allerdings ein probates Mittel, direkten Personalabbau sozialverträglich zu gestalten. Insbesondere bei der drohenden Entlassung vieler Mitarbeiter kann es sich anbieten, diese in eine Beschäftigungsgesellschaft zu überstellen, d.h. sie nicht mehr als Mitarbeiter des Unternehmens zu führen (vgl. hierzu die näheren Ausführungen in Kapitel 8.4.2.3).

- **Qualifizierung**

Eher qualitativ geprägt sind Maßnahmen, welche auf qualifikatorische Entwicklung setzen. In erster Linie sind hier **Aus- und Weiterbildungen** gemeint, aber auch Umschulungen. Wichtig dabei ist, dass diese Maßnahmen in ein strategisches Personalplanungskonzept eingebettet werden. Über Qualitätszirkel oder die Aufnahme der betroffenen Mitarbeiter in einen Qualifizierungspool lassen sich zumindest temporär Verwendungen finden, die einen Abbau verhindern. Vereinzelt besteht die Lösung auch in der Freistellung für einen Bildungsabschluss oder bietet sich gar ein Einsatz in einem externen Unternehmen an (z.B. arbeitet EDV-Experte temporär bei einem Großkunden).

- **Arbeitsgestaltung**

Die Arbeitsgestaltung, deren Möglichkeiten in Kapitel 5 diskutiert wurden, kann auch dazu beitragen, Personalabbau zu verhindern, indem über Job Enlargement, Job Enrichment und die **Reorganisation der Arbeitsprozesse** etwa via Gruppenarbeit oder der Etablierung von Fertigungsinseln die einzelnen Mitarbeiter neue, wertvolle Arbeitselemente aufnehmen bzw. ihre Kompetenz mit der Kompetenz anderer Mitarbeiter neu und Gewinn bringend verbunden wird.

Generell lässt sich festhalten, dass die Funktionsbereiche des Personalmanagements **viele Aktionsfelder** bieten, um **direkten Personalabbau zu minimieren**. Die Personalbedarfsplanung als übergeordnetes Vehikel kann durch gute Antizipation des künftig benötigten Personalbedarfs einen fundamentalen Beitrag hierzu leisten. Personaleinstellungen können restriktiv, variabel und zeitlich begrenzt erfolgen. Arbeits- und Arbeitszeitgestaltung helfen, Mitarbeiter über die Reorganisation ihrer Arbeitsaufgabe bzw. die Verkürzung von Arbeitszeit nicht entlassen zu müssen. Der Verzicht auf einen Teil des Gehaltes kann genauso Freisetzung verhindern wie die rechtzeitige und bedarfsgerechte qualifikatorische Entwicklung der Arbeitnehmer.

In der Regel helfen diese Maßnahmen aber nur, einen Teil der in Frage stehenden Entlassungen aufzufangen bzw. aufschiebende Wirkung zu entfalten. Das nächste Kapitel thematisiert deshalb die „ultima ratio" der Entlassung.

8.4   Direkter Personalabbau

Eine Entlassung von Arbeitnehmern, die mindestens seit sechs Monaten im Unternehmen beschäftigt sind, ist nur dann möglich, wenn gewichtige Gründe in der Person bzw. im Verhalten des Arbeitnehmers vorliegen, oder dringende betriebliche Erfordernisse einer Weiterbeschäftigung entgegen stehen (vgl. Kapitel 8.4.1). So lautet die zentrale Regelung des **§1 Kündigungsschutzgesetz**. Weiterhin ist eine Kündigung nur dann nicht sozial ungerechtfertigt,

- wenn die Kündigungsgründe nur in Person oder Verhalten des Mitarbeiters liegen oder ausschließlich betrieblich bedingt (vgl. Kapitel 8.4.1) sind,
- wenn bei der Auswahl des für eine Kündigung aus rein betrieblichen Gründen (vgl. Kapitel 8.4.1) freigesetzten Personals soziale Gesichtspunkte angemessen beachtet worden sind,
- wenn die Auswahlrichtlinien nach §95 BetrVG beachtet worden sind und
- wenn in dem Unternehmen keine andere Beschäftigungsmöglichkeit für einen zu kündigenden Mitarbeiter besteht.

Eine **Massenentlassung** als radikalste Lösungsmöglichkeit bei Personalüberhang liegt dann vor, wenn eine große Zahl an Arbeitnehmern (i.d.R. 5 bis 10 Prozent der Belegschaft; für die genauen Verhältnisse nach Betriebsgrößenklassen vgl. §17 Kündigungsschutzgesetz) innerhalb einer Frist von 30 Kalendertagen entlassen wird. Die Massenentlassung gehört zu den Vorgängen, die gemäß §106 BetrVG mit dem Wirtschaftsausschuss, der bei Betrieben ab 100 Mitarbeitern gebildet wird, zu beraten sind. Jede Massenentlassung ist der Agentur für Arbeit bzw. deren Dienststellen anzuzeigen.

8.4.1   Betriebsbedingte Kündigungen

Entfallen Arbeitsplätze, können betriebsbedingte Entlassungen in Betracht gezogen werden. Voraussetzung hierfür ist eine korrekte Sozialauswahl und die fehlende anderweitige Beschäftigungsmöglichkeit des Mitarbeiters im Unternehmen. Gehören die Freisetzungsursachen zum Katalog der Betriebsänderungen (Stilllegung des Betriebes oder wesentlicher Teile davon, Verlegung des

Betriebes oder wesentlicher Teile davon, grundlegende Änderung der Betriebsorganisation, Fusion, Einsatz neuer Arbeitsmethoden/Fertigungsverfahren) muss der Arbeitgeber mit dem Betriebsrat einen Interessenausgleich versuchen und ggf. einen Sozialplan verhandeln. Eine Betriebsänderung kann auch als ausschließliche Folge von (Massen-)Entlassungen vorliegen, denn Massenentlassungen mit mindestens 5 Prozent der Belegschaft gelten als Betriebsänderungen (vgl. Oechsler 2006, S. 282).

| Hintergrund | **Gestaltung der Auswahlrichtlinien nach §95 BetrVG** |

Unbestritten bei der Gestaltung der Auswahlrichtlinien ist die Berücksichtigung von Sozialkriterien. Dabei stehen viele Kriterien einzeln und in Kombination zur Verfügung: Alter, Dienstzugehörigkeit, Familienstand, Anzahl der Kinder, Einzel-/ Doppelverdienerhaushalt etc. Darüber hinaus wird Entscheidungsträgern zumeist die Möglichkeit eingeräumt, Unverzichtbarkeitserklärungen für bestimmte Mitarbeiter abzugeben. Da Abbauziele und -vorgaben zumeist nach Unternehmensbereichen bzw. Tätigkeitsvergleichsgruppen ("Prinzip der Austauschbarkeit", z.B. Mitarbeiter in Sekretariaten) quantifiziert werden, muss dafür gesorgt werden, dass diese Unverzichtbarkeiten nicht inflationär genutzt werden und die Sozialauswahl dadurch zumindest partiell konterkariert wird. Zu diesem Zweck müssen diese Erklärungen zumeist der Geschäftsleitung vorgelegt und von dieser genehmigt werden.

- **Interessenausgleich**

Der Interessenausgleich beinhaltet vor allem die **Begründung** für die Freisetzungen, **personelle Konsequenzen** sowie geplante **besondere Unterstützungen** für die Mitarbeiter (vgl. hierzu auch gesondert Kapitel 8.4.2).

Abb. 53 zeigt mögliche Inhalte eines Interessenausgleichs auf. Für das Unternehmen können sich Kosten insbesondere durch die Maßnahmen der Reduktion der Personalkapazität (z.B. Teilung eines Vollzeitarbeitsplatzes in zwei Teilzeitarbeitsplätze) und durch die spezielle Unterstützung der ausscheidenden Mitarbeiter (z.B. Mitfinanzierung von Umschulungsmaßnahmen) ergeben.

Abb. 53: Mögliche Inhalte eines Interessenausgleichs

1. Zielsetzung und persönlicher, zeitlicher, sachlicher Geltungsbereich

2. Begründung des Unternehmens

3. Vorgesehene Reorganisationsmaßnahmen

4. Personelle Konsequenzen der Betriebsänderung
    • Wie viele Mitarbeiter können und werden in welchen Bereichen wann freigesetzt?

5. Maßnahmen der Reduktion von Personalkapazität im Einzelnen, z.B.
    • Einführung Teilzeitarbeit
    • Maßnahmen der Personalfreisetzung (z.B. Vorruhestand)
    • Vorgezogener Urlaub
    • Verkürzung der Arbeitszeit
    • Übernahme in andere Gesellschaften

6. Besondere Unterstützungen für ausscheidende Mitarbeiter
    • Umschulungsmaßnahmen
    • Fortbildungsmaßnahmen
    • Hilfen bei der Suche einer neuen Arbeitsstelle
    • Outplacement-Beratung

7. Besondere Unterstützungen für die verbleibenden Mitarbeiter
    • Qualifizierungsplan
    • Überlegungen zu Versetzungen und Umsetzungen

8. Verweis auf den Sozialplan, inwiefern wirtschaftliche Nachteile ausgeglichen werden.

Quelle: Althauser (2003, S. 356).

• **Sozialplan**

Gegenstand des Sozialplans ist der **Ausgleich der Nachteile** für die vom Arbeitsplatzverlust betroffenen Mitarbeiter entsprechend der finanziellen Situation des Unternehmens. Dabei geht es um Nachteile auf **materieller Ebene**; immaterielle Beeinträchtigungen werden in einem Sozialplan üblicherweise nicht erfasst. Zwar gibt der Sozialplan allen Beteiligten eine gewisse Sicherheit, wie der Personalabbau im Allgemeinen abgewickelt wird, dennoch sind dem Gestaltungsspielraum zum Teil enge Grenzen gesetzt: Wenn individuelle Rechte (z.B. im Extremfall Unkündbarkeit) vorliegen, kann er schlichtweg nicht zur Anwendung kommen. Des Weiteren können Rechtsansprüche, z.B. auf Altersvorsorgeleistungen, durch den Sozialplan nicht aufgehoben werden. Äußerst kompliziert gestaltet sich der Zusammenhang zwischen Kündigungsschutzklage und Abfindung. Die Vereinbarung eines Klageverzichts zu Gunsten einer Abfindungszahlung ist rechtlich unzulässig. Dagegen ist zulässig festzulegen, dass sich bei einer entsprechenden Klage die Abfindungszahlung verschiebt, bis die Kündigung durch das Arbeitsgericht rechtskräftig bestätigt wird (vgl. Althauser 2003, S. 358). Abb. 54 zeigt mögliche Eckpfeiler eines Sozialplans.

Abb. 54: Mögliche Inhalte eines Sozialplans

1. Geltungsbereich (zeitlich, für wen, für wen nicht, für welchen Betrieb)

2. Ausscheiden ohne Arbeitsplatzerhalt
    a) Freistellung
    b) Abfindung
    c) Höhe der Abfindung (wie viel Monatsverdienste pro Dienstjahr?)
    d) Höchstbetragsgrenzen für Abfindungen
    e) Anrechnungen von Abfindungen (Aufhebungsverträge) auf Leistungen aus dem Sozialplan
    f) Ausnahmen
    g) Fälligkeit der Abfindung
    h) Rückzahlungsklausel bei Wiedereinstellung
    i) Sozialauswahl – Punktesystem

3. Reduktion der Arbeitskapazität
    a) Ausgleich für den Verlust des Vollarbeitsplatzes
    b) Ausgleich für Versetzung
    c) Beihilfen für Weiterbildungsmaßnahmen

4. Sonstige Bestimmungen
    a) Sicherung von Ansprüchen auf Sozialleistungen bei vorzeitigem Ausscheiden (Weihnachtsgeld, Urlaubsgeld)
    b) Regelungen zur Altersversorgung
    c) Weitergewährung von Firmendarlehen
    d) Weitergewährung von Deputaten
    e) Hilfestellungen des Unternehmens (Maßnahmen, Outplacement-Kosten)

5. Sonderfonds für Härtefälle

6. Schlussbestimmungen (Folgen durch Änderungen der persönlichen Verhältnisse, Schlichtungsregeln, Inkrafttreten, Schriftform, Salvatorische Klausel)

Quelle: Althauser (2003, S. 357); verkürzt.

8.4.2 Möglichkeiten zur Abfederung der Auswirkungen direkten Personalabbaus

Sowohl im Interessenausgleich als auch im Sozialplan sind i.d.R. Unterstützungsleistungen von Seiten des Arbeitgebers aufgeführt, die helfen sollen, den Verlust des Arbeitsplatzes für den Arbeitnehmer erträglicher zu gestalten. Zudem sind diese Leistungen oft entscheidend dafür, inwieweit der Betriebsrat bzw. der Wirtschaftsausschuss von seinen Mitbestimmungsrechten Gebrauch macht oder nicht. Sofern der Arbeitgeber sehr weitgehende Unterstützung anbietet, kann evtl. sogar auf einen umfangreichen Sozialplan verzichtet werden.

Die Unterstützung der ausscheidenden Mitarbeiter kann unterschiedliche Formen annehmen. Dabei können Informationen über gesetzliche Leistungen bei betriebsbedingten Kündigungen bereits hilfreich sein. Im Optimalfall können Mitarbeiter direkt an andere Unternehmen weitervermittelt werden. Wenn man zunächst an den Zeitpunkt der **Mitteilung der Kündigung** denkt (i.d.R. Kündigungsgespräch), so kann schon allein eine klare und respektvolle Kommunikation Unterstützung für den Mitarbeiter sein. Danach, und hier setzt die Unterstützung im engeren Sinne an, sorgt das Unternehmen dafür, dass der Mitarbeiter direkt nach der Kündigung Zeit gewinnt, eine neue Arbeitsstelle zu finden. Dabei unterstützt ihn das Unternehmen sehr individuell durch eine **Einzel-Outplacement-Beratung** oder weniger individuell, vor allem bei Massenentlassungen, durch **Gruppen-Outplacement** oder die Überstellung in eine **Beschäftigungsgesellschaft**.

8.4.2.1   Mitteilung der Kündigung

Die Übermittlung einer Kündigung kann für den Mitarbeiter überraschend sein, oftmals rechnen Mitarbeiter auf Grund kommunizierter Abbauziele und Abbauzeitpunkte (z.B. soll das Abbauziel in vier zeitlichen Intervallen erreicht werden, drei Intervalle sind bereits verstrichen und von der Sozialauswahl her ähnliche Kollegen sind bereits entlassen worden) aber mit einer Kündigung. Dennoch ist der **Moment** der Aussprache der Kündigung in jedem Fall **belastend** für den Arbeitnehmer, aber auch für die Führungskraft, welche die Entscheidung kommuniziert. Althauser (2003, S. 359) gibt einen Überblick darüber, was bei Kündigungsgesprächen unbedingt zu befolgen bzw. grundsätzlich zu unterlassen ist. Hier eine Auswahl:

Unbedingt zu befolgen:
- Die Kündigung als endgültige Unternehmensentscheidung mitteilen; Tatbestände klar aussprechen und nicht relativieren/abschwächen
- Gleich zur Sache kommen
- Kommunikative Grundregeln einhalten
- Auf sorgfältige Vorbereitung achten

Grundsätzlich zu unterlassen:
- Kurzfristige Absage des Gesprächstermins
- Sich auf eine Spirale von Rede und Gegenrede einlassen
- Den Mitarbeiter sofort mit Vorwürfen konfrontieren und Einwände des Mitarbeiters kategorisch abblocken

Im Kündigungsgespräch gelten die Grundregeln der Kommunikation und Rhetorik noch stärker als in weniger belasteten Gesprächsituationen. Es sollten keine Störungen des Gesprächs von Außen möglich sein (auch kein zu nah terminierter Folgetermin), die Sitzordnung sollte in richtiger Distanz gewählt sein, der Mitarbeiter sollte nicht unterbrochen werden, Blickkontakte und Gesten sollten neutral bleiben.

Kritisch kann die Phase des Kündigungsgespräches sein, wenn es um die Gründe der Entlassung geht. Dort muss die Führungskraft dafür sorgen, dass das Gespräch im sachlichen, möglichst unemotionalen Rahmen verbleibt. Hier hat die Führungskraft durch eigenes Verhalten die Möglichkeit, das Gespräch zu lenken. Besonders wichtig für die Führungskraft ist aber, während des gesamten Gesprächs eine klare Linie zu vertreten und nicht das Gefühl eigener Unsicherheit beim Gegenüber zu erzeugen. Dafür hilft eine gründliche Vorbereitung und die genaue vorherige Festlegung, in welchem Maße das Unternehmen den Mitarbeiter nach seinem letzten Arbeitstag im Unternehmen unterstützen kann. Diese Maßnahmen sind Gegenstand der beiden folgenden Abschnitte.

8.4.2.2   Einzel-Outplacement

Outplacement bedeutet, dass das Unternehmen, welches Entlassungen vornimmt, die betroffenen Mitarbeiter in einem festgelegten Rahmen weiter betreut. Dabei lässt sich die Beratung in **vier Phasen** untergliedern, die im Folgenden diskutiert werden (vgl. Stanton 1992, S. 332 ff.):

(1) Emotionale Hilfe für den entlassenen Arbeitnehmer

Der Verlust des eigenen Arbeitsplatzes kann beim Arbeitnehmer einen Schock auslösen, der ihn dazu verleiten kann, unüberlegte Schritte vorzunehmen. Ein Outplacement-Berater sollte dem Arbeitnehmer zwar nicht raten, seine Emotionen zu unterdrücken, dennoch aber auf eine **schrittweise Versachlichung** und Perspektivlegung hinwirken. Der Berater sollte deutlich die Absicht und Strategie des Outplacement-Beratungs- und Unterstützungsprogramms darlegen und die Bedeutung einer guten Vorbereitung der Stellensuche hervorheben.

(2) Analyse marktfähiger Qualifikationen und Entwicklungspotenziale

In der zweiten Phase, meist wenige Tage nach dem ersten Treffen, wird mit der **Stärken-Schwächen-Diagnostik** des entlassenen Arbeitnehmers begonnen. Dabei geht es auch um die Ursachen für die Entlassung, aber immer eingebettet in die zukünftige Karriereplanung. Nach der qualifikatorischen Bestandsaufnahme kann durchaus überlegt werden, ob es nicht Sinn macht, eine vergleichbare Aufgabe beispielsweise auch in einer anderen Branche in Erwägung zu ziehen.

(3) Planung einer Stellensuche

In dieser Phase geht es um die Entwicklung einer wirksamen **Stellensuchstrategie** und die Identifizierung der verschiedenen, derzeit verfügbaren Möglichkeiten. Der Outplacement-Berater setzt zusammen mit dem Arbeitnehmer ein Anschreiben auf, welches dann – je nach Position – nur noch um spezifische Elemente ergänzt werden muss. Zudem kann durch den Berater die Kontaktaufnahme zu dem bzw. den angepeilten Unternehmen erfolgen.

(4) Durchführung einer Stellensuche

Der Outplacement-Berater arbeitet idealtypischerweise mit dem Mitarbeiter in dieser Phase solange zusammen, bis dieser eine geeignete Position gefunden hat. Dabei kann es u.U auch Aufgabe des Beraters sein zu verhindern, dass sich der Mitarbeiter „unter Wert verkauft". Im Bestreben, möglichst schnell wieder eine Stelle ausfüllen zu wollen, kann es sein, dass der Mitarbeiter Angebote akzeptieren würde, die finanziell oder von der Karriereplanung her suboptimal sind. Zunächst geht es aber darum, den Arbeitnehmer bestmöglich auf die **Auswahlverfahren vorzubereiten**, indem Kommunikation und Gesprächsführung spezifisch trainiert und möglichst viele Teilelemente der Auswahlverfahren antizipiert werden.

Selbstverständlich müssen im Outplacement nicht unbedingt alle Phasen durchlaufen werden und die Intensität der Unterstützung in den einzelnen Abschnitten kann auch stark variieren. Dennoch macht es beispielsweise wenig Sinn, den Mitarbeiter bereits nach der Stärken-/Schwächen-Diagnostik sich selbst zu überlassen. Hingegen muss die Betreuung auch nicht unbedingt bis zur erfolgreichen Stellensuche reichen. Die Intensität der Betreuung ist nicht zuletzt eine Kostenfrage auf Grundlage der Vereinbarungen mit Betriebsrat und Mitarbeiter selbst. Einzel-Outplacement mit zeitlich unbefristeter Unterstützung ist meist nur Geschäftsführern, Bereichsleitern, Abteilungsleitern, Projektleitern und Spezialisten vorbehalten.

Hintergrund	**Interner versus externer Outplacement-Berater**

Die Outplacement-Beratung kann von internen Kräften (z.B. Mitarbeiter der Personalabteilung), aber auch von externen Spezialisten durchgeführt werden. Für den Einsatz externer Berater spricht neben deren Neutralität (gerade nach einer Kündigung wichtig) auch deren Expertise mit verschiedenen Arbeitnehmergruppen in verschiedenen Branchen und Unternehmen. Zudem kann ein externer Outplacement-Berater über ein interessantes Netzwerk an Unternehmenskontakten verfügen, welches die Vermittlung des Mitarbeiters erleichtert. Nicht selten bleibt der Outplacement-Berater Ansprechpartner auch für künftige Karriereentscheidungen.

Abschließend seien die **Vor- und Nachteile** einer Outplacement-Beratung aus Sicht der Betroffenen und des Unternehmens zusammengefasst. Besonders wichtig aus Unternehmenssicht ist auch das Signal an die verbliebenen Mitarbeiter, dass das Unternehmen Verantwortung für die Belegschaft zeigt, was sich günstig auf deren Motivation auswirken kann (vgl. für eine ausführliche Diskussion Wandersleben 2004).

Vorteile für die Betroffenen

* Bessere Verarbeitung von Situationen/Fehlschlägen
* Hilfestellung für die erforderliche berufliche Umorientierung
* Überlegte, vorbereitete Bewerbungsstrategie
* Outplacement-Berater als kompetente Ansprechpartner
* Vermeidung von Fehlentscheidungen

Vorteile für das Unternehmen

* Glaubhaftes Signal an die Mitarbeiter bezüglich der Wahrnehmung der Fürsorgepflicht
* Motivation der im Unternehmen verbleibenden Mitarbeiter
* Entschärfung unvermeidlicher Konfliktsituationen, z.B. im Kündigungsgespräch
* Hilfe für die verantwortlichen Führungskräfte, z.B. im Kündigungsgespräch
* Positive Auswirkungen auf das Unternehmensimage
* Verhinderung von Arbeitsgerichtsverfahren

Nachteile für das Unternehmen

* Beschränkung in der reinen Form auf einen kleinen Mitarbeiterkreis (Kostengründe)

,Food for thought'	**Trennungskultur der Unternehmen**

Laut einer Analyse des Bundesverbandes Deutscher Unternehmensberater wurden im Jahre 2002 noch insgesamt 7.650 Kandidaten im Outplacement betreut, in 2004 lediglich noch 6.500. Zudem machen zeitlich befristete Outplacement-Arrangements fast die Hälfte des Umsatzes aus, was vorher nicht der Fall war. Der Kostendruck der Unternehmen wirkt sich negativ auf die Anzahl, Länge und Qualität der Fördermaßnahmen aus.

Quelle: Siemann (2005, S.16f.).

8.4.2.3   Gruppen-Outplacement und Beschäftigungsgesellschaft

Ob sich Unternehmen bei einer größeren Zahl an freizusetzenden Mitarbeitern für Gruppen-Outplacement oder für die Gründung einer Beschäftigungsgesellschaft (auch: Transfer- oder Auffanggesellschaft) entscheiden, hängt von verschiedenen Aspekten wie **Kündigungsfristen** oder **öffentlichen Zuschüssen** ab. Zielgruppe beider Unterstützungsmaßnahmen sind Mitarbeiter, die nicht auf Leitungs- oder Spezialistenebene angesiedelt sind.

Gruppen-Outplacement beinhaltet dieselben Themen und Aspekte wie Einzel-Outplacement nur in weniger individualisierter und weniger umfangreicher Form. Die Beschäftigungsgesellschaft ist eine Variante des Outplacements. Hierbei wird eine Betriebsgesellschaft als eigenständige Einheit gegründet. Diese hat – anlog zur Outplacement-Idee – den Betriebszweck, die abzubauenden Mitarbeiter zu trainieren, auf den Arbeitsmarkt vorzubereiten und weiter zu qualifizieren. Dabei sind die Mitarbeiter für eine definierte Zeit, meistens sechs bis neun Monate, weiterhin bei ihrem Arbeitgeber angestellt, aber ihr Arbeitsplatz existiert nicht mehr. Die Mitarbeiter bekommen Kurzarbeitergeld, das meistens durch den Arbeitgeber auf 85 Prozent des bisherigen Einkommens aufgestockt wird (vgl. Kuchenbecker/Schmitt 2005, S. 57ff.).

‚Food for thought'	**Sind Beschäftigungsgesellschaften arbeitsmarktpolitisch sinnvoll?**

In den letzten Jahren sind viele Beschäftigungsgesellschaften gegründet worden. Prominente Beispiele sind Grundig, Opel oder BenQ-Mobile/Siemens. Die Mitarbeiter erhalten Transferkurzarbeitergeld für längstens 12 Monate (+12 Monate Verlängerungsoption). Die Kritik richtet sich allerdings darauf, ob diese Möglichkeit, betriebsbedingte Kündigungen zu vermeiden, nicht ein reiner Verlagerungsakt ist und ob die betroffenen Mitarbeiter wirklich eine realistische Chance haben, der Arbeitslosigkeit zu entgehen. Befürworter werfen den Kritikern vor, dass dieses Instrument die Chance lasse, dass die Mitarbeiter wieder in ihrer ursprünglichen oder in einer anderen Verwendung tätig werden können.

8.5   Zusammenfassung

Ein Personalabbau liegt im **Mitarbeiter** selbst oder in **Änderungen** im **Unternehmen** oder im **Unternehmensumfeld** begründet. Rechtlich gesehen ist der Bereich der Personalfreisetzung einer der umfangreichsten und komplexesten des individuellen und kollektiven **Arbeitsrechts**. So hat der Betriebsrat weitgehende Mitspracherechte bei Kündigungen und sind diesen bei bestimmten Mitarbeitergruppen zum Teil enge Grenzen gesetzt.

Bevor es zu **Entlassungen** kommt, wird i.d.R. zunächst geprüft, inwiefern sich durch **alternative Maßnahmen** eine solche Freisetzung minimieren lässt.

Diese sind vor allem personalwirtschaftlich geprägt (Gestaltung von Arbeit und Arbeitszeit, personelle sowie qualifikatorische Maßnahmen), können aber auch in Anpassungen der Produktionsplanung (z.B. vermehrte Lagerproduktion) liegen. Sämtliche Maßnahmen können dafür sorgen, dass Entlassungen vermieden werden.

Die Wirksamkeit von **Entlassungen** ist an verschiedene Voraussetzungen geknüpft, insbesondere die Involvierung der Mitbestimmungsgremien in den Entlassungsprozess. Die beiden wichtigsten Bedingungen bestehen in einer korrekten Sozialauswahl und der fehlenden Weiterbeschäftigungsmöglichkeit im Unternehmen. Sofern eine weit reichende **Betriebsänderung** vorliegt und dadurch betriebsbedingte Kündigungen unabdingbar werden, verhandeln die Interessenvertreter von Arbeitgeber und Arbeitnehmer einen **Interessenausgleich** und einen **Sozialplan**. Ersterer steht vor allem für die Hintergründe und die Auflistung der ins Auge gefassten Abbaumaßnahmen, letzterer regelt vor allem die (finanzielle) Kompensation der Mitarbeiter im Entlassungsfall.

Eine Möglichkeit, wie das Unternehmen die Konsequenzen aus der Entlassung für den Mitarbeiter abmildern kann, die allerdings aus Kostengründen meist nur Führungsebenen vorbehalten ist, stellt das **Einzel-Outplacement** dar. Dabei werden die Mitarbeiter – zumeist von einem externen Berater – dabei unterstützt, eine neue Arbeitsstelle zu finden. Diese Hilfe kann von der Aufarbeitung der Entlassungsgründe bis zur Unterschrift unter einen neuen Arbeitsvertrag reichen. Indes sind auch reduzierte Umfänge denkbar, die in einem **Gruppen-Outplacement** oder im Training innerhalb einer **Beschäftigungsgesellschaft** mit mehreren Personen ohnehin üblich sind. Die beiden letzteren Maßnahmen sind i.d.R. auch immer zeitlich stark befristet.

8.6   Kontrollfragen

Aufgabe 8.1 (Maßnahmen zur Verhinderung bzw. Reduktion direkten Personalabbaus): Innerhalb welcher Maßnahmenkategorien lässt sich direkter Personalabbau reduzieren?

Aufgabe 8.2 (Maßnahmen zur Verhinderung bzw. Reduktion direkten Personalabbaus): Konkretisieren Sie an einem Beispiel Ihrer Wahl, wie sich durch eine spezifische alternative Maßnahme direkter Personalabbau reduzieren, im besten Fall verhindern lässt.

Aufgabe 8.3 (Betriebsbedingte Kündigungen): Welches sind die zentralen Unterschiede zwischen Interessenausgleich und Sozialplan?

Aufgabe 8.4 (Einzel-Outplacement): Schildern Sie den (größt)möglichen Umfang eines Einzel-Outplacements.

9 Personalcontrolling

| Lernziele | Dieses Kapitel vermittelt, |

- wie sich Personalcontrolling einordnen lässt,
- was die kennzahlenorientierte Sichtweise von Personalcontrolling vom qualitätsorientierten, risikoorientierten und wertorientierten Ansatz unterscheidet sowie
- welcher Kritik insbesondere der kennzahlenorientierte Ansatz ausgesetzt ist.

9.1 Einordnung des Personalcontrollings

Seit Mitte der **achtziger Jahre** wird das Thema **Personalcontrolling** im Personalmanagement diskutiert (vgl. Potthoff/Trescher 1986; Wunderer/Sailer 1987a). Die Bedeutung der Forschung auf diesem Gebiet wurde in der Folgezeit immer höher, da insbesondere in personalintensiven Branchen zunehmend gewürdigt wurde, welchen Einfluss das Personal auf den Unternehmenserfolg ausübt (vgl. Scherm/Pietsch 2005, S. 43). Konsequenterweise wurde die ständige, **erfolgsorientierte Steuerung und Kontrolle des Personaleinsatzes** als separater Teil des Unternehmenscontrollings etabliert (vgl. Drumm 2005, S. 738).

Diese weite Definition von Drumm erlaubt es, Personalcontrolling kompatibel in den Rahmen des Unternehmenscontrollings einzubetten. Dabei ist nicht entscheidend, ob das Controllingverständnis Pläne als integralen Bestandteil des Controllingprozesses ansieht (vgl. Potthoff/Trescher 1986; Wunderer 1989) oder die Erstellung von Plänen als Voraussetzung, indes nicht als primäre Aufgabe des Personalcontrollings betrachtet wird (vgl. Scherm 1992). Im **Ergebnis** geht es um die **Analyse** der **Differenz zwischen Planung** (Soll) und **Kontrolle** (Ist) und einer entsprechenden **Rückkoppelung**. Diese Abweichungsanalyse kann in quantitativer (z.B. Umsatz des Mitarbeiters), aber auch in qualitativer Hinsicht (z.B. Ergebnisse von Personalentwicklungsmaßnahmen) vorgenommen werden.

Die zentralen **Ziele und Aufgaben** des Personalcontrollings entsprechen weitgehend denen des Unternehmenscontrollings: Es soll eine **höhere Informationsqualität** bereitgestellt (z.B. verdichtete Kennzahlen für ein Personalinformationssystem), die **Reaktions- und Anpassungsfähigkeit erhöht** (z.B.

Reaktion auf Grund der Abweichung von Vergleichzahlen anderer Unternehmen) sowie die **Planung und Kontrolle unterstützt** werden (z.B. frühzeitige Diskussion mit anderen Bereichen über eine Planabweichung). Essenziell ist die Sicherstellung der **Akzeptanz** des Controllingsystems, welches funktions-, unternehmens- und benutzergerecht sein sollte (vgl. beispielsweise Wunderer/Schlagenhaufer 1994).

9.2 Ansätze des Personalcontrollings und deren Umsetzung

Grundsätzlich lassen sich **vier Ansätze** und Herangehensweisen differenzieren, Personalcontrolling zu betreiben: Erstens kann es als Teil der Unternehmenssteuerung über Kennzahlen betrachtet, zweitens als Teil des Qualitätsmanagementsystems verstanden, drittens als Bestandteil des Risikomanagements gesehen und viertens als Gradmesser für den Wertschöpfungsbeitrag des Personalwesens interpretiert werden (eigene Systematisierung in Anlehnung an Wunderer 1992; Wambach 2003; Drumm 2005; Jung 2006; Wunderer/Jaritz 2006).

9.2.1 Personalcontrolling als Teil der kennzahlengetriebenen Unternehmenssteuerung

Personalcontrolling über Kennzahlen vorzunehmen kann zum einen eher operativ geprägt, zum anderen strategisch orientiert sein. Das **operative Instrumentarium** ist durch seinen Gegenwartsbezug gekennzeichnet und konzentriert sich im quantitativen Bereich vornehmlich auf Kosten- und Wirtschaftlichkeitsgrößen, im qualitativen Bereich eher auf Potenziale sowie die Wirksamkeit von Funktionen, Prozessen und Strukturen (vgl. Wunderer/Dick 2006, S. 182ff.). Aus **strategisch** orientierten **Tools** resultiert ein mit der Unternehmensstrategie abgestimmtes Maßnahmenbündel; Voraussetzung hierfür ist die Klarheit über personalwirtschaftliche Ziele, Konzeptionen, Programme, Ressourcen und Erfolgspotenziale (vgl. Wunderer/Arx 2002, S. 36ff.).

Zunächst sei das Vorgehen bei operativer Kennzahlensteuerung erläutert. Danach wird ein prominentes und bewährtes Instrument der strategischen Unternehmenssteuerung, die Balanced Scorecard, auf den Personalbereich übertragen, um zu erläutern, wie Personalcontrolling stringent in Unternehmensstrategie und -controlling eingebettet werden kann.

9.2.1.1   Personalwirtschaftliche Kennzahlen

Der klassische Ansatz **operativer Personalsteuerung** besteht darin, sich an **Zielgrößen** zu orientieren. Zunächst werden personale Kennzahlen geplant und ermittelt, die Kontrolle vollzieht sich als Soll-Ist-Vergleich mit anschließender Abweichungsanalyse. Aus letzterer resultiert die Entwicklung von Verbesserungsvorschlägen und u.U. angepasste Zielgrößen (vgl. beispielsweise Potthoff/Trescher 1986). Dabei ist zu beachten, dass die **gesetzlichen** und intern geltenden **Bestimmungen** (Bundesdatenschutzgesetz, Betriebsverfassungsgesetz, Betriebsvereinbarungen) gewahrt bleiben.

Schulte (1990, S. 19f.; für eine Langfassung 2002, S. 155ff.) stellt ein **kennzahlengestütztes Personalcontrolling** vor und listet für die Funktionsbereiche des Personalmanagements allgemein-relevante Kennzahlen auf (im Bereich Personalbeschaffung z.B. „Bewerber pro Ausbildungsplatz" oder im Bereich Personalabbau „Abfindungskosten je Mitarbeiter"). Dabei stellt er heraus, dass seine Auflistung von 61 Kennzahlen nicht den Anspruch auf Vollständigkeit erhebt. Je nach Betriebsgründung, -größe oder Branche können sehr unterschiedliche Kennzahlen relevant sein. Ein junges, aufstrebendes Unternehmen etwa möchte den Personalrekrutierungsprozess intensiv beobachten (z.B. Grad der Personaldeckung, Frühfluktuationsquote), für ein multinationales Unternehmen spielen Kennzahlen des Personaleinsatzes eine große Rolle (z.B. Entsendungsquote). Für ein Entwicklungsunternehmen im technischen Bereich ist es dagegen wichtig, die Innovationskraft beispielsweise über die Patente pro Mitarbeiter zu messen.

Kennzahlen sollten folglich **situationsbedingt** und **selektiv** eingesetzt werden. Diese Forderung ist manchen Vertretern der Personalwirtschaft nicht weitgehend genug; sie **bezweifeln** die **Sinnhaftigkeit** von **Kennzahlensystemen** an sich. Scherm (1992, S. 524f.) unterscheidet drei Ebenen des Personalcontrolling: Erstens die Unternehmenszielbeiträge der Personalarbeit, zweitens die Beiträge zu personalwirtschaftlichen Zielen und drittens die Personalkosten. Auf der ersten und dritten Ebene gibt es laut Scherm keine geeigneten Kennzahlen. Dies liegt auf der ersten Ebene des Beitrags zu den Unternehmenszielen an **fehlenden deterministischen Mittel-Zweck-Beziehungen** und **nicht quantifizierbaren Größen**. Dabei zweifelt Scherm den Erkenntisgewinn von Indikatorhierarchien oder der Differenzierung der Durchschlagskraft von Handlungszielen an.

Im Zusammenhang mit der dritten Ebene des Kostencontrollings beurteilt Scherm die Kostenstruktur in der Weise, dass die Personalwirtschaft von einem solch **hohen Anteil an Gemeinkosten** bzw. externen Einflüssen geprägt ist, dass die **Aussagefähigkeit** von **Kennzahlen nicht gegeben** ist. Beispielhaft führt er an, dass die Personalkosten zu einem wesentlichen Teil extern durch Gesetze, Tarifverträge etc. oder intern durch Technologie, Mitarbeiterqualifikation etc. bestimmt werden und nicht durch personalwirtschaftliche Maßnahmen.

Der Beitrag von Kennzahlen zur Messung des Erfüllungsgrades personalwirtschaftlicher Ziele (zweite Ebene) ist laut Scherm ebenfalls kritisch zu betrachten. Die Kennzahlen müssen einen **Zielerreichungsgrad ausdrücken** und sich als **Indikator für nicht quantifizierbare Sachverhalte** eignen. Dieser Forderung entsprechen **nur wenige Kennzahlen**. Bei manchen (z.B. Altersstruktur) geht es eher um die Vorgabe von Referenzwerten, bei anderen (z.B. Abfindungsaufwand je Mitarbeiter) um die nicht beeinflussbare Abbildung externer oder interner Gegebenheiten. Eine weitere Gruppe an Kennzahlen (z.B. Personalkosten zu Umsatz) lässt keine Kausalbeziehung zwischen Input- und Outputgrößen zu. Einzig einige wenige Kennzahlen (z.B. Fluktuationsraten, Unfallhäufigkeit) verkörpern plausible Indikatoren für nicht quantifizierbare Sachverhalte.

9.2.1.2   HR-Balanced Scorecard

Die Tatsache, dass sich Kennzahlensysteme in allen Branchen und Funktionsbereichen der Unternehmen großer Beliebtheit erfreuen (vgl. beispielsweise Weber/Schäffer 2000; Meyer 2007), deutet darauf hin, dass die Meinung vorherrscht, die Zurechnungsproblematik bzw. der Mangel an geeigneten Indikatoren müsse bestmöglich aufgefangen werden, sei jedoch kein Ausschlusskriterium für die Verwendung von Kennzahlen. Eher im Fokus steht die Klage, dass **Kennzahlen vergangenheitsorientiert** sind und sich – auf Unternehmensebene betrachtet – **zu stark** an **finanzwirtschaftlichen Größen** orientieren (vgl. beispielsweise Schott 1991). Um diesem Umstand zu begegnen, entwickelten Kaplan/Norton (1997) das Konzept der Balanced Scorecard. Deren wesentliche Eckpfeiler zeigt Abb. 55.

Die Idee der **Balanced Scorecard** besteht darin, ausgehend von der Unternehmensvision bzw. -strategie ein **Managementsystem** abzubilden, welches **Bindeglied** ist zwischen Strategie bzw. **Strategieentwicklung** und der **Umsetzungsebene** (vgl. hierzu und zu den folgenden Ausführungen zu den Grundzügen der Balanced Scorecard Kaplan/Norton 1997, S. 8ff.). Insofern stellt die Balanced Scorecard nicht nur ein Kennzahlensystem dar, sondern postuliert den auch in der **personalwirtschaftlichen Diskussion** geforderten engen Zusammenhang zwischen Strategie und Kennzahlenselektion (vgl. Tonnesen 2002, S. 82f.).

Die finanzielle Ebene zeigt, ob die Implementierung der Strategie zur Ergebnisverbesserung beiträgt, während die Kundenperspektive die strategischen Ziele in Bezug auf Kunde und Markt reflektiert. Die interne Prozessperspektive richtet sich darauf, inwiefern Effizienzsteigerungen in Geschäfts- und Kundenprozessen dazu beitragen können, Ziele der finanziellen Ebene und der Kundenebene besser zu realisieren. Lernen und Wachstum sollen vor allem auf drei Ebenen realisiert werden: Die Qualifizierung von Mitarbeitern, die Motivation und Zielausrichtung von Mitarbeitern sowie die Leistungsfähigkeit des Informationssystems.

Abb. 55: Die Perspektiven der Balanced Scorecard

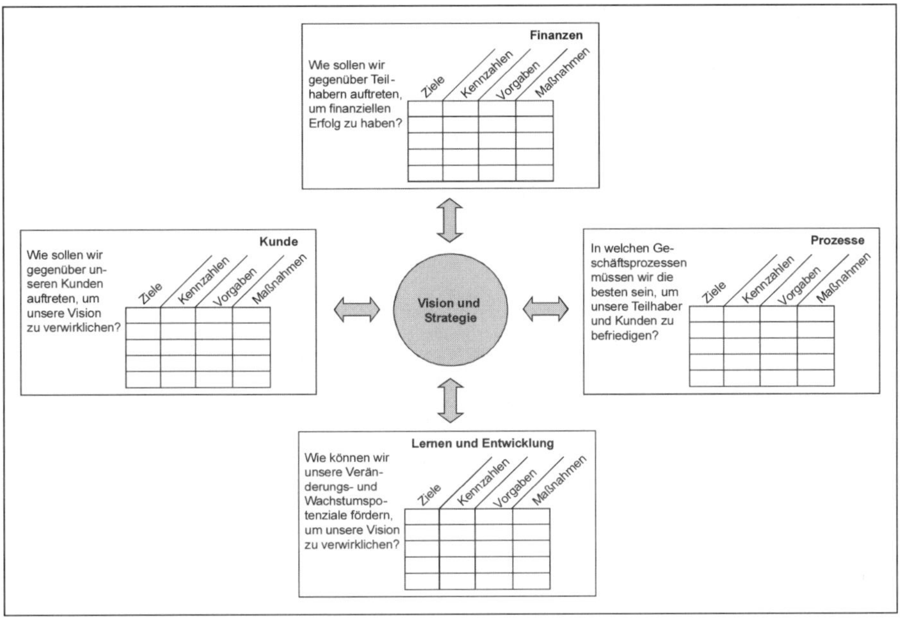

Quelle: Kaplan/Norton (1997, S. 9).

Dies zeigt, dass bereits in der ursprünglichen Balanced Scorecard Human-Resource-Ziele ihren Niederschlag finden. **Personalwirtschaftliche Prozesse** mittels **Balanced Scorecard** abzubilden muss indes einen Schritt weitergehen. Sämtliche vier Perspektiven werden rein auf den Personalbereich übertragen. Abhandlungen, wie dieser Transfer aussehen könnte, gibt es auf theoretisch-konzeptioneller (vgl. beispielsweise Wickel-Kirsch 2001; Tonnesen 2002) und auch auf anwendungsorientierter Ebene (vgl. beispielsweise Bühner/Akitürk 2000 – Mitarbeiterführung; Dahmen u.a. 2000 – Personalentwicklung; Heine u.a. 2003 – gesamter Personalbereich).

Dabei ergeben sich folgende Änderungen gegenüber dem ursprünglichen Instrument: Die **Finanzebene** richtet sich nur auf die Produktivität/Effizienz der Personalabteilung (gesamter Personalbereich) oder von Verantwortlichen von Teilbereichen (z.B. Leiter Personalentwicklung). Die **Kunden** sind im Personalbereich nicht die externen Kunden, sondern die Mitarbeiter als „interne Kunden". **Prozesse** lassen sich rein auf personalwirtschaftliche Abläufe (z.B. Rekrutierungsprozess) reduzieren. Die **Lern- und Entwicklungs- bzw. Innovationsebene** fokussiert noch viel stärker als in der ursprünglichen Scorecard Qualifikation, Motivation und Commitment der Belegschaft.

Abb. 56 zeigt, wie sich die Balanced Scorecard für einen Leiter Personalentwicklung darstellen könnte. Auf jeder der vier Ebenen werden Ziele formuliert, entsprechende Kennzahlen mit Vorgaben hinterlegt und ein Katalog mit möglichen Maßnahmen erstellt.

Abb. 56: Balanced Scorecard für einen Leiter Personalentwicklung

	Ziele (eher operativ)	Kennzahlen	Vorgaben	Maßnahmen
Finanzen	Weiterbildungs-kosten von externen Anbietern reduzieren	Externe Seminar-kosten	Max. 75.000€	• Effizientere Verhand-lungen mit externen Beratungsanbietern • Stringente Selektion der Seminare • Pflegen der Seminar-anbieter-Datenbank
	Kosten für die Traineeprogramme	Max. 50.000€ pro Trainee	• Benchmarking durch-führen • Interne Trainerkapazi-täten nutzen
Kunden	Ausrichtung des Seminarangebots an den Kunden	Kundenzufriedenheit	Um 10% erhöhen	• Kundenbefragungen zu den Seminarwün-schen • Seminarangebot an den Ergebnissen aus-richten
Prozess	Dauer der Seminar-konzepterstellung reduzieren	Tage der Seminar-konzepterstellung	Max. 3 Wochen	• Themendatenbank aktualisieren • EDV-gestützter Semi-narprozess
	Verbesserung der Seminarqualität	Zufriedenheit der Teilnehmer	Um 20% erhöhen	• Feedback-Prozess für Seminarteilnehmer einführen
		Leistungsverbesse-rung am Arbeitsplatz	Um 10% erhöhen	• Review-Prozess bei den Führungskräften 8 Wochen nach dem Seminar einführen
Lernen und Innovation	EDV-Training selbst anbieten	Qualifikation der Trainer	Kompetenzlevel der Trainer er-höhen	• EDV-Schulung inter-ner Trainer

Quelle: Dahmen u.a. (2000, S. 24); leicht modifiziert.

Die Erstellung einer personalwirtschaftlich geprägten Balanced Scorecard besitzt den **Vorteil**, eine Mischung strategischer und operativer Ziele in Abstimmung mit den Unternehmenszielen planen und kontrollieren zu können. Als **nachteilig** kann sich allerdings, in Analogie zur Gesamt-Balanced Scorecard, die zeitaufwändige Einführung des Instruments erweisen, da die Software-Unterstützung noch in den Anfängen ist. Eine weitere Problematik kann dann entstehen, wenn die zu ermittelnden Kennzahlen einer unterschiedlichen Periodizität unterliegen (vgl. beispielsweise Friedag/Schmidt 2003, S. 37ff.).

Ferner vermag dieses Instrument nicht, die Diskussion um die Sinnhaftigkeit des Kennzahleneinsatzes insgesamt voranzubringen (was allerdings auch nicht das Ziel ist). Auch die Frage, inwiefern die Leistung von Personal und Personalarbeit valide mit den zentralen Erfolgsparametern des Unternehmens in Verbindung gebracht werden kann, steht weiter im Raum. Vor diesem Hintergrund haben sich **alternative** bzw. flankierende **Ansätze** des Personalcontrollings herausgebildet, die sich bewusst von der **Kennzahlendiskussion entfernt** haben. Diese werden im Folgenden diskutiert.

9.2.2   Personalcontrolling als Teil des Qualitätsmanagements

Die Steuerung von Personalarbeit dem Qualitätsmanagement (vgl. zum Begriff des Qualitätsmanagements beispielsweise Kamiske/Brauer 2006) zuzuordnen bedeutet, eine eher qualitative und prozessorientierte Herangehensweise zu bevorzugen. In Analogie zum ganzheitlichen Verständnis des Qualitätsmanagements geht es beim **Personal-Audit** um die umfassende und systematische Überprüfung des gesamten personalwirtschaftlichen Handelns, einschließlich der zu Grunde liegenden Strategien und des Zielsystems (vgl. Hentze/Kammel 1993, S. 140). Hierbei werden die Leistungen der Personalarbeit nach einem definierten Kriterienkatakog durch die Leistungsempfänger (Führungskräfte, Mitarbeiter, Unternehmensleitung etc.) systematisch bewertet.

Praxis	**Human Resources Management-Audit der Dräger Safety AG**

Die Dräger Safety AG, führender Hersteller von Personenschutzausrüstungen und Anbieter kompletter Sicherheitsleistungen hat im Jahr 2005 mit Hilfe eines externen Beratungsunternehmens Inhalte, Prozesse und Effizienz ihrer Personalarbeit auf den Prüfstand gestellt. Überprüft wurden u.a. Personalstrategien, Kosten der Personalarbeit, Instrumente des Personalmarketings sowie Teamprozesse im Unternehmen. Grundlage des Audits bildeten die Auswertung von betrieblichen Unterlagen zu den Überprüfungsbereichen sowie die Interviews mit Bereichs- und Abteilungsverantwortlichen. Aus den Ergebnissen wurden u.a. folgende Fokusthemen extrahiert: Entwicklung von Kennzahlen bezüglich wesentlicher Ziele im Personalbereich, Entwicklung ausgewählter Führungskräfte zum Thema Change-Management, bedarfsgerechte Ausrichtung der Ausbildungsberufe, Kompetenzentwicklungsstrategie für Fachkräfte. Als wesentlicher Erfolgsfaktor für das Audit wurde die Kompetenz der Interviewer identifiziert.

Quelle: Rüder/Wucknitz (2006, S. 60f.).

Neben diesem umfassenden Audit bietet es sich zudem an, regelmäßige **Mitarbeiterbefragungen** auf übergreifende, controllingrelevante Sachverhalte hin auszuwerten (zu Formen, Ablauf etc. von Mitarbeiterbefragungen vgl. Domsch/Ladwig 2006). Jung (2006, S. 960f.) beschreibt, welchen mittelbaren und unmittelbaren Controlling-Bezug solche Befragungen generell besitzen können.

Mittelbarer Controlling-Bezug:

- Hilfestellung für langfristige unternehmens- und personalpolitische Planungen
- Ermittlung von Einstellungen der Mitarbeiter
- Erfassung der Leistungsbereitschaft und -motivation der Mitarbeiter

Unmittelbarer Controlling-Bezug:

- Klassifizierung /Gruppierung von potenziell oder tatsächlich unzufriedenen Mitarbeitern
- Informationen über den Ist-Zustand des Unternehmens durch integrierte Stärken-/Schwächen-Analyse
- Erfolgskontrolle bereits durchgeführter Maßnahmen durch Einholen der Mitarbeitersicht bzw. durch die Auswertung von Zeitreihen

9.2.3   Personalcontrolling als Teil des Risikomanagements

Spätestens durch das Gesetz zur Kontrolle und Transparenz im Unternehmensbereich (KonTraG) musste das Risikomanagement in Aktiengesellschaften und größeren Gesellschaften mit beschränkter Haftung transparent verankert werden. Kern des KonTraG in Verbindung mit §91 Aktiengesetz ist die Verpflichtung der Unternehmensleitungen, ein unternehmensweites **Früherkennungssystem für Risiken** einzuführen und zu betreiben sowie im Jahresabschluss Aussagen zu Risiken und zur Risikostruktur zu treffen. Diese Berichtspflicht kann auch **Risiken** tangieren, die den **Personalbereich** betreffen.

Diese Risiken lassen sich in **vier Hauptkategorien** untergliedern (in Anlehnung an Kobi 1999; Lisges/Schübbe 2004):

(1) Engpassrisiken
Dieses Risiko verkörpert das externe Risiko und besteht darin, dass qualifiziertes **Personal nicht** in ausreichendem Maße **rekrutiert** werden kann und so Engpässe bei der Erstellung der Unternehmensleistungen entstehen. Sofern Personal vorhanden ist, kann starker Wettbewerb auf Arbeitgeberseite die Kosten der Beschaffung beträchtlich steigern.

(2) Austrittsrisiken
Hierbei handelt es sich um einen vom Arbeitnehmer veranlassten Abgang von Leistungsträgern und Mitarbeitern in Schlüsselpositionen. Risiken bestehen im **Know How-Verlust,** aber auch beispielsweise in Kundenabgängen oder schwieriger Ersatzbeschaffung. Hier zeigt sich der enge Bezug zum Engpassrisiko (Eingetretenes Austrittsrisiko bei einem Unternehmen kann gleichzeitig das Engpassrisiko des Konkurrenten mindern).

(3) Anpassungsrisiken

Sofern **Mitarbeiter nicht** bereit sind, mittels **Veränderungsbereitschaft** ihre Beschäftigungsfähigkeit zu erhalten, kann arbeitnehmerseitig der Arbeitsplatzverlust drohen. Arbeitgeberseitig kann die Arbeitsproduktivität eingeschränkt sein. Zudem können Kündigungsvorschriften dafür sorgen, dass der Mitarbeiter weiter beschäftigt werden muss und von Seiten des Unternehmens Anpassungsmaßnahmen (Arbeitsinhalt, Arbeitsort etc.) notwendig werden.

(4) Motivations- und Loyalitätsrisiken

Wenig motivierte Mitarbeiter implizieren qualitative und quantitative Einschränkungen in der Arbeitsleistung. Zu stark motivierte Mitarbeiter wiederum sind dem **Burn-Out-Risiko** ausgesetzt, welches sich durch rapide Abnahme der Arbeitsleistung bzw. gänzlichem Ausfall des Mitarbeiters mittel- bis langfristig negativ auswirkt. Im Gegensatz zum fehlenden Bewusstsein bei aus Motivationsgründen verändertem Verhalten handelt es sich bei Loyalitätsrisiken um **bewusste Schädigungen des Arbeitgebers**, von leichten Verletzungen der arbeitsvertraglichen Treuepflicht bis zu schweren Wirtschaftsstraftaten.

Hintergrund	**Risikovernetzung: Personal- und Finanzrisiken bei Pensionsverpflichtungen**

Der US-Konzern General Motors hatte zu Zeiten des Börsenbooms Beitragszahlungen in sein Pensionssystem ausgesetzt, im Vertrauen darauf, dass eine hohe Rendite des mit Aktien abgesicherten Pensionsvermögens die fehlenden Einzahlungen kompensieren würde. Aus Überrenditen entstanden bei Einbruch der Börse hohe Verlustpositionen. Der Konzern stand am Rande des Ruins und etliche Leistungsträger verließen den Konzern, sodass dem Eintritt des Finanzrisikos das Austrittsrisiko folgte.

Quelle: Rhiel (2006).

Alle **Personalrisiken** beinhalten eine **potenzielle Bestandsgefährdung** des Unternehmens. Deshalb ist es unabdingbar, alle bzw. die für das Unternehmen besonders relevanten Risikobereiche zu analysieren (z.B. mittels Fragebogen). Danach ist eine Risikostrategie zu entwerfen, ob und in welcher Weise diese Risiken vermieden, reduziert, transferiert oder auch akzeptiert werden sollen (vgl. Gleißner/Romeike 2005). Ein so verstandenes Personalcontrolling implementiert ein Frühwarnsystem zur rechtzeitigen Erkennung der Personalrisiken, gleich ob gesetzlich vorgeschrieben oder nicht.

9.2.4   Personalcontrolling als Teil des Wertmanagements

Die Steuerung der Personalarbeit als Teil des Wertmanagements im Unternehmen zu verstehen impliziert die Herausforderung zu identifizieren, was in einem Unternehmen Wert schafft und was nicht. Die Konzentration der Aktivitäten liegt genau auf diesen **Werttreibern** und erst sekundär in deren systemischen Modellierungen (vgl. Wunderer 1992; Wunderer/Schlagenhaufer 1994, S. 93). Wertschöpfung wird in diesem Kontext verstanden als das Erlangen und Sichern von Wettbewerbsvorteilen durch Gestalten und Beeinflussen des „Humansystems Unternehmen", wobei letzteres Aufgabe des Personalmanagements ist (vgl. Wunderer/Jaritz 2006, S. 61f.).

Die Wertschöpfung des Personalwesens seinerseits vollzieht sich in drei unterschiedlichen Dimensionen (vgl. im Folgenden Wunderer 1992; Wunderer/Arx 2002; Wunderer/Jaritz 2006):

(1) Business-Dimension

Diese Dimension bezieht sich auf die relativ **gleichförmig verlaufenden administrativen Verrichtungen**, für die oft schon auf Grund gesetzlicher Vorgaben kaum Gestaltungsspielraum besteht (z.B. Entgeltabrechnungen, Reisekostenabrechnungen, Bescheinigungswesen etc.). In Abhängigkeit davon, ob es sich bei den Tätigkeiten um unternehmenssichernde Leistungen, interne (marktfähige) Dienstleistungen oder auch extern „vermarktbare" Dienstleistungen handelt, ändert sich die Ausgestaltung der Business-Dimension als **Cost-Center, Revenue-Center oder Profit-Center**.

Ein Beispiel für eine Tätigkeit im Cost-Center ist die Entgeltabrechnung. Sie ist i.d.R. wenig autonom und kann etwa über die **Kostengröße** Entgeltabrechungen pro Mitarbeiter operationalisiert werden. Weit autonomer und dadurch potenziell marktfähig sind Standardtrainings (z.B. Basisverkaufstraining). Werden diese rein intern angeboten (Revenue-Center), so kommen als Messgröße **Leistungsziffern** (meist interne Verrechnungspreise) in Betracht. Auf Profit-Center-Ebene erhält das Unternehmen von externen Teilnehmern ein Honorar, welches **erfolgswirksam** verbucht werden kann. Für alle diese standardisierten Tätigkeiten sind geeignete Kostenrechnungs- und Verrechnungspreissysteme bereitzustellen. Ziel ist es dabei u.a., eine kosten- und ertragsoptimale Steuerung der internen Leistungsprozesse und eine bessere Transparenz durch verursachungsgerechte Kostenzuordnung zu erreichen.

Standardisierung beinhaltet die Möglichkeit, **Skaleneffekte** (Economies of Scale) zu erzielen. Im ursprünglichen Sinne geht es um den Effekt, dass bei Verteilung der Fixkosten auf eine größere Ausbringungsmenge die Stückkosten sinken. Übertragen auf die Bearbeitung einheitlicher Prozesse im Personalbereich lassen sich Kosten sparen, indem beispielsweise Einheiten mit ähnlichen Aufgaben zusammengelegt bzw. zentralisiert werden (**Shared Services**), Verrichtungen gänzlich an preisgünstige externe Anbieter abgegeben werden

(**Outsourcing**) oder das Unternehmen Verrichtungen von anderen übernimmt
(**Insourcing**).

Hintergrund	**Kosten-, Wirtschaftlichkeits- und Erfolgscontrolling als Ausgangspunkt der wertorientierten Sichtweise**

Nach Wunderer/Sailer (1987b, S. 601ff.) kann Personalcontrolling auf drei Ebenen
operieren:

(1) Kostencontrolling
Legt man ein kosten- bzw. aufwandgetriebenes Verständnis von Personalcontrolling zu Grunde, so bestehen dessen Aufgaben lediglich in der **Information** über
Entwicklung und Struktur der Personalkosten bzw. der **Kosten in der Personalabteilung**. Geplant wird mit den Personalkostenarten pro Periode bzw. den
Kostenstellenbudgets der Personalabteilung. Konsequenterweise besteht das Erfolgskriterium in der Einhaltung von Budgets, was insbesondere vom Arbeitsmarkt
(Lohn-/Gehaltsniveau), der Gesetzgebung (Sozialabgaben) sowie der Prognosti-
zierbarkeit dieser Kostentreiber abhängt. Konkrete Auswertungen können beispielsweise in der Analyse kalkulatorischer Stundenlöhne, von Nichtleistungslöh-
nen, aber auch von Lohn- und Gehaltsvergleichen (Preisabweichung) oder
Überstundenvergleichen (Mengenabweichung) bestehen.
  Um ein **aussagefähiges Kostencontrolling** auf der beschriebenen Basis
durchführen zu können, bedarf es der Kongruenz von Kostenstellenbereichen und
organisatorischen Verantwortungsbereichen. Weitere Probleme können dadurch
entstehen, dass für mehrere Maßnahmen periodenfixe Kosten anfallen (Zurechnungsproblematik). Beispiele hierfür sind Entwicklungskosten für von vielen Abteilungen genutzte webbasierte Trainingsprogramme oder Raumkosten für ein vom
gesamten Unternehmen genutztes Schulungszentrum (vgl. Drumm 2005, S. 750).
Sind die Zurechnungsprobleme adäquat gelöst worden, kann ein auf Kostengrößen
basierendes Controlling **wertvolle Informationen** liefern. Die Überschreitung
vorgegebener Budgets bzw. die Analyse der Ausgabenstruktur innerhalb des Bud-
getrahmens können Korrekturhinweise für personalpolitisches Handeln implizieren. Beispielsweise lassen sich Lohnabweichungen auf interne (bestimmter Mitarbeiter sollte unbedingt gehalten oder eingestellt werden) bzw. externe Gründe
(Konkurrenten haben Gehaltsniveau für die gewünschten Positionen angehoben)
hin analysieren. Innerhalb der Ausgabenstruktur kann es interessant sein zu erfahren, wie hoch der Anteil der Weiterbildungskosten an den Gesamtkosten für die
einzelnen Mitarbeiter war. Dennoch greift dieses Verständnis für viele Unterneh-
mens- und Personalverantwortliche zu kurz, da die Leistungen von Mitarbeiter und
Personalabteilung im Steuerungsansatz keine Rolle spielen.

(2) Wirtschaftlichkeitscontrolling
Hier geht es darum, die **Effizienz von personalwirtschaftlichem Handeln** zu
überprüfen. Konkret besteht die Aufgabe darin, den Ressourceneinsatz für personalwirtschaftliche Aktivitäten zu überwachen, zu analysieren und zu optimieren.
Planungsgrößen können etwa die Soll-Kosten pro personalwirtschaftlichem Pro-

zess oder Vorgabezeiten von Arbeitsaktivitäten sein (vgl. die Diskussion zu arbeitswissenschaftlichen Methoden in Kapitel 3.2.2.2.2). Erfolgskriterium bildet die Minimierung des Ressourceneinsatzes für personalwirtschaftliche Prozesse, entsprechend werden Rationalisierungsmöglichkeiten auf der einen Seite, auf der anderen Seite aber auch die Performance der Mitarbeiter in der Personalabteilung zu Erfolgstreibern in diesem Controllingansatz.

Hilfreiche Auswertungen bestehen in der Gegenüberstellung der Kalkulation der Soll- Kosten mit den Ist-Kosten pro Prozess. Ein Beispiel besteht in der Analyse des durchschnittlichen Aufwandes je Personalrekrutierungsmaßnahme. Hier ließen sich etwa über die Forcierung von Internetbewerbungen Rationalisierungen vornehmen. Zudem kann die Leistung der Mitarbeiter in der Personalabteilung in diesem Prozess zu einer Effizienzsteigerung beitragen, indem durch gutes Screening der Bewerbungsunterlagen ein kleinerer Kreis an Kandidaten zum Gespräch eingeladen werden kann und so Ressourcen (Interviewvorbereitung, -durchführung und -nachbereitung) eingespart werden. Oder der Zeiteinsatz pro Bewerbergespräch sinkt durch gute Vorbereitung.

Die hier beschriebene Wirtschaftlichkeit bezieht sich auf die einzelnen personalwirtschaftlichen Prozesse und hat zu den Erfolgszielen der Unternehmung nur indirekten Bezug. Da es um das Verhältnis von geplantem zu realisiertem Einsatz einer personalwirtschaftlichen Ressource geht, ist Effizienz über die Veränderung von Plangrößen stark beeinflussbar. Hier zeigt sich eine Schwäche/Gefahr dieses Ansatzes. Die Diskussion, ob und inwiefern personalwirtschaftliches Handeln am Unternehmenserfolg gemessen und ausgerichtet werden kann, ist integraler Bestandteil des erfolgsorientierten Personalcontrollings.

(3) Erfolgscontrolling
Das Erfolgscontrolling in seiner weitgehenden Form hat zur Aufgabe, **Personalarbeit** durch die **Ermittlung ihres Beitrags zum Unternehmenserfolg** ökonomisch zu rechtfertigen. Planungsgröße hierbei ist die direkte Arbeitsproduktivität. Erfolg bemisst sich an der Leistung des Mitarbeiters, welche über Produktivitäts-/Performance-Kennziffern messbar ist. Das grundsätzliche Dilemma bei diesem Ansatz besteht darin, dass mit steigender Ranghöhe der Ziele die Zurechnung personalwirtschaftlicher Einzelbeiträge schwieriger und ungenauer wird. Ranghöchste Erfolgsgröße könnten Umsatz, Gesamtdeckungsbeitrag oder Gesamtkapitalrendite sein. Aber selbst wenn die Erfolgsgrößen auf Abteilungs- oder gar Teamebene vorliegen, ist ein direkter Bezug problematisch.
Eher müssen Erfolgsziele auf der Ebene von **Handlungszielen** formuliert werden. So gesehen liegt die Aufgabe des Erfolgscontrollings eher darin, Erfolgsmaßstäbe für die Personalarbeit zu definieren, die in der Planung von Indikatorwerten ihren Niederschlag finden können (vgl. Drumm 2005, S. 747f.). Erfolg bemisst sich hier am Leistungs- bzw. Motivationspotenzial des Mitarbeiters. Ein solcher Erfolgsmaßstab bestünde etwa im (messbaren) Lernerfolg durch eine Personalentwicklungsmaßnahme. Inwiefern sich dieser Lernerfolg indes auf den Unternehmenserfolg auswirkt, bleibt unklar.

(2) Service-Dimension

Hier erfolgt eine Konzentration auf **eine service- und kundenorientierte Prozessgestaltung**. Beispiele sind die Zusammenarbeit mit Ämtern, aber auch die Einführung neuer Mitarbeiter oder die Durchführung von Schulungen. Wertschöpfung wird erreicht durch die Optimierung der Servicequalität sowie die Unterstützung wesentlicher Bezugsgruppen. Dies bedeutet, dass im Gegensatz zur Business-Dimension die **Nutzenmessung eher qualitativ** geprägt ist. Servicequalität kann erhoben werden als

- **Potenzialqualität**: Erhebung von qualitativen Indikatoren zum Fähigkeitspotenzial der Mitarbeiter, wie z.b. fachliches Wissen, Innovationsfähigkeit bei Kundenlösungen, Eingehen auf Beschwerden
- **Ergebnisqualität**: Messung der Qualität der Dienstleistung, quantitativer Absatzdaten oder qualitativer Indikatoren zur Zufriedenheit der Bezugsgruppen
- **Umfeldqualität**: Ermittlung der Ressourcen und Bedürfnisse der Bezugspersonen
- **Prozessqualität**: Erhebung qualitativer Indikatoren zum Dienstleistungsverhalten (z.B. Verlässlichkeit, Höflichkeit) und quantitative Kennzahlen zu Prozessstandards

Instrumente der Kontrolle und Steuerung können etwa Audits von Kunden, Kunden- und Mitarbeiterbefragungen, Portfolios oder Kennzahlen sein.

(3) Management-Dimension

Tätigkeiten auf dieser Ebene sind dadurch gekennzeichnet, dass der **Personalbereich strategische Tätigkeiten stellvertretend** bzw. im Auftrag der **Geschäftsleitung** verrichtet. Hierunter können eine Vielzahl an Projekten, personalpolitische Grundsatzfragen, Verhandlungen mit Mitbestimmungsorganen oder etwa die Erstellung von Entscheidungsvorlagen für die Geschäftsleitung fallen. Ziel dabei ist es immer, zur Unternehmenssicherung beizutragen und gleichfalls die Unternehmenseffektivität zu steigern.

Die **qualitative Nutzenmessung** ist in diesem Zusammenhang besonders **schwierig** auf Grund der **strategischen Bedeutung** und Langfristigkeit der Ziele. Die von den Mitarbeitern des Management-Centers im Rahmen der ausgeübten Tätigkeiten gezeigten Management-Qualitäten können zum einen durch die Managementqualifikation (z.B. Analysefähigkeit, Prognosefähigkeit, Planungskompetenz) und zum anderen durch die Qualität der Managemententscheidung (erhoben z.B. mittels Befragungen) beurteilt werden. Eher **quantitativ** geprägt ist dann das Controlling mithilfe von Wirtschaftlichkeitsanalysen. So kann die Leistung auch an den Opportunitätskosten, d.h. die Kosten, die entstehen würden, wenn die Personalabteilung die entsprechende Tätigkeit nicht ausführt, gemessen werden. Personalarbeit kann somit einen hohen Beitrag zur Wertschöpfung im Unternehmen leisten.

| Hintergrund | **Messung von Humankapital in der deutschen Unternehmenspraxis** |

Wie die Studie „2006 West European Human Capital Effectiveness Survey" von PricewaterhouseCoopers Saratoga ergibt, messen Unternehmen in Deutschland zwar viele Humankapitalindikatoren (z.B. Weiterbildungskosten, Vergütung, Personalfluktuation), indes ist deren Einsatz bei wertschöpfungsgerichteten Aktivitäten (Personalbeurteilung, Effektivität der HR-Strategie, Einfluss auf industrielle Entscheidungen, Berechnung des ROI von HR-Investitionen) noch gering. In Deutschland werden Kennzahlenanalysen vor allem für das Kostenmanagement, die Planung des Personalbestandes und operative Entscheidungen genutzt. Deutschland agiert hier defensiver als andere westeuropäische Staaten.

Quelle: De Vries (2006, S. 42).

Das **Personalwesen** wird sich in Zukunft immer mehr über die **Service- und Managementdimension** definieren müssen, um auch nach außen sichtbar einen **Mehrwert**, wenn möglich sogar in positiver Abgrenzung zu Konkurrenzunternehmen, zu demonstrieren. Dass sich dieses als kein leichtes Unterfangen erweisen wird, belegen verschiedene Studien. Thiele (2006) beispielsweise referiert, dass weiterhin Ressourcen der Personalabteilungen vorwiegend (~66 Prozent) für administrative Tätigkeiten (Business-Dimension) aufgewendet werden. Zudem wird dem Personalcontrolling in deutschen Unternehmen wenig Bedeutung beigemessen (vgl. Kötter/Girbig 2006, S. 41f.; Wickel-Kirsch/Janusch 2007, S. 31), was für die Wandlung des Selbstverständnisses des HR-Bereichs weg von rein administrativen hin zu beratenden und projekthaften Tätigkeiten ebenfalls keine gute Ausgangsposition ist.

9.3   Zusammenfassung

Personalcontrolling verfolgt ähnliche **Ziele** wie das Unternehmenscontrolling, bezogen auf die Personalarbeit. Ihm kommt eine Informations-, Analyse- und Entscheidungsvorbereitungsfunktion zu. Die Besonderheit des Controllings des Personalwesens liegt darin, dass sehr viel qualitative, schlecht messbare und einzelnen Zielgrößen schwer zurechenbare Leistungen erbracht werden.

Die Ansätze des Personalcontrollings lassen sich in vier Bereiche gliedern. Die **kennzahlenorientierte Herangehensweise** lässt sich eher **operativ** oder eher strategisch gestalten. Kennzahlen können hohen Informationsgehalt produzieren, wenn sie situationsgerecht und selektiv eingesetzt werden. Manche Vertreter der Personalwirtschaft wenden sich in Fortführung der Zurechnungs- und Indikatordiskussion bei den kosten-, wirtschaftlichkeits- und erfolgsorientierten Ansätzen des Personalcontrollings generell gegen den Einsatz von Kennzahlen. Vor allem hohe Gemeinkosten und mangelnde Beeinflussbarkeit von Kennzahlenbestandteilen werden dabei ins Feld geführt. Von **strategischer** Seite her bietet die **Balanced Scorecard** die Möglichkeit, personalwirtschaftliche Kennzahlen abgestimmt mit der Unternehmensstrategie zu bilden und zu selektieren. Solche Kennzahlen werden in der personalwirtschaftlichen Scorecard für den Finanz-, Kunden- (hier Mitarbeiter), Prozess- und Lern-/Innovationsbereich gebildet.

Die drei übrigen Ansätze fokussieren nicht auf Kennzahlen, sondern orientieren sich an Managementfeldern in der Unternehmensführung. Versteht man Personalcontrolling als Bestandteil des **Qualitätsmanagements**, so muss die systematische Überprüfung personalwirtschaftlichen Handelns im Vordergrund stehen. Diese Auditierung kann in Form von Analysen des Ist-Zustandes des Unternehmen beispielsweise durch Interviews von Entscheidungsträgern im Unternehmen und/oder allen Mitarbeitern erfolgen. Die **risikoorientierte** Sichtweise des Personalcontrollings fordert, Risiken möglichst frühzeitig über Risikoanalyse, Risikostrategie und Frühwarnsysteme erkennbar zu machen. Wesentliche Gefahren liegen in Engpassrisiken insbesondere der Beschaffung qualifizierten Personals, Risiken des Austritts von Leistungsträgern, Anpassungsrisiken der Mitarbeiter an neue Gegebenheiten sowie Motivations- oder gar Loyalitätsrisiken des Personals.

Personalcontrolling schließlich als Teil des **Wertmanagements** zu verstehen lässt drei potenzielle Wertschaffungsebenen unterscheiden. In Verwaltungsprozessen (Business-Dimension) ist diese Möglichkeit stark begrenzt, während schon in Beratungsaufgaben der Personalarbeit (Service-Dimension) wichtige ökonomische Beiträge, z.B. Kosteneinsparungen oder Lieferung qualifizierter Mitarbeiter, erbracht werden können. Tätigkeiten, die auf Geschäftsführungsebene initiiert und dem Personalbereich übertragen werden (Management-Funktion) haben das Potenzial, den höchsten Wert für das Unternehmen zu schaffen. Controllingkriterien bestehen genauso im Anteil planerischer, koordinierender oder innovationsfördernder Tätigkeiten wie in Implementierungsstärke oder Repräsentationsaufgaben.

9.4   Kontrollfragen

Aufgabe 9.1 (Ansätze des Personalcontrollings und deren Umsetzung): Erläutern Sie die wesentlichen Elemente des Personalcontrollings.

Aufgabe 9.2 (Personalwirtschaftliche Kennzahlen): Füllen Sie folgende Tabelle der Operationalisierung wichtiger Kennzahlen des Personalcontrollings aus:

Kennzahl	Beispiel einer Kennzahl	Abweichungsursache (beispielhaft)	Handlungsempfehlung
Personal Soll/Ist			
Beschäftigungsstruktur			
Führungskräftestruktur			
Fluktuationsrate			
Fehlzeitenquote			
Lohn- und Gehaltsdurchschnitt			

Aufgabe 9.3 (Personalwirtschaftliche Kennzahlen): Üben Sie Kritik an personalwirtschaftlichen Kennzahlensystemen.

Aufgabe 9.4 (Personalwirtschaftliche Kennzahlen und andere Ansätze des Personalcontrollings): Inwiefern könnte man den kennzahlenorientierten Ansatz mit qualitäts-, risiko- und wertorientierter Herangehensweise verbinden?

10 Lösungen Kontrollfragen

Aufgabe 1.1: Wirtschaftliche, ökologische, soziale und individuelle Ziele.

Aufgabe 1.2:

- Zielharmonie (Beispiel): Persönliches Harmoniestreben (individuelles Ziel) und hohe Arbeitszufriedenheit aufgrund eines guten Betriebsklimas (soziales Ziel).
- Zielindifferenz (Beispiel): Unterstützung nachhaltiger Entwicklung (ökologisches Ziel) und Karrierestreben eines Mitarbeiters (individuelles Ziel).
- Zielkonflikt (Beispiel): Entstehung höherer Produktionskosten durch Umstellung der Produktion auf umweltfreundlichere Verfahren (ökologisches Ziel) ⇔ Steigerung/Erhaltung der Rentabilität des Unternehmens (ökonomisches Ziel); personalwirtschaftliche Konsequenz: Reduktion der Personalkosten.

Aufgabe 1.3:

- Personalbeschaffung: Personalmarketing und der eigentliche Personalrekrutierungsprozess.
- Personalabbau: Fokussierung direkter Personalfreisetzung, aber auch, wie diese vermieden werden kann.
- Personalcontrolling: Planung und Kontrolle personalwirtschaftlicher Aktivitäten und Prozesse; bedeutungsvoll hinsichtlich Unternehmenssteuerung, Qualitäts-, Risiko- sowie Wertmanagement.

Aufgabe 2.1:

- Wertewandel: Trend zur Individualisierung und Entfaltung.
- Demografie: Stetiges Anwachsen des Altersdurchschnitts der Bevölkerung.
- Politik/Staat: Interventionsmöglichkeiten über Gesetze.
- Internationalisierung/Globalisierung: Zunehmende internationale Verflechtung.
- Technologischer Wandel: Zunehmende Technisierung.

Aufgabe 2.2:
- „Work-Life-Balance": Ausgewogenes Verhältnis von Arbeit und privaten Lebensbereichen.
- Zunehmende Bedeutung durch Rückbesinnung auf außerhalb der Arbeit liegende Werte (Freizeit, Familie).

Aufgabe 2.3:
- Abnahme des Arbeitskräftepotenzials, insbesondere bei jungen Fachkräften.
- Schaffen altersgerechter Arbeitsbedingungen.

Aufgabe 2.4: Starke Reglementierung im Kündigungsrecht bei unbefristeten Vollzeitstellen; kaum noch Beschränkung in Arbeitszeit vorhanden.

Aufgabe 2.5:
- Fähigkeit, interkulturelle Unterschiede wahrnehmen, beschreiben, erklären und in adäquates Verhalten transformieren zu können.
- Berührungspunkte mit dem Ausland bzw. ausländischen Mitarbeitern wachsen stetig.

Aufgabe 2.6:
- Arbeitsplatzverlust durch technologische Entwicklung (Substituierung der Arbeit) möglich, zumindest veränderte Aufgabengebiete (mehr Kontrollfunktion).
- Neue Berufsbilder, wie Call Center-Mitarbeiter, stark technikgetrieben.

Aufgabe 3.1: Planung des qualitativen und quantitativen Bruttopersonalbedarfs vor dem Hintergrund externer und interner Einflussgrößen ⇨ Abgleich des Bruttopersonalbedarfs mit dem Personalbestand (qualitativ und quantitativ) ⇨ Nettopersonalbedarf als Resultat ⇨ Maßnahmenplanung entsprechend Nettopersonalbedarf.

Aufgabe 3.2:
- Qualitativ: Qualifikation(sprofil) der Mitarbeiter im Fokus.
- Quantitativ: Anzahl der benötigten Mitarbeiter im Fokus.

Aufgabe 3.3:

- Intern z.B.: Unternehmensplanung, Unternehmensorganisation, Belegschaftsdaten.
- Extern z.B.: Gesamtwirtschaftliche oder Branchenentwicklung, Veränderungen in Gesetzen und Technologien.

Aufgabe 3.4:

- Qualitative Methoden: Planungsschema nach Drumm, LPI-Schema
- Quantitative Methoden: Einfache Schätzverfahren, Kennzahlenmethoden

Aufgabe 3.5: Nettopersonalbedarf als Ergebnis des Abgleichs von Bruttopersonalbedarf und -bestand. Ein Reservebedarf kann als Zuschlag zum Bruttopersonalbedarf den Nettopersonalbedarf erhöhen.

Aufgabe 3.6:

- Kann richtig sein bei Unternehmen, bei denen Qualifikationserfordernisse genau feststehen und einfach abzurufen sind (z.B. Verkäufer von Waren des täglichen Bedarfs).
- Kann falsch sein, wenn ein Fachspezialist den Erfolg einer Einheit und anderer Unternehmensteile mitbestimmen kann (z.B. IT-Spezialist).

Aufgabe 4.1:

- Produktpolitik: Darstellung wichtiger Eigenschaften des Arbeitsplatzes bzw. des Unternehmens (z.B. Aufstiegsmöglichkeiten).
- Preispolitik: Festlegung Gehalt und Zusatzleistungen (z.B. Firmenwagen).
- Kommunikationspolitik: Darstellung des Unternehmens als attraktiver Arbeitgeber (z.B. flexible Arbeitszeiten).
- Distributionspolitik: Wahl eines geeigneten Kanals (z.B. Online-Bewerbungen).

Aufgabe 4.2:

- Begründung des Interessens an der ausgeschriebenen Stelle, besondere Befähigung für die Stelle ⇔ Bewerbungsschreiben.
- Persönliche Daten, Informationen über Schul-/Hochschulausbildung, Stationen der beruflichen Ausbildung/Weiterbildung, berufliche Tätigkeiten, Auflistung besonderer Fähigkeiten bzw. Kenntnisse ⇔ Lebenslauf, Zeugnisse, Bescheinigungen.
- Persönlichkeit ⇔ Gestaltung der Bewerbungsunterlagen, Fehlerfreiheit sowie Vollständigkeit der Unterlagen.

Aufgabe 4.3: Idealtypischer Ablauf: Gesprächsbeginn, Selbstvorstellung des Bewerbers, Freies Gespräch, Diagnostische Fragestellungen, Tätigkeitsinformationen, Stellenbezogene situative Fragen, Gesprächsabschluss ⇨ Standardisierte, informatorische und freie Teile unter Verwendung von biografischen und situativen Fragen.

Aufgabe 4.4:
* Biografieorientierung (Interview): Zur Ableitung von zukünftigem Verhalten Abprüfung von vergangenem Verhalten mittels entsprechender Fragen.
* Eigenschaftsorientierung (Test): Gewinnung von Persönlichkeits- und Fähigkeitsprofilen.
* Simulationsorientierung (Assessment Center): Realitätsnahe Simulation wichtiger beruflicher Aufgaben. Auch eigenschaftsorientierte Übungen integrierbar.

Aufgabe 4.5: Leserabhängiges Antwortverhalten, z.B. Assessment Center: Kombination von Biografie- und Simulationsorientierung.

Aufgabe 5.1: Job Enlargement (= horizontale Aufgabenerweiterung), Job Enrichment (= vertikale Aufgabenerweiterung) und teilautonome Arbeitsgruppen (= mehrere Mitarbeiter erledigen gemeinsam eine ihnen gestellte Aufgabe) stellen Instrumente dar, Arbeitsplätze humaner bzw. attraktiver zu gestalten. In die Arbeitsorganisation teilautonomer Gruppen kann sowohl die horizontale als auch die vertikale Aufgabenerweiterung gut integriert werden.

Aufgabe 5.2:
* Teilarbeitszeit, d.h. regelmäßige Wochenarbeitszeit eines Arbeitnehmers ist kürzer als die eines vergleichbaren Beschäftigten, der im selben Unternehmen Vollzeit arbeitet ⇨ dynamische Arbeitszeit (Gestaltbarkeit der Arbeitszeitdauer).
* Arbeitszeitkonten, d.h. Saldierung von Abweichungen zwischen der vereinbarten und der tatsächlichen Arbeitszeit ist über einen bestimmten Zeitraum möglich ⇨ verschobene Arbeitszeit (Verschiebung der Arbeitszeit in einem gewissen Rahmen).
* Vertrauensarbeitszeit, d.h. Lage und Verteilung der Arbeitszeit liegt im Verantwortungsbereich des Mitarbeiters ⇨ variable Arbeitszeit (Mischform aus dynamischer und verschobener Arbeitszeit).

Aufgabe 5.3:

- Organisatorische Probleme: Regelung von arbeitsrechtlichen Problemen, Bereitstellung technischer Infrastruktur.
- Personenbezogene Probleme: hohe Kommunikationsbereitschaft, Selbstdisziplin, Technikverständnis notwendig.

Aufgabe 5.4: Trend zu kürzeren Auslandsentsendungen aufgrund von Zwang zur Kostenreduktion, Wiedereingliederungsproblemen, Dual-Career-Problematik. Durch kürzere Entsendungsformen – bei der meist keine Begleitung durch die Familie stattfindet – können familiäre Probleme oder psychische Probleme, wie z.B. eine fehlende Integration vor Ort, entstehen.

Aufgabe 5.5: Anlegen und Führen von Personalakten, Vorbereitung und Abwicklung von Personalbewegungen, Lohn- und Gehaltsabrechnung sowie Sozialverwaltung, Zeitverwaltung des Mitarbeiters, Personaldatenverwaltung sowie Personalstatistik.

Aufgabe 6.1: Anforderungs-, Leistungs-, Beteiligungs-, Sozial-, Markt- und Qualifikationsgerechtigkeit

Aufgabe 6.2: F, R, R, F, F, R

Aufgabe 6.3:

a) Leistung ist nicht messbar (geistig-schöpferische Arbeit); Arbeit ist mit hoher Unfallgefahr verbunden; ein Anreiz ist unzweckmäßig, weil die Qualität im Vordergrund steht; es ist kein Personal für die Arbeitsvorbereitung vorhanden; anfallende Arbeiten sind nicht im Vorfeld bestimmbar.

b) Aufgrund der geschilderten Daten eignet sich gut der degressive Verlauf bei dem die Mitarbeiter für jedes produzierte Teil über der Normalleistung sofort eine relativ hohe Prämie erhalten. In dem Fall ist es sehr schwierig, mehr Teile zu produzieren, also muss ein Anreiz geschaffen werden, der sofort nach Überschreiten dieser Schwelle wirksam wird. Der degressive Verlauf bietet aber keinen Anreiz für Höchstleistungen und verhindert damit eine Überlastung der alten und damit anfälligen Maschinen; das gleiche gilt für die Gesundheit der Mitarbeiter.

c)   Akkordrichtsatz = 13,00 € + 13,00 €/h * 0,15 = 14,95 €/h

Minutenfaktor = 14,95 €/h / 60 min = 0,25 €/Minute

Entgelt pro Stunde = 5 Stück/h * 15 min * 0,25 €/min = 18,75 €/h

Wöchentlicher Leistungsgrad = 35 h * 4 St = 140 St/Woche (Normal), 35 h * 5 St = 175 St/Woche (Ist) => 175/140 * 100 = 125 Prozent

d)   Geldakkord, Akkordreife, prämienpflichtiger Einflussbereich, Prämienspannweite, Prämienlohnlinie, Long-Term-Incentive, Führungskräftevergütung, Auszahlungsbandbreite.

Aufgabe 6.4: a) Definition einer Bemessungsgrundlage für den Unternehmenserfolg, b) Festlegung der Beteiligungsquote der Belegschaft am Unternehmenserfolg, c) Festlegung der Kriterien für die Individualverteilung des Erfolgs an die einzelnen Mitarbeiter, d) Entscheidung, ob Beteiligung am Eigen- oder Fremdkapital erfolgen soll, e) Konkrete Beteiligungsform bestimmen.

Aufgabe 6.5: R, F, R, F, F

Aufgabe 7.1:

a)   Bedarfsanalyse, Intervention, Controlling.

b)   Strategische Einbindung, kulturelle Einbindung, Ganzheitlichkeit, Durchgängigkeit, Selbstentwicklung der Mitarbeiter, Transparenz und Einfachheit, Wirtschaftlichkeit.

Aufgabe 7.2: Aus der Unternehmensvision sind strategische Ziele für die vier Bereiche Finanzen, Kunden, interne Abläufe und Mitarbeiter abzuleiten. Zur Entwicklung der strategischen Ziele sind, ausgehend von den Finanzzielen, die strategischen Ziele für alle Bereiche in einem Ursachen-Wirkungs-Modell zu entwickeln. Für jedes der strategischen Ziele ist eine geeignete Messgröße und ein operatives Ziel zu definieren. Daran angepasst sind konkrete Umsetzungsmaßnahmen zu entwickeln.

Aufgabe 7.3:

a)   Ausbildungsverbund mit Leitbetrieb, Konsortium von Ausbildungsbetrieben, Ausbildungsverein, Auftragsausbildung

b)   Erstellen der Ist-Anforderungskriterien: Aufgabenanalyse zur Ableitung von Qualifikation, Fach- und Methodenkompetenz aus Stellenbeschreibungen, Arbeitsplatzanalysen, Befragung; Verhaltensanalyse zur Ableitung überfachlicher (sozialer) und methodischer Kompetenzen über Befragung, Critical Incident Technique usw. Erstellen der künftigen Anforderungskriterien: Szenario-Technik, Trendanalysen, Workshops. Zusammenführen in Anforderungsprofile. Erfassung der Ist-Kompetenzen (MA-Kompetenzprofile) durch Leistungsbeurteilung, Potenzialeinschätzung, Zeugnisse etc. Abgleich von Anforderungs- und Kompetenzprofilen ergibt den qualitativen Bildungsbedarf, die Anforderungslücke bzw. die Passung.

c) Coaching ist hier eine geeignete Maßnahme. Coaching ist eine Beratungsbeziehung, in der es darum geht, Fragen zu klären, vergangene Situationen zu reflektieren, alternative Handlungsoptionen zu diskutieren usw. Dabei gibt der Coach keine Lösungen vor, sondern unterstützt den Coachee im Rahmen der Prozessberatung, eigene Lösungen zu entwickeln.

d) F, R, F, R, F, F

e) Personalförderung, Orientierungscenter, Management Audit, Personalkonferenz, potenzialorientierte Förderung, Gewinner-Verlierer-Problematik.

Aufgabe 7.4: F, R, F, F, F

Aufgabe 8.1: Personalplanung (z.B. Rücknahme von Fremdorders), Arbeitszeitgestaltung (z.B. Kurzarbeit), Personelle Maßnahmen (z.B. Abbau von Leiharbeit), Qualifizierung (z.B. Weiterbildung) sowie Arbeitsgestaltung (z.B. Umsetzung von Verbesserungsvorschlägen).

Aufgabe 8.2: Leserabhängige Antwort, z.B. Sabbatjahr (Arbeitszeitgestaltung) ⇨ Mitarbeitern wird angeboten, für einen gewissen Zeitraum einen Art unbezahlten Urlaub zu nehmen und die Zeit für Weiterbildung (z.B. MBA), Urlaub etc. zu nutzen.

Aufgabe 8.3:
* Interessenausgleich: Darstellung der Begründung für die Freisetzungen, Darlegung personeller Konsequenzen sowie der geplanten besonderen Unterstützung für die Mitarbeiter.
* Sozialplan: Darstellung, wie die Nachteile für die vom Arbeitsplatzverlust betroffenen Mitarbeiter in Abhängigkeit der finanziellen Situation des Unternehmens ausgeglichen werden können.

Aufgabe 8.4: Emotionale Hilfe für den entlassenen Arbeitnehmer, Analyse marktfähiger Qualifikationen und Entwicklungspotenziale, Planung einer Stellensuche, Durchführung einer Stellensuche.

Aufgabe 9.1: Analyse der Differenz zwischen Planung (Soll) und tatsächlichem Ergebnis (Ist), Rückkopplung der Analyseergebnisse.

Aufgabe 9.2:

Kennzahl	Beispiel einer Kennzahl	Abweichungsursache (beispielhaft)	Handlungsempfehlung (beispielhaft)
Personal Soll/Ist	Vorhandenes Personal zu notwendigem Personal	Fluktuation, Personalneuzugänge	Personalbeschaffung, Personalanpassung
Beschäftigungsstruktur	Verwaltungsmitarbeiter zu Produktionsmitarbeiter	Zu großer Overhead, veralteter Maschinenpark	s.o.
Führungskräftestruktur	Anzahl Führungskräfte zu Anzahl Mitarbeiter	Aufgeblähtes Management	Nachwuchsförderung, Umorganisation
Fluktuationsrate	Anzahl Abgänge zu Anzahl Mitarbeiter	Unzufriedenheit durch falsches Führungsverhalten	Betriebsklima und Führungsstil prüfen
Fehlzeitenquote	Krankheitstage zu Arbeitstagen	Mangelnde Arbeitsmoral, einseitige körperliche Belastung	Betriebsklima und Führungsstil prüfen, Projekt: Gesundheit im Betrieb
Lohn- und Gehaltsdurchschnitt	Gehaltsaufwendungen zu Anzahl Beschäftigte	Freiwillige Sozialleistungen, Entlohnungssystem	Leistungsgerechte Entlohnung

Aufgabe 9.3: Fehlende deterministische Mittel-Zweck-Beziehungen, nicht quantifizierbare Größen, keine Aussagefähigkeit der Kennzahlen.

Aufgabe 9.4: Einsatz von geeigneten Kennzahlen, um den Erfolg eines Qualitäts-, Risiko- oder Wertmanagements beurteilen zu können.

Abbildungsverzeichnis

Literaturverzeichnis

Abele-Brehm, A. E.; Stief, M. (2004): Die Diagnose des Berufserfolgs von Hochschulabsolventinnen und -absolventen, in: Zeitschrift für Arbeits- und Organisationspsychologie, 48. Jg. (2004), Heft 1, S. 4-16.

Access (2003): Presse-Information „HR-Profile 2003", Köln 2003.

Adamski, B. (1998): Praktisches Arbeitszeitmanagement – Ressourcenverwaltung und -steuerung durch Arbeitszeitkonten und Personaleinsatzplanung, Frechen 1998.

Albers, W. (2007): Bildungscontrolling umsetzen, in: Schwuchow, K.; Gutmann, J. (Hrsg.): 2007 Jahrbuch Personalentwicklung – Ausbildung, Weiterbildung, Management Development, München 2007, S. 356-363.

Allmendinger, K. (2005): Aufgabenorientierte Personalentwicklung: Konstruktivistische und computerbasierte Ansätze, in: Ryschka, J.; Solga, M.; Mattenklott, A. (Hrsg.): Praxishandbuch Personalentwicklung. Instrumente, Konzepte, Beispiele, Wiesbaden 2005, S. 137-158.

Althauser, U. (2003): Den Austritt aus dem Unternehmen managen, in: Franke, D.; Boden, M. (Hrsg.): PersonalJahrbuch, Neuwied u.a. 2003, S. 347-363.

Antoni, C. H. (1990): Qualitätszirkel als Modell partizipativer Gruppenarbeit: Analyse der Möglichkeiten und Grenzen aus Sicht betroffener Mitarbeiter, Bern 1990.

Antoni, C. H. (1994): Gruppenarbeit – mehr als ein Konzept. Darstellung und Vergleich unterschiedlicher Formen der Gruppenarbeit, in Antoni, C. H. (Hrsg.): Gruppenarbeit in Unternehmen, Weinheim 1994, S. 19-48.

Antoni, C. H. (1996): Teilautonome Arbeitsgruppen, Weinheim 1996.

Baland, J.-M. (Hrsg.) (2007): Inequality, cooperation and environmental sustainability, New York 2007.

Balík, M.; Frühwald, C. (2006): Nachhaltigkeitsmanagement: Mit Sustainability Management durch Innovation und Verantwortung langfristig Werte schaffen, Saarbrücken 2006.

Batz, M. (1996): Erfolgreiches Personalmarketing, Heidelberg 1996.

Beck, C. (2003): Personalmanagement und Gewinnung von Mitarbeitern, in: Franke, D.; Boden, M. (Hrsg.): PersonalJahrbuch, Neuwied 2003, S. 23-41.

Beck, M. (2002): Grundsätze der Personalplanung, Wiesbaden 2002.

Becker, F. G.; Kramarsch, M. H. (2006): Leistungs- und erfolgsorientierte Vergütung für Führungskräfte, Göttingen u.a. 2006.

Becker, M. (2002): Personalentwicklung. Bildung, Förderung und Organisationsentwicklung in Theorie und Praxis, 3. Aufl., Stuttgart 2002.

Becker, M. (2005): Systematische Personalentwicklung. Planung, Steuerung und Kontrolle im Funktionszyklus, Stuttgart 2005.

Becker, M.; Seidel, A. (Hrsg.) (2006): Diversity Management: Unternehmens- und Personalpolitik der Vielfalt, Stuttgart 2006.

Beele, W.; Hirsch, C.; Kappe, T. (2006): Hoppecke-Mitarbeiter-Kapitalbeteiligung durch Genussrechte, in: Hoppecke (Hrsg.): Der Verbinder (Unternehmenszeitschrift), o. Jg. (Dezember 2006), Nr. 42, S. 29 (Brilon 2006).

Bellmann, L.; Möller, I. (2006): Gewinn- und Kapitalbeteiligung der Mitarbeiter - Die Betriebe in Deutschland haben Nachholbedarf, in: Bundesagentur für Arbeit (Hrsg.): IAB-Kurzbericht Nr. 13, 5.09.2006.

Berggren, C. (1991): Von Ford zu Volvo, Berlin u.a. 1991.

Berliner Zeitung (o.V.) (1996): Juniorfirma übernimmt S-Bahnhof, 24.09.1996, S. 17.

Berthel, J.; Becker, F. G. (2007): Personalmanagement. Grundzüge für Konzeptionen betrieblicher Personalarbeit, 8. Aufl., Stuttgart 2007.

Black, J. S.; Gregersen, H. B. (1999): The right way to manage Expats, in: Harvard Business Review, 77. Jg. (1999), Heft 3-4, S. 52-63.

Boden, M. (Hrsg.) (2005): Handbuch Personal, Landsberg am Lech 2005.

Böhne, A./Wagner, D. (2005): Neue Aufgabenfelder für ältere Mitarbeiter – Einsatz als Mentor, in: Speck, P. (Hrsg.): Herausforderungen für die strategische Personalentwicklung, Wiesbaden 2005, S. 345-352.

Breisig, T. (2003): Entgelt nach Leistung und Erfolg, Frankfurt a.M. 2003.

Bröckermann, R. (2001): Personalwirtschaft, Stuttgart 2001.

Bröske, T.; Jakobi, B.; Wickel-Kirsch, S. (2001): Die Balanced Scorecard als Beitrag des Personalentwicklungscontrollings am Beispiel der AOK Hessen, in: Grötzinger, M.; Uepping, H. (Hrsg.): Balanced Scorecard im Human Resources Management, Neuwied u.a. 2001, S. 134-145.

Bühner, R. (2005): Personalmanagement, 3. überarbeitete und erweiterte Aufl., München u.a. 2005.

Bühner, R.; Akitürk, D. (2000): Die Mitarbeiter mit einer Scorecard führen, in: Harvard Business manager, 22. Jg. (2000), Heft 4, S. 44-53.

Bundesministerium für Gesundheit (Hrsg.) (2007): Die neue Gesundheitsversicherung. Das bringt die Gesundheitsreform den Versicherten, 3. Aufl., Berlin 2007.

Burghaus, A. (2006): Auslandseinsatz von Mitarbeitern: Maßnahmen zur erfolgreichen Reintegration von Expatriates, Saarbrücken 2006.

Coenenberg, A. G.; Salfeld, R. (2007): Wertorientierte Unternehmensführung, 2. Aufl., Stuttgart 2007.

Dahmen, C.; Maier, G.; Kamps, I. (2000): Zwölf Erfolgsfaktoren für Die Balanced Scorecard, in: Personalwirtschaft, 27. Jg. (2000), Heft 7, S. 18-25.

Deutsche Bahn AG (Hrsg.) (2005): Personal- und Sozialbericht 2003/2004, Berlin 2005.

Deutsche Lufthansa AG (Hrsg.) (2007): Lufthansa Geschäftsbericht 2006, Köln 2007.

De Vries, L. (2006): Wert gezählt, Konsequenz verfehlt, in: personalmagazin, 8. Jg. (2006), Heft 12, S. 42-44.

DGFP (Hrsg.) (2004): Personalgewinnung mit neuen Technologien – Grundlagen – Handlungshilfen – Anwendungsbeispiele, Praxispapiere der DGFP, Ausgabe 3, Düsseldorf 2004

Dietl, S.; Speck, P. (2003): Strategisches Ausbildungsmanagement. Berufsausbildung als Wertschöpfungsprozess, Heidelberg 2003.

Dippl. Z.; Elster, F.; Fassbender, G.; Fiedler, W.; Rouvel, J. (2004): Ausbildungskonzept Juniorenfirma. Ein Praxishandbuch für Betrieb und Schule, Nürnberg 2004.

Domsch, M.; Ladwig, D. H. (Hrsg.) (2006): Handbuch Mitarbeiterbefragung, 2. vollständig überarb. Aufl., Berlin u.a. 2006.

Drumm, H. J. (2005): Personalwirtschaft, 5. Aufl., Berlin u.a. 2005.

Dülfer, E. (1997): Internationales Management in unterschiedlichen Kulturkreisen, 5. Aufl., München u.a. 1997.

Eberl, U.; Puma, J.U. (2007): Innovatoren und Innovationen, Erlangen 2007.

Erpenbeck, J.; Sauter, W. (2007): Kompetenzentwicklung im Netz, in: Personalwirtschaft, 34. Jg. (2007), Heft 8, S. 42-44.

Eschenbach, A. (1977): Job Enlargement und Job Enrichment: Methoden und Organisationsformen, Gerbrunn bei Würzburg 1977.

Eyer, E.; Haussmann, T. (2005): Zielvereinbarung und variable Vergütung. Ein praktischer Leitfaden – nicht nur für Führungskräfte, 3. erweiterte Aufl., Wiesbaden 2005.

Fay, E. (2002): Die Multifunktionalität des Assessment-Centers, in: Fay, E. (Hrsg.): Das Assessment-Center in der Praxis, Göttingen 2002, S. 11-31.

Femppel, K.; Böhm, H. (2007): Ziele und variable Vergütung in einem dynamischen Umfeld, in: DGFP (Hrsg.): Praxisedition, Band 84, Düsseldorf 2007.

Femppel, K.; Reichmann, L.; Böhm, H. (2002): Ganzheitliche Vergütungspolitik. Baustein einer wertorientierten Unternehmensführung, in: DGFP (Hrsg.): Praxisedition, Band 68, Düsseldorf 2002.

Festing, M. (2004): Interkulturelle Kompetenz als Erfolgsfaktor - Schlussfolgerungen, in: DGFP (Hrsg.): Interkulturelle Managementsituationen in der Praxis, Bielefeld 2004, S. 115-129.

Fetz, J.; Köster, U. (2007): Teilzeit für Führungskräfte, in: personalmagazin, 9. Jg. (2007), Heft 4, S. 32-35.

Fischer, U.; Schröder, W. (2002): Neue Wege der Entgeltgestaltung, Frankfurt am Main 2002.

Fisseni, H.-J.; Preusser, I. (2007): Assessment Center: eine Einführung in Theorie und Praxis, Göttingen u.a. 2007.

Flanagan, J. C. (1954): The Critical Incident Technique, in: Psychological Bulletin, 51. Jg. (1954), Nr. 4, S. 327-358.

Friedag, H. R.; Schmidt, W. (2003): Balanced Scorecard at work, Freiburg u.a. 2003.

Gaugler, E.; Kolb, M.; Ling, B. (1977): Humanisierung der Arbeitswelt und Produktivität, 2. Aufl., Mannheim 1977.

Gebert, D. (2004): Organisationsentwicklung, in: Schuler, H. (Hrsg.): Lehrbuch Organisationspsychologie, dritte, vollständig überarbeitete und ergänzte Aufl., Bern u.a 2004, S. 601-616.

Gesamtverband der deutschen Versicherungswirtschaft (2004): Die Märkte für Altersvorsorge in Deutschland – eine Analyse bis 2020, Schriftenreihe 23, Berlin 2004.

Gessler, M. (2006): Selbstorganisiertes Lernen und lernende Organisation, in: Bröckermann, R.; Müller-Vorbrüggen, M. (Hrsg.): Handbuch Personalentwicklung. Die Praxis der Personalbildung, Personalförderung und Arbeitsstrukturierung, Stuttgart 2006, S. 195-212.

Gleißner, W.; Romeike, F. (2005): Risikomanagement: Umsetzung – Werkzeuge – Risikobewertung, Freiburg u.a. 2005.

Gmür, M.; Thommen, J.-P. (2006): Human Ressource Management. Strategien und Instrumente für Führungskräfte und das Personalmanagement, Zürich 2006.

Greif, S.; Kurtz, H.-J. (1996) (Hrsg.): Handbuch selbstorganisiertes Lernens, Göttingen 1996.

Grote, S.; Kauffeld, S.; Frieling, E. (Hrsg.) (2006): Kompetenzmanagement. Grundlagen und Praxisbeispiele, Stuttgart 2006.

Hamann, W. (2003): Fremdpersonal im Unternehmen: Alternativen zum Arbeitsvertrag, 2. Aufl., Stuttgart u.a. 2003.

Hamann, W. (2005): Arbeitszeit flexibel gestalten. Vollzeit – Teilzeit – Befristung, Renningen 2005.

Hampe, E; Peters, G. (2003): Kundenorientiertes Hochschulmarketing, in: Personal, 55. Jg. (2003), Heft 6, S. 46-49.

Heine, B.; Obladen, C.; Wickel-Kirsch, S. (2003): Die Balanced Scorecard: Ein Strategiewerkzeug für den Personalbereich, in: Personalführung, 36. Jg. (2003), Heft 2, S. 60-64.

Hennige, S. (2007): Führungsetagen jünger, in: Personal, 59. Jg. (2007), Heft 5, S. 40-41.

Hentze, J.; Graf, A. (2005): Personalwirtschaftslehre 2, 7. Aufl., Bern 2005.

Hentze, J.; Kammel, A. (1993): Personalcontrolling. Eine Einführung in Grundlagen, Aufgabenstellungen, Instrumente und Organisation des Controlling in der Personalwirtschaft, Bern u.a. 1993.

Hentze, J.; Kammel, A. (2001): Personalwirtschaftslehre 1, 7. Aufl., Stuttgart u.a. 2001.

Hesse, J.; Schrader, H. C. (2003): Der Testknacker – Lösungswege und -strategien für Eignungs- und Einstellungstests, Frankfurt am Main 2003.

Hesse, J.; Schrader, H. C. (2007): Das große Hesse/Schrader Bewerbungshandbuch, Frankfurt am Main 2007.

Hilb, M. (1997): Management by Mentoring. Ein wiederentdecktes Konzept zur Personalentwicklung, Berlin u.a. 1997.

Höft, S.; Funke, U. (2006): Simulationsorientierte Verfahren der Personalauswahl, in: Schuler, H. (Hrsg.): Lehrbuch der Personalpsychologie, 2. Aufl., Göttingen u.a. 2006, S. 145-187.

Holtbrügge, D. (2005): Personalmanagement, 2. Aufl., Berlin u.a. 2005.

Holtbrügge, D.; Schillo, K. (2006): Virtuelle Auslandsentsendungen, in: Wirtschaftswissenschaftliches Studium (WiSt), 35. Jg. (2006), Heft 6, S. 320-324.

Hoppecke   (2007):   http://de.hoppecke.com/unternehmen/human_resources/ mitarbeiterkapitalbeteiligung (Stand 14.08.2007).

Horsch J. (2003): Personaleinsatz managen, in: Franke, D.; Boden, M. (Hrsg.): PersonalJahrbuch, Neuwied u.a. 2003, S. 135-169.

Horváth & Partners (Hrsg.) (2004): Balanced Scorecard umsetzen, 3. vollständig überarbeitete Aufl., Stuttgart 2004.

Hossiep, R.; Paschen, M.; Mühlhaus, O. (2000): Persönlichkeitstests im Personalmanagement, Göttingen u.a. 2000.

Howe, M. (2005): Auswahl und Steuerung externer Trainer in der betrieblichen Weiterbildung, München 2005.

Iten, P. A. (2001): Virtuelle Auslandseinsätze von Mitarbeitern. Merkmale und Anforderungen einer neuen Entsendungsform, in: Zeitschrift Führung und Organisation (zfo), 70. Jg. (2001), Heft 3, S. 168-174.

iwd (Hrsg.) (2006): Informationsdienst des Institutes der deutschen Wirtschaft Köln, 32. Jg., Nr. 23, 8. Juni 2006.

iwd (Hrsg.) (2007a): Informationsdienst des Institutes der deutschen Wirtschaft Köln, 33. Jg., Nr. 12, 22. März 2007.

iwd (Hrsg.) (2007b): Informationsdienst des Institutes der deutschen Wirtschaft Köln, 33. Jg., Nr. 19, 10. Mai 2007.

Janz, T.; Hellervik, L.; Gillmore, D. C. (1986): Behavior Description Interviewing, Newton 1986.

Jensen, T. (2004): Telearbeit und Führung, München u.a. 2004.

Jeserich, W. (1989): Mitarbeiter auswählen und fördern. Assessment-Center-Verfahren, Handwörterbuch der Weiterbildung für die Praxis in Wirtschaft u. Verwaltung, Band 1, 4. Nachdruck, München u.a. 1989.

Jung, H. (2006): Personalwirtschaft, 7. Aufl., München u.a. 2006.

Kamiske, G. F.; Brauer, J.-P. (2006): Qualitätsmanagement von A bis Z, 5. Aufl., München u.a. 2006.

Kammel, A.; Teichmann, D. (1994): Internationaler Personaleinsatz, München u.a. 1994.

Kaplan, R. S.; Norton, D. P. (1997): Balanced Scorecard. Strategien erfolgreich umsetzen, Stuttgart 1997.

Kassenärztliche Vereinigung Niedersachsen (2005): Grundsätze der kassenärztlichen Vereinigung Niedersachsen zur Förderung von Qualitätszirkeln, veröffentlicht im niedersächsischen Ärzteblatt, Ausgabe Juli, Hannover 2005.

Kistler, E. (2007): Personalmanagement im demografischen Wandel, in: Gramlich, D.; Träger, M. (Hrsg.): Herausforderungen einer zukunftsorientierten Unternehmenspolitik, Wiesbaden 2007, S. 169-188.

Klages, H. (1994): Wertorientierungen im Wandel. Rückblick, Gegenwartsanalyse, Prognosen, Frankfurt am Main 1994.

Kleinebrink, W. (2003): Abmahnung: Bedeutung, Verfahren, Muster, 2. Aufl., Neuwied u.a. 2003.

Kleinmann, M. (2003): Assessment-Center, Göttingen u.a. 2003.

Klug, A. (2005): Analyse des Personalentwicklungsbedarfs, in: Ryschka, J.; Solga, M.; Mattenklott, A. (Hrsg.): Praxishandbuch Personalentwicklung. Instrumente, Konzepte, Beispiele, Wiesbaden 2005, S. 31-76.

Kobi, J.-M. (1999): Personalrisikomanagement, Wiesbaden 1999.

König, W.; Weitzel, T.; Keim, T.; von Westarp, F. (2006): Recruiting Trends 2006 – Eine empirische Untersuchung der TOP-1000-Unternehmen in Deutschland und von 1.000 Unternehmen aus dem Mittelstand, Frankfurt am Main 2006.

Kötter, P.: Girbig, R. (2006): Auf dem Weg zur Wertschöpfung, in: Personalwirtschaft, 33. Jg. (2006), Heft 3, S. 40-42.

Kolb, M. (2002): Personalmanagement, 3. Aufl., Berlin 2002.

Kompa, A. (1984): Personalbeschaffung und Personalauswahl, Stuttgart 1984.

Kompa, A. (2004): Assessment Center – Bestandsaufnahme und Kritik, 7. Aufl., München 2004.

Kornely, M.; Cloos, P. (2007): Mit Botschaften punkten, in: personalmagazin, 9. Jg. (2007), Heft 8, S. 38-39.

Kotler, P.; Armstrong, G. (1997): Marketing – eine Einführung, Wien 1997.

Krämer, M. (2007): Grundlagen und Praxis der Personalentwicklung, Göttingen 2007.

Kratzsch, S.; Springer, R. (2001): Gruppenarbeit – ein Innovationsansatz mit hohem wirtschaftlichen Potential, in: VDI-Z Integrierte Produktion, 143. Jg. (2001), Heft 9, S. 99.

Krauth, J. (1995): Testkonstruktion und Testtheorie, Weinheim 1995.

Kreikebaum, H. (1992): Humanisierung, in: Frese, E. (Hrsg.): Handwörterbuch der Organisation, Enzyklopädie der Betriebswirtschaftslehre, Bd. 2, 3. Aufl., Stuttgart 1992, Sp. 816-826.

Kuchenbecker, K.-J.; Schmitt, J. (2005): Outplacement und Transfergesellschaft: Grundlagen, Chancen, Perspektiven, Berlin 2005.

Kuder, M. (2005): Kundengruppen und Produktlebenszyklus, Wiesbaden 2005.

Lammeyer, T. (2007): Telearbeit, Saarbrücken 2007.

Landsberg, G. v.; Weiß, R. (Hrsg.) (1995): Bildungscontrolling, 2. überarbeitete Aufl., Stuttgart 1995.

Lang, J. M. (2003): Das Lufthansa Bonusmodell, in: Personalwirtschaft, 30. Jg. (2003), Heft 8, S. 42-46.

Lang, K. (2006): Bildungscontrolling. Personalentwicklung effizient planen, steuern und kontrollieren, 2. bearbeitete und erweiterte Aufl., Wien 2006.

Lindner, D. (2002): Einflussfaktoren des erfolgreichen Auslandseinsatzes. Konzeptionelle Grundlagen – Bestimmungsgrößen – Ansatzpunkte zur Verbesserung, Wiesbaden 2002.

Linnenkohl, K.; Rauschenberg, H.-J.; Gressierer, C.; Schütz, R. (2001): Arbeitszeitflexibilisierung – Die Unternehmen und ihre Modelle, 4. Aufl., Heidelberg 2001.

Lisges, G.; Schübbe, F. (2004): Personalcontrolling, Freiburg 2004.

Lueger, G. (1996a): Beschaffung und Auswahl von Mitarbeitern, in: Kasper, H./Mayrhofer, W. (Hrsg.): Personalmanagement. Führung. Organisation, 2. Aufl., Wien 1996, S. 337-387.

Lueger, G. (1996b): Personalarbeit und Wahrnehmung, in: Kasper, H./Mayrhofer, W. (Hrsg.): Personalmanagement. Führung. Organisation, 2. Aufl., Wien 1996, S. 421-449.

Mag, W. (1998): Einführung in die betriebliche Personalplanung, 2. Aufl., München 1998.

Marr, R. (2001): Arbeitszeitmanagement – Grundlagen und Perspektiven der Gestaltung flexibler Arbeitszeitsysteme, 3. Aufl., Berlin 2001.

Matthews, S. (2007): Heute hier, morgen dort, in: Personalwirtschaft, 34. Jg. (2007), Heft 7, S. 28-30.

Meffert, H.; Bruhn, M. (2006): Dienstleistungsmarketing, 5. Aufl., Wiesbaden 2006.

Meyer, C. (2007): Betriebswirtschaftliche Kennzahlen und Kennzahlensysteme, 4. Aufl., Sternenfels 2007.

Moser, K. (2004): Planung und Durchführung organisationspsychologischer Untersuchungen, in: Schuler, H. (Hrsg.): Lehrbuch Organisationspsychologie, dritte, vollständig überarbeitete und ergänzte Aufl., Bern u.a. 2004, S. 89-120.

Moser, K.; Zempel, J. (2006): Personalmarketing, in: Schuler, H. (Hrsg.): Lehrbuch der Personalpsychologie, 2. Aufl., Göttingen u.a. 2006, S. 69-96.

Müller, M. (1996): Organisation und Entlohnung industrieller Arbeit, in: Kasper, H./Mayrhofer, W. (Hrsg.): Personalmanagement. Führung. Organisation, 2. Aufl., Wien 1996, S. 493-539.

Müller-Vorbrüggen, M. (2006): Struktur und Strategie der Personalentwicklung, in: Bröckermann, R.; Müller-Vorbrüggen, M. (Hrsg.): Handbuch Personalentwicklung. Die Praxis der Personalbildung, Personalförderung und Arbeitsstrukturierung, Stuttgart 2006, S. 3-20.

Münch, J. (1995): Personalentwicklung als Mittel und Aufgabe moderner Personalentwicklung, Bielefeld 1995.

Myritz, R. (2007): Beteiligung und Kooperation statt Klassenkampf, in: Personalführung, 40. Jg. (2007), Heft 6, S. 34-43.

Nieschlag, R.; Dichtl, E.; Hörschgen, H. (2002): Marketing, 19. Aufl., Berlin 2002.

Nikut, J. (2006): Förderkreis, Talent- und Karrieremanagement, in: Bröckermann, R.; Müller-Vorbrüggen, M. (Hrsg.): Handbuch Personalentwicklung. Die Praxis der Personalbildung, Personalförderung und Arbeitsstrukturierung, Stuttgart 2006, S. 351-372.

North, K.; Reinhardt, K. (2005): Kompetenzmanagement in der Praxis. Mitarbeiterkompetenzen systematisch identifizieren, nutzen und entwickeln, Wiesbaden 2005.

Obermann, C. (2006): Assessment Center, 3. Aufl., Wiesbaden 2006.

Odiorne, G. (1967): Management by objectives. Führung durch Vorgaben von Zielen, München 1967.

Odiorne, G. (1984): Strategic Management of Human Resources: A Portfolio Approach, San Francisco 1984.

Oechsler, W. A. (2006): Personal und Arbeit, 8. Aufl., München u.a. 2006.

Olesch, G.; Hohlbaum, A. (2004): Human Resources – Modernes Personalwesen, Rinteln 2004.

Olfert, K. (2006): Personalwirtschaft, 12. Aufl., Ludwigshafen (Rhein) 2006.

Pflanzelt, I.; Schuhmacher, H.; Heller, R. (2003): Talentsuche mit System, in: management & training, 30. Jg. (2003), Heft. 4, S. 12-15.

Phillips, J. J.; Schirmer, F. C. (2005): Return on Investment in der Personalentwicklung. Der 5-Stufen-Evaluationsprozess, Heidelberg u.a. 2005.

Potthoff, E; Trescher, K. (1986): Controlling in der Personalwirtschaft, Berlin u.a. 1986.

Prager, J. U.; Schleiter, A. (2006): Älter werden – aktiv bleiben?! – Ergebnisse einer repräsentativen Umfrage unter Erwerbstätigen in Deutschland, Bertelsmann Stiftung, Gütersloh 2006.

Preis, U. (2005): Innovative Arbeitsformen – Flexibilisierung von Arbeitszeit, Arbeitsentgelt, Arbeitsorganisation, Köln 2005.

Rauen, C. (2003): Coaching, Göttingen u.a. 2003.

REFA (1991): Anforderungsermittlung (Arbeitsbewertung), Bd. 4 der Methodenlehre der Betriebsorganisation, München 1991.

REFA (1992): Methodenlehre des Arbeitsstudiums, Teil 2. Datenermittlung, 7. Aufl., München 1992.

REFA (1993): Ausgewählte Methoden der Planung und Steuerung, München 1993.

REFA (2003): Satzung, http://www.refa.de/wir/wirteil1/satzung.php (Stand 12.08.2007).

Reichwald, R.; Möslein, K.; Sachenbacher, H.; Englberger, H.; Oldenburg, S. (2000): Telekooperation: Verteilte Arbeits- und Oragnisationsformen, 2. Aufl., Berlin 2000.

Reichwald, R.; Piller, F. (2006): Interaktive Wertschöpfung. Open Innovation, Individualisierung und neue Formen der Arbeitsteilung, Wiesbaden 2006.

Reinecke, B. (2007): Rückzahlungsklausel, in: Küttner, W. (Hrsg.): Personalbuch 2007. Arbeitsrecht, Lohnsteuerrecht, Sozialversicherungsrecht, 14. Aufl., München 2007, S. 2048-2053.

Resch, M.; Bamberg, E. (2005): Worklife-Balance. Ein neuer Blick auf die Vereinbarkeit von Berufs- und Privatleben?, in: Zeitschrift für Arbeits- und Organisationspsychologie, 49. Jg. (2005), Heft 4, S. 171-175.

Rhiel, R.: (2006): Management von Pensionsplänen, in: Personal, 58. Jg. (2006), Heft 9, S. 6-7.

Ridder, H.-G. (1999): Personalwirtschaftslehre, Stuttgart 1999.

Ridder, H.-G. (2007): Personalwirtschaftslehre, 2. Aufl., Stuttgart 2007.

RKW (1996): RKW-Handbuch Personal-Planung, 3. Aufl., Neuwied u.a. 1996.

Rottluff, J. (1992): Selbständig lernen. Arbeiten mit Leittexten, Weinheim u.a. 1992.

Rüder, E.; Wucknitz, U. D. (2006): HRM-Audit zur Leistungssteigerung, in: personalmagazin, 8. Jg. (2006), Heft 11, S. 60-61.

Rump, J.; Schmidt, S. (2005): Nutzen muss sich entwickeln können, in: Personalwirtschaft, 32. Jg. (2005), Heft 2, S. 10-13.

Rumpf, H. (1981): Personalbestandsplanung mit Hilfe von Fähigkeitsvektoren, Frankfurt am Main 1981.

Russell, T. K. (1994): Job sharing: an annotated bibliography, Metuchen u.a. 1994.

Sänger, O. (2004): E-Recruiting in Deutschland, Berlin 2004.

Samland, J. (2001) (Hrsg.): Das Management Audit, Frankfurt am Main 2001.

Sarges, W.; Wottawa, H. (Hrsg) (2001): Handbuch wirtschaftspsychologischer Testverfahren, Lengerich u.a. 2001.

Schabel, S.; Hossiep, R. (2006): Selbstdarsteller im Assessment Center, in: personalmagazin, 8. Jg. (2006), Heft 3, S. 72-73.

Schamberger, I. (2006): Differenziertes Hochschulmarketing für High Potentials, Norderstedt 2006.

Scherm, E. (1992): Personalwirtschaftliche Kennzahlen – Eine Sackgasse des Personalcontrollings?, in: Personal, 44.Jg. (1992), Heft 11, S. 522-525.

Scherm, E. (1999): Internationales Personalmanagement, 2. Aufl., München u.a. 1999.

Scherm, E.; Pietsch, G. (2005): Erfolgsmessung im Personalcontrolling – Reflexionsinput oder Rationalitätsmythos?, in: Betriebswirtschaftliche Forschung und Praxis (BFuP), 57. Jg. (2005), Heft 1, S. 43-57.

Schettgen, P. (1996): Arbeit, Leistung, Lohn. Analyse und Bewertungsmethoden aus sozioökonomischer Perspektive, Stuttgart 1996.

Schirmer, U. (1997): Neue Ansätze zur Optimierung der betrieblichen Ausbildung, Wiesbaden 1997.

Schirmer, U. (2001): Sprach-CBT spart Kosten, in: management & training, 28. Jg. (2001), Heft Nr. 1, S. 42-45.

Schirmer, U. (2005): Gewinner und Verlierer beim Einsatz von Potenzialanalyse, in: Personalführung, 38. Jg. (2005), Heft Nr. 1, S. 56-63.

Schirmer, U. (2006): Die induktiv-deduktive Lernschleife in der handlungsorientierten Didaktik, in: Personalführung, 39. Jg. (2006), Heft Nr. 1, S. 62-69.

Schirmer, U. (2007): Retention-Management zur Bindung von Leistungsträgern, in: Personalführung, 40. Jg. (2007), Heft Nr. 3, S. 48-58.

Schlottau, W. (2003): Verbundausbildung sichert hochwertige Arbeitsplätze, in: BIBB (Hrsg.): Verbundausbildung. Organisationsformen, Förderung, Praxisbeispiele, Rechtsfragen, Bonn 2003, S. 7-20.

Schmidt, J. M.; Köppen, H.; Breimer-Haas, N. (2005): Teamorientierte Ansätze, in: Ryschka, J.; Solga, M.; Mattenklott, A. (Hrsg.): Praxishandbuch Personalentwicklung. Instrumente, Konzepte, Beispiele, Wiesbaden 2005, S. 159-180.

Schneider, H.-J.; Fritz, S.; Zander, E. (2007): Erfolgs- und Kapitalbeteiligung der Mitarbeiter, 6. vollständig überarbeitete Aufl., Düsseldorf 2007.

Schneider, K.; Völke, U. A. (2007): Das Fachwissen am Telefon testen, in: personalmagazin, 9. Jg. (2007), Heft 2, S. 52-53.

Scholz, C. (1994): Personalmanagement, 4. Aufl., München 1994.

Scholz, C. (2000): Personalmanagement, 5. Aufl., München 2000.

Schott, G. (1991): Kennzahlen – Instrument der Unternehmensführung, 4. Aufl., Wiesbaden 1991.

Schüpbach, H.; Zölch, M. (2004): Analyse und Bewertung von Arbeitssystemen und Arbeitstätigkeiten, in: Schuler, H. (Hrsg.): Lehrbuch Organisationspsychologie, 3., vollständig überarbeitete und ergänzte Aufl., Bern u.a. 2004, S. 197-220.

Schuler, H. (1993): Personnel Selection and Assessment: Individual and Organizational Perspectives, Hillsdale u.a. 1993.

Schuler, H. (2000): Psychologische Personalauswahl. Einführung in die Berufseignungsdiagnostik, 3. Aufl., Göttingen u.a. 2000.

Schuler, H. (2002): Das Einstellungsinterview, Göttingen u.a. 2002.

Schuler, H.; Höft, S. (2004): Berufseignungsdiagnostik und Personalauswahl, in: Schuler, H. (Hrsg.): Organisationspsychologie – Grundlagen und Personalpsychologie, Band 3 der Enzyklopädie der Psychologie, Kapitel 10, Göttingen u.a. 2004, S. 439-532.

Schuler, H.; Marcus, B. (2006): Biografieorientierte Verfahren der Personalauswahl, in: Schuler, H. (Hrsg.): Lehrbuch der Personalpsychologie, 2. Aufl., Göttingen u.a. 2006, S. 189-226.

Schuler, H.; Stehle, W. (1983): Neue Entwicklungen des Assessment-Center-Ansatzes, beurteilt unter dem Aspekt der sozialen Validität, in: Zeitschrift für Arbeits- und Organisationspsychologie, 27. Jg. (1983), Heft Nr. 1, S. 33-44.

Schulte, C. (1990): Kennzahlengestütztes Personal-Controlling, in: Controlling, 2. Jg. (1990), Heft 1, S. 18-25.

Schulte, C. (2002): Personal-Controlling mit Kennzahlen, 2. Aufl., München 2002.

Seufert, S. (2006): Corporate University, in: Bröckermann, R.; Müller-Vorbrüggen, M. (Hrsg.): Handbuch Personalentwicklung. Die Praxis der Personalbildung, Personalförderung und Arbeitsstrukturierung, Stuttgart 2006, S. 213-226.

Shahidi, K. (2004): Zielwirksame Personalbeschaffung, Bern u.a. 2004.

Siemann, C. (2005): Trennungsberater sind weniger gefragt, in: personalmagazin, 7. Jg. (2005), Heft 8, S. 16-17.

Simonson, J. (2004): Individualisierung und soziale Integration: Zur Entwicklung der Sozialstruktur und ihrer Integrationsleistungen, Wiesbaden 2004.

Solga, M.; Ryschka, J.; Mattenklott, A. (2005): Ein Prozessmodell der Personalentwicklung, in: Ryschka, J.; Solga, M.; Mattenklott, A. (Hrsg.): Praxishandbuch Personalentwicklung. Instrumente, Konzepte, Beispiele, Wiesbaden 2005, S. 17-30.

Sonntag, K; Heun, D.; Schaper, N. (1989): Der Leitfaden zur qualitativen Personalplanung bei technisch-organisatorischen Innovationen (LPI) – Konzeption und erste Version, in: Dybowski, G.; Herzer, , H.; Sonntag, K. (Hrsg.): Strategien qualitativer Personal- und Bildungsplanung bei technisch-organisatorischen Innovationen, Neuwied u.a. 1989, S. 95-105.

Stanton, E. S. (1992): Outplacement-Service, in: Kienbaum, J. (Hrsg.): Visionäres Personalmanagement, Stuttgart 1992, S. 319-337.

Statistisches Bundesamt (2006): 11. koordinierte Bevölkerungsvorausberechnung – Annahmen und Ergebnisse, Wiesbaden 2006.

Steinmann, H.; Löhr, A. (1992): Lohngerechtigkeit, in: Gaugler, E.; Weber, W. (Hrsg.): Handwörterbuch des Personalwesens, 2. neubearb. und erg. Aufl., Stuttgart 1992, Sp. 1284-1294.

Stelzer-Rothe, T. (2002): Personalauswahl: Persönliche Auswahlverfahren (Forschungsbericht), in: Bröckermann, R.; Pepels, W. (Hrsg.): Handbuch Recruitment, Berlin 2002, S. 240-260.

Sterchi, B. (2006): Die richtige Person am richtigen Ort, in: personalmagazin, 8. Jg. (2006), Heft 9, S. 32-34.

Taylor, F. W. (1917): Die Grundsätze der wissenschaftlichen Betriebsführung, Berlin u.a. 1917.

Thiele, M. (2006): Treiber und Getriebene, in Personal, 58. Jg. (2006), Heft 3, S. 31-33.

Tonnesen, C. T. (2002): Die Balanced-Scorecard als Konzept für das ganzheitliche Personalcontrolling: Analyse und Gestaltungsmöglichkeiten, Wiesbaden 2002.

Türk, K. (2001): Messbarkeit und Steuerung qualitativer Personalarbeit. Einsatz der Balanced Scorecard im Bildungswesen der BASF AG, in: Grötzinger, M.; Uepping, H. (Hrsg.): Balanced Scorecard im Human Resources Management, Neuwied u.a. 2001, S. 121-133.

Verband der Metall- und Elektroindustrie Baden-Württemberg e.V. (Hrsg.) (2003): Entgeltrahmenabkommen-Tarifvertrag für die Beschäftigten in der Metall- und Elektroindustrie in Baden-Württemberg, Stuttgart 2003.

verdi-Verlage, Druck und Papier (2007): http://druck.verdi.de/lohn-_und_gehalts-runde_2007/fragen_und_antworten_zum_tarifvertrag/der_lohnrahmentarif-vertrag (Stand 18.08.2007).

Voigt, B. (Hrsg.) (2007): Diversity Management als Leitbild von Personalpolitik, Wiesbaden 2007.

Wagner, D.; Grawert, A.; Langemeyer, H (1993): Cafeteria-Modelle, Stuttgart 1993.

Walwei, U. (2007): Der harte Kern, in: personalmagazin, 9. Jg. (2007), Heft 7, S. 14-17.

Wambach, B. H. (2003): Personalcontrolling, in: Franke, D.; Boden, M. (Hrsg.): PersonalJahrbuch, Neuwied u.a. 2003, S. 83-94.

Wandersleben, N. (2004): Outplacement-Beratung: Anforderungen, Vorteile, Grenzen, Düsseldorf 2004.

Weber, J.; Schäffer, U. (2000): Entwicklung von Kennzahlensystemen, in Betriebswirtschaftliche Forschung und Praxis (BFuP), 52. Jg. (2000), Heft 1, S. 1-16.

Wegge, J. (2006): Gruppenarbeit, in: Schuler, H. (Hrsg.): Lehrbuch der Personalpsychologie, 2. Aufl., Göttingen u.a. 2006, S. 579-610.

Wegge, J.; Dick, R. v. (2006): Arbeitszufriedenheit, Emotionen bei der Arbeit und organisationale Identifikation, in: Fischer, L. (Hrsg.): Arbeitszufriedenheit, 2. Aufl., Göttingen u.a. 2006, S. 11-36.

Weuster, A. (2004): Personalauswahl. Anforderungsprofil, Bewerbersuche, Vorauswahl und Vorstellungsgespräch, Wiesbaden 2004.

Wickel-Kirsch, S.: Balanced Scorecard – Philosophie und Methodik im Lichte des HR-Managements, in: Grötzinger, M./Uepping, H. (Hrsg.): Balanced Scorecard im Human Resources Management, Neuwied u.a. 2001, S. 43-50.

Wickel-Kirsch, S.; Janusch, M. (2007): In den Kinderschuhen, in: Personal, 59. Jg. (2007), Heft 5, S. 30-33.

Wilms, W. J. (2006): Job Enlargement und Job Enrichment, in: Bröckermann, R.; Müller-Vorbrüggen, M. (Hrsg.): Handbuch Personalentwicklung. Die Praxis der Personalbildung, Personalförderung und Arbeitsstrukturierung, Stuttgart 2006, S. 407-418.

Wunderer, R. (1989): Personal-Cotrolling, in: Seidel, E.; Wagner, D. (Hrsg.): Organisation, Festschrift zum 60. Geburtstag von Knut Bleicher, Wiesbaden 1989, S. 243-257.

Wunderer, R. (1992): Von der Personaladministration zum Wertschöpfungs-Center, in: DBW, 52. Jg. (1992), Heft 2, S. 201-215.

Wunderer, R.; Arx, S. v. (2002): Personalmanagement als Wertschöpfungs-Center: Unternehmerische Organisationskonzepte für interne Dienstleister, 3. Aufl., Wiesbaden 2002.

Wunderer, R.; Dick, P. (2006): Personalmanagement - Quo vadis?, 4. Aufl., München 2006.

Wunderer, R.; Jaritz, A. (2006): Unternehmerisches Personalcontrolling, 3. Aufl., München 2006.

Wunderer, R; Sailer, M. (1987a): Personal-Controlling – eine vernachlässigte Aufgabe des Unternehmenscontrolling, in: Personalwirtschaft, 14. Jg. (1987), S. 321-327.

Wunderer, R; Sailer, M. (1987b): Die Controlling-Funktion im Personalwesen, in: Personalführung, 20. Jg. (1987), Heft 3, S. 287-292.

Wunderer, R.; Schlagenhaufer, P. (1994): Personalcontrolling. Funktionen – Instrumente – Praxisbeispiele, Stuttgart 1994.

ZF Friedrichshafen AG (2007): Geschäftsbericht 2006, Friedrichshafen 2007.

Stichwortverzeichnis

Druck: Krips bv, Meppel, Niederlande
Verarbeitung: Stürtz, Würzburg, Deutschland